ZHUSU MUJU SHIYONG JISHU WENDA SHEJI PIAN

注塑模具实用技术问答

设计篇

石世铫 编著

U0194438

化学工业出版社

·北京·

内 容 简 介

本书依据作者近六十年模具行业的从业经验和心得，以问答的形式对模具设计过程中经常会遇到的问题进行了系统论述。具体包括注塑制品设计与评审、零件图和装配图、注塑模具结构与设计的基本知识、模具结构设计禁忌、模具设计工作管理等，内容充实、图文并茂、针对性强。

本书可供从事模具设计与制造、项目管理、质量管理等人员参考；也可作为职业院校模具专业的补充教材或作为模具企业的培训教材。

图书在版编目（CIP）数据

注塑模具实用技术问答．设计篇/石世铫编著．—北京：化学工业出版社，2023.12
ISBN 978-7-122-44267-3

Ⅰ.①注…　Ⅱ.①石…　Ⅲ.①注塑-塑料模具-设计-问题解答　Ⅳ.①TQ320.66-44

中国国家版本馆 CIP 数据核字（2023）第 187714 号

责任编辑：赵卫娟　　　　　　　　　　　　装帧设计：王晓宇
责任校对：王鹏飞

出版发行：化学工业出版社（北京市东城区青年湖南街 13 号　邮政编码 100011）
印　　装：北京虎彩文化传播有限公司
787mm×1092mm　1/16　印张 18½　插页 1　字数 488 千字　2024 年 3 月北京第 1 版第 1 次印刷

购书咨询：010-64518888　　　　　　售后服务：010-64518899
网　　址：http://www.cip.com.cn
凡购买本书，如有缺损质量问题，本社销售中心负责调换。

定　　价：128.00 元

前　言

中国已成为模具制造大国和出口大国，但模具行业基础还不够扎实，仍处于中低端发展水平，模具质量同国际先进水平相比还有不小差距。与此同时，国内市场的低端模具供大于求，市场价格竞争激烈。中国的模具要想实现向自动化、智能化整体迈进，企业必须做好基础工作，克服不足之处，不断提高企业管理水平。

笔者在模具行业从业将近六十年，从家庭作坊做钳工开始到模具设计、制造、管理，直到如今在上市模具公司担任技术顾问工作，深切体会到模具行业的特殊性。模具制造具有订单随机性高、设计变更多、质量要求高、交付周期短的特点。这样，使每副模具产品的设计、生产都较为复杂。所以，平时经常会碰到一系列问题，造成模具的产品质量、交货期、成本等问题难以解决。因此，要求模具从业人员对这些问题的存在有所认识和了解，同时要求模具设计师具有广泛的知识和丰富的经验、较强的设计和工作能力，才能胜任模具设计工作。

笔者认为，模具结构设计是否优化或出现设计差错，是设计师所具备的知识、经验和能力有机结合的结果。所以，夯实模具结构设计的基础知识，提高设计能力，了解模具设计过程中可能会出现的问题，就会在设计过程中引起高度重视和警惕，以避免问题的存在与发生。而且，一旦模具出现异常现象，也能及时采取相应措施进行解决，以减少损失。

本书详细描述了模具设计过程中经常会碰到的、需要解决的实际问题，更具针对性和实用性。

本书共五章，内容简单介绍如下。

第一章"注塑制品设计与评审"：注塑制品的形状、结构的设计，需要关注哪些问题。怎样对制品的设计进行评审，使制品设计完好。

第二章"零件图和装配图"：怎样使零件图样和装配图的画法与尺寸标注规范合理，避免图样存在问题，使图面质量达到"正确、合理，完整、清晰。"

第三章"注塑模具结构与设计的基本知识"：详尽讲述模具结构与设计基础知识、模具结构的设计原则和要求，使模具结构设计优化，避免模具结构设计出现差错。

第四章"模具结构设计禁忌"：关于模具设计的禁忌问题，怎样避免模具结构设计出现原理性错误，使模具质量和成本得到有效控制。

第五章"模具设计工作管理"：关于怎样做好技术部门管理工作（标准化工作、设计流程、设计评审等），使模具设计源头没有问题，为模具项目顺利完成奠定基础。

本书可作为大中专院校的模具设计专业补充教材以及模具企业技师考核的培训教材。对目前从事注塑模具设计与制造的工程技术人员来说，是一本极其实用的学习用书，书中附录表格，也可作为"应用手册"查阅。

由于本人学识水平有限，书中有不妥的地方，谨望读者批评指正，并在这里深表谢意！

石世铫

2023 年 8 月

目录

第一章

注塑制品设计与评审

作为注塑制品设计师，需要充分了解塑料性能、知道模具的设计要求，需要考虑怎样使注塑制品的形状、结构设计完美，以达到更好地发挥产品功能的目的；如果设计存在问题，就需要更改设计，无形之中提高了模具和制品的制造成本，影响模具、制品的质量以及新产品投放市场的时间。

对于工程塑料制品的形状、结构设计，需要考虑和关注以下问题：

① 了解塑料的特性，以及同模具和成型工艺有关的问题。

② 根据制品的形状、结构及用途，制品的设计要注意哪些问题。

③ 模具对制品形状、结构的设计有哪些限制。

④ 怎样进行制品的设计评审，避免制品和模具出现质量问题。

第一节

常用塑料特性及其用途

1. 什么是塑料？塑料是由哪些成分组成的？

塑料是以树脂为主要成分（一般不低 40%）的有机高分子化合物，通常需加入一定量的添加剂，包括填充剂、增塑剂、稳定剂、固化剂、着色剂、润滑剂、抗静电剂等。

2. 塑料怎样分类？

塑料的品种很多，塑料的分类方法也很多，各种分类方法也有所交叉，常规分类方法主要有以下三种。

① 按理化特性分为热固性塑料（固化后不溶、不熔）和热塑性塑料（可反复加热软化、冷却固化使用的塑料）。

② 按制品使用特性分为通用塑料、工程塑料和特种塑料。

③ 按成型方法分为模压、层压、注塑、挤出、吹塑、浇注、反应注塑等。

3. 塑料有哪些基本性能和特点？优、缺点是什么？

热塑性塑料的主要性能见图 1-1。我们必须关注和了解同注塑模具设计、制造及成型工艺有关的物理特性（图 1-1 中左上角打有 * 记号的性能）。下面着重讲述同注塑和模具设计有关的特性。

（1）塑料的基本性能和特点

① 塑料密度较小，一般仅为钢的 1/4～1/7，铝的 1/2。

② 塑料可以多种形态存在，如液体、固体、胶体等。

③ 用途广泛，产品多样化。

④ 可以用不同的加工方法，加工成所需要形状的制品。

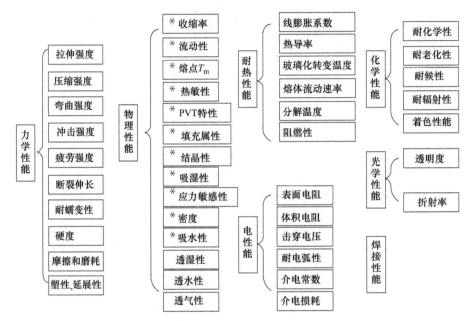

图 1-1　热塑性塑料的主要性能

（2）塑料的优、缺点（图 1-2）

优点 {
① 密度小、质量轻、耐用、防水，应用广泛
② 化学性能稳定，不会生锈，耐腐蚀、耐酸、耐碱
③ 减震、隔音性好、耐冲击性好、透光性好
④ 减摩(自润滑)、耐磨性好、焊接性好、绝热性好
⑤ 绝缘性好、介电损耗低，导热性低，部分耐高温
⑥ 比强度高(按单位质量计算的强度)
⑦ 成型性好、着色性好、电镀性好、加工成本低
⑧ 塑件生产效率高，极易实现生产过程自动化
⑨ 塑料还具有防水、防潮、防透气、防震、防辐射等多种防护性能
}

缺点 {
① 大部分塑料耐热性差，热膨胀率大，易燃烧
② 尺寸稳定性差，容易变形
③ 多数塑料耐低温性差，低温下变脆
④ 抗氧化性差，容易老化
⑤ 刚性差，不耐压
}

图 1-2　塑料的优、缺点

4. 塑料制品有哪些成型方法？

塑料制品生产是根据塑料性能，利用各种成型加工手段，使其成为具有一定形状和使用价值的物件或定型材料。

塑料制品生产主要包括成型、机械加工、修饰和装配四道工序。成型是将各种形态的塑料制成所需形状的制品或型坯的过程。塑料制品成型后，可以直接使用或与其它制件装配组合后使用，亦可通过机械加工、修饰加工等后处理工艺提高其使用性能和品质。

塑料制品常用成型与加工方法如图 1-3 所示。

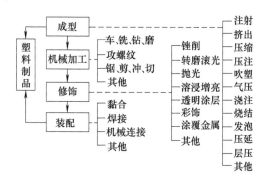

图 1-3　塑料制品常用成型与加工方法

5. 塑料的哪些特性同模具和成型工艺有关？

塑料的工艺性能是指塑料在成型过程中表现出的特有性能，影响着成型方法、工艺参数的选择，影响着制品的质量，且对模具设计的要求及质量影响也很大。所以设计人员要了解塑料同成型工艺有关的特性（详见附录表 A-5 "常用塑料的成型性能及数据"、表 A-6 "国内注射成型常用塑料名称和成型特性"、表 A-7 "国外注射成型常用塑料名称和成型特性"等），才能设计好制品和模具，下面做简要介绍。

（1）收缩性

塑件自模具中取出冷却到室温后，发生尺寸收缩的性能称为收缩性。由于收缩不仅是树脂本身的热胀冷缩，而且还与各成型因素有关，所以成型后塑件的收缩应称为成型收缩。

成型收缩主要表现在以下几方面。

① 线收缩　由于热胀冷缩、塑件脱模时弹性回复、塑性变形等原因导致塑件脱模冷却到室温后，其尺寸缩小。因此，在设计模具型腔、型芯等成型零件时，应予以补偿。

② 收缩方向性　成型时分子按方向排列，使塑件呈现各向异性，沿料流方向（即平行方向）收缩大、强度高，与料流垂直方向收缩小、强度低。另外，成型时由于塑件各部位密度及填料分布不均，会导致收缩不均。收缩不均易使塑件发生翘曲、变形、裂纹，尤其在挤塑及注射成型时方向性更为明显。因此，模具设计时应考虑收缩方向性，应按塑件形状、料流方向选取收缩率。

③ 后收缩　成型时，由于受到成型压力、切应力、各向异性、密度不均、填料分布不均、模温不一致、硬化不一致和塑性变形等因素的影响，塑件内存在残余应力。塑件脱模后残余应力释放而引起的再次收缩称为后收缩。一般塑件在脱模后 10h 内后收缩最大，24h 后基本稳定，但最终稳定要经过 30～60 天。

④ 后处理收缩　按其性能和工艺要求，有时塑件成型后要进行热处理，而热处理也会导致塑件尺寸变化，这种变化称为后处理收缩。因此，在模具设计时，对于高精度塑件应考虑后收缩和后处理收缩引起的误差并予以补偿。

成型收缩的影响因素如下。

① 塑料品种　热塑性塑料成型过程中由于存在结晶，具有内应力大、残余应力大、分子取向性强、体积变化大等特点，因此与热固性塑料相比，收缩率较大、收缩率范围宽、方向性明显，成型后的收缩、退火或调湿处理后的收缩一般也都较大。结晶型塑料的收缩率大于非结晶型塑料的收缩率。

② 制品结构　制品越厚，收缩率越大；形状复杂塑件的收缩率小于形状简单制件的收缩率，如加强筋、孔、凸台等形状具有收缩抗力，因而这些部位的收缩率较小。

③ 模具结构　进料口（浇口）形式、尺寸、分布等因素直接影响料流方向、密度分布、

保压补缩作用及成型时间。进料口截面大（尤其截面较厚）的则收缩小，但方向性强，进料口宽及长度短的则方向性小；距离进料口近的或与料流方向平行的则收缩大。

④ 成型工艺参数　包括成型压力、温度和时间。提高压力可以使塑料熔体压得更密实，使收缩减小。提高熔体温度会使熔料冷却慢、收缩增大，尤其对结晶型塑料会因其结晶度高，体积变化大，收缩更大。另外，保压时间对收缩也影响较大，保压时间长则收缩小，但方向性大。浇口冻结后，保压时间对收缩就不再有影响了。

（2）流动性

塑料在一定温度与压力下填充型腔的能力，称为流动性。这是模具设计时必须考虑的一个重要工艺参数。流动性太好，易造成溢料过多，填充不密实、组织疏松，树脂、填料分头聚积，易粘模，脱模及清理困难，固化过早等。但流动性太差，则易导致填充不足，不易成型，需要较大的注射压力。所以选用塑料时需要考虑其流动性必须与塑件大小、性能要求、成型工艺及成型条件相适应。

模具设计时应根据流动性能来考虑浇注系统、分型面及进料方向等。

热塑性塑料流动性大小，一般可通过分子量大小、熔体流动速率、阿基米德螺旋线长度、表观黏度及流长比（流程长度/塑件壁厚）等一系列指数进行分析。流长比大的则流动性好，熔体流动速率越大，流动性越好。按模具设计要求，大致可将常用塑料的流动性分为三类。

① 流动性好的塑料　聚酰胺（PA）、聚乙烯（PE）、聚苯乙烯（PS）、聚丙烯（PP）、醋酸纤维素等。

② 流动性中等的塑料　改性聚苯乙烯、ABS、聚甲基丙烯酸甲酯（PMMA）、聚甲醛（POM）、聚氯醚等。

③ 流动性差的塑料　聚碳酸酯（PC）、硬质PVC、聚苯醚（PPO）、聚砜（PSF）、聚芳砜、氟塑料等。

各种塑料的流动性也因成型因素而变，主要影响因素有如下几点。

① 温度　料温高则流动性增大，但不同塑料也各有差异，聚碳酸酯、聚苯乙烯、聚丙烯、聚酰胺、聚甲基丙烯酸甲酯、改性聚苯乙烯、ABS、醋酸纤维素等塑料的流动性随温度变化较大。而聚乙烯、聚甲醛，则温度变化对其流动性影响较小。所以前者在成型时宜用调节温度的方法来控制流动性。

② 压力　注射压力增大，流动性也增大。特别是聚乙烯、聚甲醛较为敏感，所以成型时宜通过调节注射压力来控制流动性。但聚碳酸酯对压力不敏感。

③ 模具结构　浇注系统的形式、尺寸、布置、冷却系统设计和熔体流动阻力（如型面光洁度、流道截面大小、型腔形状、排气系统）等因素都直接影响熔体在型腔内的实际流动性。

模具设计时应根据所用塑料的流动性，选用合理的结构。成型时也可控制料温、模温及注射压力、注射速度等因素来适当地调节填充情况，以满足成型需要。

（3）结晶性

热塑性塑料可分为结晶型塑料与非结晶型塑料两大类。

结晶型塑料：PE、PP、POM、PA、PET（聚对苯二甲酸乙二醇酯）、PPS（聚苯硫醚）、LCP（液晶聚合物）、PBT（聚对苯二甲酸丁二醇酯）、PP/PMMA、PP/PS、PP/TPO（聚烯烃热塑性弹性体）、TPE（热塑性弹性体）、TPO、聚四氧乙烯、氯化聚醚等。

非结晶型塑料：PS、PVC（聚氯乙烯）、PMMA、PC、ABS、PSF、PPE（聚丙乙烯）、PPE/PS、HIPS（耐冲击性聚苯乙烯）等。

判别这两类塑料的外观标准，可视塑件的透明性而定。一般结晶型塑料为不透明或半透明（如聚甲醛等），非结晶型塑料为透明（如有机玻璃等）。但也有例外情况，如聚-4-甲基戊烯为结晶型塑料却有高透明性，ABS为非结晶型塑料但却并不透明。

结晶型塑料在进行模具设计及注塑机选择时要注意以下几点。

① 料温上升到成型温度所需要的热量多，应选用塑化能力大的设备。

② 冷凝时放出的热量大，模具需要充分冷却。

③ 塑件成型后收缩大，易产生缩孔和气孔。

④ 塑件壁较薄时，冷却快、结晶度低、收缩小；塑件壁较厚时，冷却慢、收缩大，所以应合理控制模具温度。

⑤ 塑料各向异性明显，内应力大，脱模后塑件易发生翘曲变形。

⑥ 结晶型塑料熔点范围窄，易发生未熔粉末注入模具或堵塞进料口。

（4）热敏性

某些塑料对热较为敏感，高温下受热时间较长或进料口截面过小，剪切作用大时，料温增高有发生变色、降解、分解的倾向，具有这种特性的塑料称为热敏性塑料。如硬质聚氯乙烯、聚偏氯乙烯、乙酸乙烯共聚物、聚甲醛、聚三氟氯乙烯等。

热敏性塑料在分解时产生单体、气体、固体等副产物，有的分解气体对人体、设备、模具有刺激、腐蚀作用或毒性。因此，在成型加工时必须正确控制温度及周期，选择合适的加工设备，或在塑料中加入稳定剂以避免上述问题的发生。

（5）水敏性

有的塑料（如聚碳酸酯）即使含有少量水分，在高温、高压下也会发生分解，这种性能称为水敏性，对此类塑料必须预先加热干燥。

（6）水分及挥发物含量

塑料中的水分及挥发物，一方面来自塑料本身，另一方面来自压缩或压注过程中化学反应的副产物。塑料中的水分、挥发物含量过多时流动性增大、易溢料、收缩增大，易发生波纹、翘曲等；但塑料过于干燥时也会导致流动性不良、成型困难，所以不同塑料应按规定要求进行预热干燥。

由于各种塑料中含有水分及挥发物，同时在缩合反应时要产生水分，这些成分都需在成型时变成气体排出模具外，有的气体对模具有腐蚀作用，对人体也有刺激作用。为此在模具设计时应对各种塑料此类特性有所了解，并采取相应措施，如预热、模具镀铬，开排气槽或成型时设排气工序。

塑料中水分和挥发物多的原因主要有以下三个方面。

① 树脂的平均分子量低；

② 树脂在生产时没有充分干燥；

③ 吸水性大的塑料因存放不当而使之吸收了空气中的水分。

不同塑料有不同的干燥温度和允许含水量，见表 1-1。

表 1-1　常用塑料的允许含水量与干燥温度

塑料名称	允许含水量/%	干燥温度/℃	塑料名称	允许含水量/%	干燥温度/℃
聚乙烯	0.01	71	聚碳酸酯	最高 0.02	121
聚苯乙烯	0.05~0.10	71~79	聚丙烯	0.10	71~82
纤维素塑料	最高 0.40	65~87	聚酯	0.10	76~87
聚氯乙烯	0.08	60~93	尼龙（聚酰胺）	0.04~0.08	71

（7）应力开裂

有的塑料对应力敏感，成型时易产生内应力，且质脆易裂，塑件在外力作用下或在溶剂作用下即发生开裂现象。为此，除了在原料内加入添加剂提高抗裂性外，对原料应注意干燥，合理地选择成型条件，以减少内应力和增加抗裂性。还应选择合理的塑件形状，不宜设置嵌件，尽量减少应力集中。模具设计时应增大脱模斜度，选用合理的进料口及推出机构，成型时，应适当地调节料温、模温、注射压力及冷却时间，尽量避免在塑件过于冷脆时脱模。成型后的塑件还宜进行后处理提高抗裂性，消除内应力并禁止与溶剂接触。质脆的塑料有聚苯乙烯、聚甲基丙烯酸甲酯等。

（8）吸湿性

塑料中因有各种添加剂，使其对水分各有不同的亲疏程度，所以塑料大致可分为吸湿、黏附水分及不吸水也不易黏附水分几种。塑料中含水量必须控制在允许范围内，不然在高温、高压下，水分变成气体或发生水解作用，使树脂起泡、流动性下降、外观及电性能不良。所以，吸湿性塑料必须按要求采用适当的加热方法及规范进行预热，在使用时还需用红外线照射以防止再吸湿。

吸湿倾向大的塑料有：PA、PC、ABS、PPO、PSF 等。

吸湿倾向小的塑料有：PE、PP 等。

吸湿倾向小的塑料成型前不用干燥处理。

（9）降解

塑料在高温、应力、氧气和水分等外部条件作用下，发生化学反应，导致聚合物分子链断裂，使弹性消失、强度降低、制品表面粗糙、使用寿命缩短的现象叫降解。

避免发生降解的措施如下。

① 提高塑料质量；

② 严格控制烘料水分含量；

③ 选择合理的注射工艺参数；

④ 对热、氧稳定性差的塑料应添加稳定剂。

（10）玻璃化转变温度

聚合物在熔融前会在某一温度范围内处于既非固体又非黏性液体的黏流态，出现黏流态的开始温度称为玻璃化转变温度（T_g）。在这个温度范围里聚合物的热膨胀会突然变大，而且所发生的形变是不可逆的。

玻璃化转变温度对聚合物制品非常重要，例如把制品放置在玻璃化转变温度以上的温度条件下时，会导致变形。如果想对制品形状进行加工处理等，则可以在玻璃化转变温度以上进行。此外，希望提高制品的结晶度时，也可以在这个温度范围中进行处理。

（11）流长比和型腔压力

熔体流动长度与制品壁厚的比值叫流长比，流长比和型腔压力都很重要，前者可以考虑制品最多能做多宽多薄，后者为锁模力计算提供了参考。表 1-2 展示了几种常用塑料流长比和型腔压强。

表 1-2 常用塑料的流长比和型腔压强

材料代号	流长比（平均）	型腔压强/MPa	材料代号	流长比（平均）	型腔压强/MPa
LDPE	270∶1(280∶1)	15～30	PA	170∶1(150∶1)	42
PP	250∶1	20	POM	150∶1(145∶1)	45
HDPE	230∶1	23～39	PMMA	130∶1	30
PS	210∶1(200∶1)	25	PC	90∶1	50
ABS	190∶1	40			

6. 什么叫塑料的成型收缩率？

注塑制品因其成型冷却后收缩而引起的尺寸变化同模具型腔尺寸的比值，称为成型收缩率（简称收缩率）。成型收缩率，一般是指制件成型后的尺寸收缩程度，用下式表示：

$$\eta = \frac{L_0 - L_1}{L_0} \times 100\%$$

式中，η 为制品的收缩率；L_0 为模具型腔尺寸，mm；L_1 为同一部位的制品尺寸，mm。

7. 汽车内饰件应用哪些塑料？有哪些零件？

① 塑料作为汽车内饰件应用最多的材料具有很多的优良性能：易于加工、制造；可根据需要随意着色或制成透明制品，可制作轻质高强的产品；不生锈、耐腐蚀，保温性能良好，能制作绝缘产品等。根据各部件性能的不同需要，应用于内饰的改性塑料包括通用塑料 PP、PE、PS、PMMA、PVC 等；工程塑料 ASA、PA、POM、PC 等；复合材料 PC+ABS、PC+ASA、PA6+ABS 等。

② 下面以某车型主要塑料内饰零件为例，详述塑料在汽车内饰件中的应用，图 1-4 为内饰件各个子系统中塑料件的分布图。

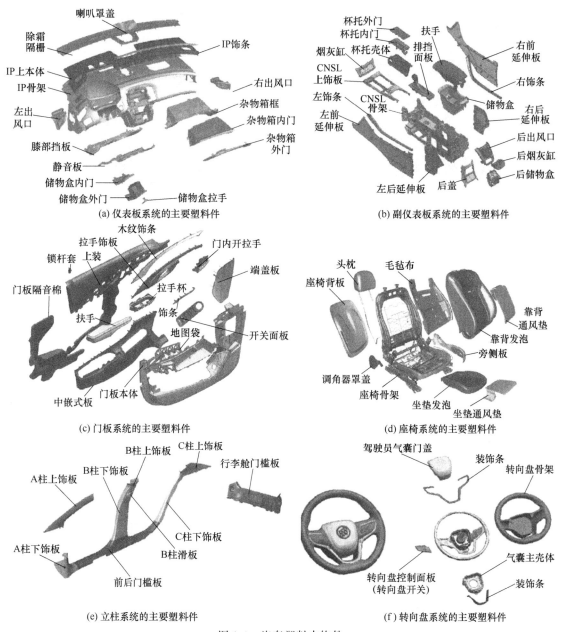

(a) 仪表板系统的主要塑料件

(b) 副仪表板系统的主要塑料件

(c) 门板系统的主要塑料件

(d) 座椅系统的主要塑料件

(e) 立柱系统的主要塑料件

(f) 转向盘系统的主要塑料件

图 1-4　汽车塑料内饰件

第二节

塑料制品设计

8. 新产品的开发设计有哪七个步骤？

第一步，确定塑件产品的用途及要求，完成功能性设计：

① 解决功能性问题（物质功能、环境功能、使用功能）；

② 性能指标（塑料制品承受外力的要求、塑料制品的工作环境要求、其他性能指标要求）。

第二步，材料选择。

第三步，结构设计。

第四步，尺寸设计。

第五步，性能估算。

第六步，造型、制样、绘图。

第七步，试产及定型。

9. 对塑料制品设计师有什么具体要求？

（1）需要设计师了解塑料性能、注塑工艺和模具结构对制品的限制要求。

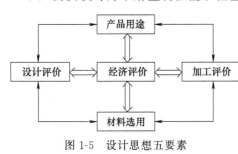

图 1-5　设计思想五要素

（2）要有明确的指导思想和设计原则，如图 1-5 所示的设计思想五要素。

① 了解产品的用途、产品最终的使用性能和要求，需进行必要的市场调研。

② 考虑规定的经济技术指标或该制品的成本。

③ 需要关于选用材料的应用极限、加工与装配性能的资料。

④ 制品结构设计合理，不妨碍模具结构设计。

⑤ 制品容易成型，外表面质量好，无成型缺陷。

（3）精通 3D、CAD、PS 等软件，具有相关的设计专业知识，如机械制造基础知识、造型艺术能力。

（4）了解新材料、新技术、新知识，以便于设计能力与时俱进和有所创新。

（5）要求设计师能为人们提供经久耐用、物美价廉的制品。以最低的成本、最低的价格，为用户提供满足某种需要的制品。

10. 制品的形状结构设计有哪些原则和要求？

在满足塑料制品使用要求和功能要求（如几何尺寸和精度、力学性能、电气性能、耐化学腐蚀性能和耐热性能等）的前提下，力求制品的形状结构简单、壁厚均匀、使用方便。设计制品，有下列基本原则和要求。

① 形状结构简单，尽量避免侧向凹凸结构，易于成型，使模具结构简单，降低模具成本。

② 设计制品的形状与结构时，考虑形状对称，便于制造、防止变形、降低成本。同时

应有利于模具分型、排气、补缩、冷却。

③ 壁厚均匀、避免过厚过薄。壁厚设计必须合理，要根据塑料特性选用，一般小型塑件壁厚取 0.45～1.5mm，中型取 1.6～2mm，大型取 2.4～3.5mm。一般薄壁件壁厚小于 1mm。

④ 保证制品足够的强度和刚性，防止变形，要求正确地设计加强筋和凸台。

⑤ 合理的脱模斜度。为便于制品从模具型腔和型芯中脱出，在平行于脱模方向和侧向分型与抽芯方向的制品表面上，应有脱模斜度，同时需要兼顾制品尺寸的精度。

⑥ 尽量将制品设计成回转体或对称形状，便于设计与制造。这种形状结构工艺性好，能承受较大的力，模具设计时易保证温度平衡，塑件不易产生翘曲等变形。

⑦ 尽量采用圆角或圆弧，避免尖角。同样，制品成型时熔体流动阻力小，有利于充模，同时可避免因锐角而引起应力集中，使制品强度增大，模具寿命延长，制品外形也因圆弧过渡而显得更加美观。

⑧ 根据塑料性能选用塑件公差等级，保证制品的尺寸精度。一般来说，在保证使用要求的前提下，精度应设计得尽量低一些。见附录 1 中表 A-2 "常用塑料的模塑件公差等级的选用"。

⑨ 结构形状的设计要考虑成型取向问题，应尽量避免制品出现明显的各向异性（除非特殊要求）。否则，除影响制品性能外，各个方向的收缩差异很容易导致制品翘曲变形。

⑩ 先考虑制品外观质量的设计要求（皮纹、电镀、熔接痕等），然后再考虑内部结构设计。需要考虑制品的收缩性和成型缺陷，避免形状突变和减少穿孔设计。

⑪ 制品成型前后的辅助工时工作量要尽量少，技术要求尽量低，同时成型以后最好不再进行机械加工。

⑫ 制品的表面粗糙度要求要比模具型腔的粗糙度低 1～2 级。参考表 1-3 不同塑料所能达到的粗糙度。

表 1-3　不同塑料所能达到的粗糙度

加工方法	材料		$R_a/\mu m$									
			0.025	0.05	0.10	0.20	0.40	0.80	1.60	3.20	6.30	12.50
注射成型	热塑性塑料	聚甲基丙烯酸甲酯	•	•	•	•	•	•	•			
		ABS	•	•	•	•	•	•	•			
		丙烯腈-苯乙烯共聚物	•	•	•	•	•	•	•			
		聚碳酸酯		•	•	•	•	•	•			
		聚苯乙烯		•	•	•	•	•	•		•	
		聚丙烯				•	•	•	•			
		聚酰胺(尼龙)				•	•	•	•			
		聚乙烯				•	•	•	•		•	
		聚甲醛		•	•	•	•	•	•			
		聚砜					•	•	•			
		聚氯乙烯					•	•	•			
		聚苯醚					•	•	•			
		氯化聚乙烯					•	•	•			

11. 塑料制品结构设计包括哪些内容？

塑料制品的结构基本上由功能结构、工艺结构及造型结构三部分组成。其中，功能结构设计是核心，工艺结构和造型结构设计是在满足功能结构设计的基础上进行的。在设计塑料制品时，应当把这三种结构设计有机地结合起来，以更好地发挥制品的使用价值。

新产品的开发，对于设计师来说，需要了解制品的目标和功能，需要对产品最终使用性能达到的预期效果加以考虑。设计塑件时会涉及以下内容。

（1）功能结构设计。塑料制品设计的核心，主要保证制品使用功能。在充分分析制品功能的基础上，确定制品的整体结构、各部分几何形状、材质、尺寸要求及强度等。制品的结构、形状应在满足其功能要求的前提下，力求简单、明了、可靠。因为结构简单的制品易满足其功能要求，达到经济、安全的目的。

在设计塑料制品时，设计师必须对产品的装配关系和使用要求非常了解，应当了解该制品是单独使用，还是与其他零件组合起来使用。在使用过程中，它的主要功能和辅助功能是什么。如果它是与其它零件组合起来使用，那么它的哪些部分结构、形状、尺寸受其它零件制约、不可变动，哪些部分结构、形状、尺寸可以通过直观判断、试验后加以修改。

制品各部分的强度，可以通过选材、合理地分配材料、必要的强度和刚度计算、模拟或试验等办法予以解决。

为了提高制品刚度，应尽量不设计成平面而设计成曲面或拱顶结构，恰当地利用加强筋、皱褶断面、凸起和夹芯层结构等。

在设计某些特殊零件及其布局时，要考虑操作者的视认性、操作性和安全性等。

（2）工艺结构设计。在保证制品实施其使用功能的前提下，进行工艺结构设计。制品制造是要把制品设计变成商品，因此，在设计制品时，要选择合适的材料，以保证制品在使用中的可靠性及耐久性，并熟悉所选材料的加工工艺性能、确定成型方法及成型工艺对塑料制品提出的工艺结构要求。

工艺结构设计合理，便可保证制品顺利地成型、脱模，提高制品质量，避免制品在成型中出现裂纹、凹陷、气孔、银纹、疏松、污斑等一系列成型缺陷，确保制品的内在与表观质量。

除上述要求，还应对制品成型以后的焊接、铆接、电镀、涂装、印刷、压花、机械加工等后续工序加以考虑，并在制品的结构设计上采取相应的措施，借以保证加工的顺利进行和加工质量。

（3）造型结构设计。塑料制品种类繁多，花色、品种各异，详细讨论造型超过本书范畴。但无论是工业零件或日用塑料制品，大都要通过外部造型设计，予以装饰和美化。因为通常人们在满足功能要求、价格相近的前提下，总是喜欢购置或使用外形美观的制品。

制品造型设计系指按照美术法则，如对比与协调、概括与简单、对称与平衡、安定与轻巧、尺寸与比例、主从、比拟、联想等对制品外观形状、图案、色彩及其相互的结合进行设计，通过视觉给人以美的感觉。工业制品的造型设计，是一门技术与艺术相结合的多元交叉科学。

对于独立使用的制品或外部装饰塑料制品，一定要认真地进行造型设计。满足其使用功能要求是现代制品设计的根本目的，满足人的生理和心理需要是制品使用功能设计的根本依据，"实用、经济、美观"是制品造型设计的基本原则。在造型设计中，还要体现环境、时代的要求，正确地使用水平线、垂直线、弧线等所形成的几何构型、起伏、棱角、肌理等，使人们在使用该制品时有一种美的享受，同时又能保证使用者在使用它时感到方便、安全、可靠、舒适。

（4）尺寸设计

① 制品尺寸的确定。在设计塑料制品时，可根据其使用要求与其在整个产品中和其他零件的组合关系、环境以及操作者的生理结构特点来确定它的尺寸。

② 塑料制品的公差见本章第 16 问。

③ 制品之间的装配间隙合理，在 0.05～0.10mm。

（5）制品表面质量。塑料制品表面的粗糙度，与其成型加工方法、模具结构、成型工艺条件、材料性能等一系列因素有关，以注射成型工艺来说，制品表面质量与注射压力、熔融温度、模具温度、保压时间及制品在模具中的冷却时间等有关。

提高塑料制品持久性和可靠性的方法之一，就是针对具体的使用条件，为其选择最好的表面粗糙度。在设计模具时，要考虑模具表面粗糙度对塑料制品表面粗糙度的影响，针对具体的聚合物材料品种来设计模具。

从制品的表面功能出发，需要有根据地对制品表面粗糙度提出要求，例如有时根据制品的使用性能要求，对其表面缺陷如擦伤、气泡、凹痕、云纹等的尺寸、数量及其分布情况加以限制。

外观的皮纹、文字、图案及标志符号设计，需要考虑不能有产生成型缺陷的因素存在。

（6）正确选用塑件的材料，使塑料的力学性能和工艺性能满足产品需要。

（7）在设计产品结构形状、尺寸精度时，同时要求有利于模具结构的简化和制造。

（8）设计师要有正确的设计理念，产品的质量和成本控制意识。

（9）塑件的开发需要正确的设计步骤，具体内容见第 8 问。

（10）考虑产品的性能指标与检测方法，考虑塑件产品的工作强度和极限。

12. 制品的形状、结构设计应注意哪些问题？

工程塑件的形状、结构设计应注意以下问题：

① 根据制品的形状、结构、用途、要求来选择材料。

② 避免成型制品翘曲变形（交角处、外形内凹、平面变形、大型壳体顶部和底层的变形、薄壁容器的侧壁变形）。

③ 注意表面凹陷和缩影的产生，需要考虑怎样消除或掩盖。

④ 尽量避免内形、外形有凸台、凹槽、侧孔设计。

⑤ 避免尖锐的棱角，最好是圆角设计。

⑥ 考虑怎样避免熔接痕出现在制品的表面。

⑦ 要有足够的脱模斜度。

⑧ 加强筋的厚度小于制品的壁厚，避免加强筋汇聚，布局要合理。

⑨ 不同壁厚的壁之间应有过渡部分，不能突变，壁厚要适当。

⑩ 合理设计支承面的结构，减少平面的接触面积，加强筋低于平面 0.5mm，如图 1-6 所示。

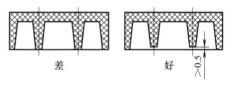

差　　　　好

图 1-6　支承面的设计

13. 怎样考虑制品的分型线？

注射成型塑料制品时，需要把模具在分型面处分开，以便取出塑料制品。这就必然导致模塑件的相应部位出现毛边，形成痕迹线，通称分型线。

分型线确定后，也确定了分型面的位置。分型面的选择与塑料制品结构有关，而分型面选择会直接影响模具制造、成型难易、后加工及塑料制品质量等。

① 分型线通常设计在制品外形最大轮廓处，必须尽可能使分型线出现在不影响塑料制品外观的地方。进行塑件外形设计时，有时可考虑设计成装饰线"淡化"，确保塑料制品外观质量和后加工容易，如图 1-7 和图 1-8。

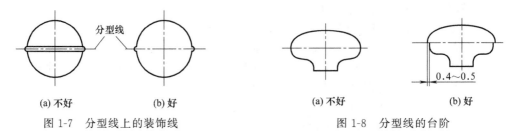

| (a) 不好 | (b) 好 | | (a) 不好 | (b) 好 |

图 1-7　分型线上的装饰线　　　　　　　　图 1-8　分型线的台阶

② 分型线要求有利于分型面的形状（避免突变、尖角，能圆滑过渡）。

14. 根据塑料制品形状结构，怎样考虑脱模斜度？

制品的形状、结构设计，不能妨碍脱模，一般脱模斜度在 $0.5°\sim1°30''$ 范围内选取。

① 不同品种的塑料其脱模斜度不同，常用塑料的脱模斜度见表 1-4。

表 1-4　常用塑料的脱模斜度

塑 料 名 称	斜 度	
	塑腔	塑芯
聚乙烯、聚丙烯、软聚氯乙烯	$45'\sim1°$	$30'\sim45'$
ABS、尼龙、聚甲醛、氯化聚醚、聚苯醚	$1°\sim1°30'$	$40'\sim1°$
硬聚氯乙烯、聚苯乙烯、聚甲基丙烯酸甲酯、聚碳酸酯、聚砜	$1°\sim2°$	$50'\sim1°30'$
热固性塑料	$40'\sim1°$	$20'\sim50'$

② 收缩率大的塑料比收缩率小的脱模斜度要大（收缩率大的塑料，制品对型芯包紧力大，所以需要加大制品内表面的脱模斜度，适当减小制品外表面的脱模斜度）。

③ 塑料刚性大的，制品内表面的脱模斜度要大。

④ 制品壁厚的，脱模斜度要大。

⑤ 通常，制品的几何形状结构复杂而且很不规则的，其脱模斜度取大些，制品内表面的脱模斜度应大于外表面的脱模斜度。但要保证塑件的尺寸精度时，长（高）度长（高）时则其脱模斜度适当地减小。

⑥ 考虑模具因素。受脱模方向的影响，需考虑开模后制品留在哪一侧，一般定模的脱模斜度比动模小一些。

⑦ 透明制品，模具型腔表面镜面抛光：小制品脱模斜度 $>0.5°\sim1°$、大制品脱模斜度 $>3°$。

⑧ 制品表面要求火花纹的，模具型腔表面在电极加工后不再抛光，$R_a<3.2\mu m$，脱模斜度 $>3°$；$R_a>3.2\mu m$，脱模斜度 $>4°$。

15. 怎样确定制品的成型收缩率？

制品成型收缩率的确定，需要根据影响收缩率的变化因素进行具体分析，综合考虑下面要求，确定制品的成型收缩率。

（1）制品的成型收缩率都是从资料上查表（详见附录表 A-5、表 A-6、表 A-7 及附录表 D-4）获得的，但所提供的理论数据范围较宽，常规的一般取中间值。

（2）影响成型收缩率的因素较多，而且相当复杂。在设计模具时，常需按制品各部位的形状、尺寸、壁厚等特点选取不同的收缩率。对精度高的塑件应选取收缩率波动范围小的塑料，并留有试模后修正的余地。另外，成型收缩还受到成型因素的影响，注塑时调整成型条件也能够适当地改变塑件的收缩情况。

（3）成型收缩率的确定，一般可以按以下几种办法：

① 按客户指定的成型收缩率数据设计，如果对数据有怀疑时需要验证。

② 当制品精度要求较高，或者对成型收缩率没有把握的情况下，先开制样条模用来验证制品成型收缩率。

③ 制品尺寸要求不很高时，可用查表法，取成型收缩率的中间值计算模具的型腔、型芯的尺寸。如 ABS 的收缩率是 0.4%～0.7%，取 0.55%，计算时把制品的尺寸乘以 1.0055，所得的数为型腔或型芯的尺寸。

④ 根据经验值确定成型收缩率：制品的成型收缩率各方向是不一致的，同制品的形状结构有关。如洗衣机的脱水外桶（PP 塑料）成型收缩率的经验值是：上口为 1.7%、下口为 1.4%、高度为 1.6%。

⑤ 根据制品的尺寸、形状、结构选取成型收缩率：大制品取偏大值；对收缩率波动范围较大的塑料，可根据塑件壁厚（壁厚的收缩大，取偏大值）及熔料流动方向来酌定，因制品成型收缩率与注塑的流向有关（纵向比横向收缩率小）。

（4）对一般精度的塑料，成型收缩率波动的误差控制在制品尺寸的 1/3 以内。

16. 怎样确定制品的尺寸公差？

目前国际上尚无统一的塑料制品尺寸公差标准。塑料制品的公差，详见附录表 A-2 "常用塑料的模塑件公差等级的选用"、表 A-3 "模塑件精度等级的尺寸公差表"、表 A-4 "德国标准 DIN16901 塑件尺寸公差" 等。

但各国有自行制定的公差标准，如德国的标准 DIN16901、瑞士的标准 VSM77012 等。

我国的塑料制品尺寸公差标准已经制定出来，如表 1-5、表 1-6 所示。

表 1-5　常用塑料的公差等级推荐值

类别	代号	材料名称	推荐级别		
			注有公差		未注公差
			高精度	一般精度	低精度
1	PC ABS PS PSF PMMA PPO PF UF GRP	聚碳酸酯 丙烯腈-丁二烯-苯乙烯共聚物 聚苯乙烯 聚砜 聚甲基丙烯酸甲酯 聚苯醚 酚醛树脂（带无机填料） 氨基树脂（带无机填料） 30%玻璃纤维增强塑料	2	3	5
2	UF PF PA POM RPVC	氨基树脂（带有机填料） 酚醛树脂（带有机填料） 聚酰胺类 聚甲醛（尺寸大于 150mm） 聚氯乙烯（硬）	3	4	6
3	PP POM CA	聚丙烯 聚甲醛（尺寸小于 150mm） 醋酸纤维素	4	5	7
4	HDPE LDPE SPVC	高密度聚乙烯 低密度聚乙烯 聚氯乙烯（软）	5	6	7

制品尺寸精度是指制品的实际尺寸与图样上尺寸的符合程度。由于影响制品尺寸精度的因素很多，也极为复杂，因此在设计中正确合理确定尺寸公差非常重要。在保证使用要求的前提下，精度应设计得低一些。

表 1-6　塑料制品尺寸公差

A. 不受模具活动部分影响的尺寸公差

基本尺寸/mm	1	2	3	4	5	6	7
>0~3	0.07	0.10	0.13	0.16	0.22	0.28	0.33
>3~6	0.08	0.12	0.15	0.20	0.26	0.34	0.48
>6~13	0.10	0.14	0.18	0.23	0.30	0.40	0.58
>13~14	0.11	0.16	0.20	0.27	0.34	0.48	0.68
>14~18	0.12	0.18	0.22	0.31	0.38	0.54	0.78
>18~24	0.13	0.22	0.24	0.34	0.42	0.60	0.88
>24~30	0.14	0.26	0.26	0.38	0.48	0.72	1.08
>30~40	0.16	0.24	0.30	0.42	0.56	0.80	1.14
>40~50	0.18	0.26	0.34	0.48	0.64	0.91	1.32
>50~65	0.20	0.30	0.36	0.54	0.74	1.10	1.54
>65~80	0.23	0.34	0.44	0.62	0.86	1.28	1.80
>80~100	0.26	0.36	0.50	0.72	1.00	1.48	2.10
>100~120	0.29	0.42	0.58	0.82	1.16	1.72	2.40
>120~140	0.32	0.46	0.64	0.92	1.30	1.96	2.80
>140~160	0.36	0.50	0.72	1.04	1.40	2.20	3.10
>160~180	0.40	0.54	0.78	1.14	1.60	2.40	3.40
>180~200	0.44	0.60	0.84	1.24	1.80	2.60	3.70
>200~220	0.48	0.66	0.92	1.36	2.00	2.04	4.10
>220~250	0.52	0.72	1.00	1.48	2.10	3.20	4.50
>250~280	0.56	0.78	1.10	1.60	2.30	3.50	4.90
>280~315	0.60	0.84	1.20	1.80	2.60	3.80	5.40
>315~355	0.66	0.92	1.30	2.00	2.80	4.30	6.00
>355~400	0.72	1.00	1.44	2.20	3.10	4.76	6.70
>400~450	0.78	1.13	1.60	2.40	3.50	5.30	7.40
>450~500	0.86	1.20	1.74	2.60	3.90	5.80	8.20

B. 受模具活动部分影响的尺寸公差

基本尺寸/mm	1	2	3	4	5	6	7
>0~3	0.14	0.20	0.33	0.36	0.42	0.40	0.58
>3~6	0.16	0.22	0.35	0.40	0.46	0.54	0.68
>6~10	0.20	0.24	0.38	0.43	0.50	0.60	0.78
>10~14	0.21	0.26	0.40	0.47	0.54	0.68	0.88
>14~18	0.22	0.28	0.42	0.50	0.58	0.74	0.98
>18~24	0.23	0.30	0.44	0.54	0.62	0.80	1.08
>24~30	0.24	0.32	0.46	0.58	0.68	0.90	1.20
>30~40	0.26	0.34	0.50	0.62	0.76	1.00	1.34
>40~50	0.28	0.36	0.54	0.68	0.84	1.14	1.52
>50~65	0.30	0.40	0.58	0.74	0.94	1.30	1.74
>65~80	0.33	0.44	0.64	0.82	1.06	1.48	2.00
>80~100	0.35	0.48	0.70	0.92	1.20	1.68	2.30
>100~120	0.39	0.52	0.78	1.02	1.36	1.92	2.60
>120~140	0.42	0.56	0.84	1.12	1.50	2.16	3.00
>140~160	0.46	0.60	0.92	1.24	1.66	2.40	3.30
>160~180	0.50	0.64	0.93	1.34	1.80	2.60	3.60
>180~200	0.54	0.70	1.04	1.44	2.00	2.80	3.90
>200~225	0.58	0.76	1.12	1.56	2.20	3.14	4.30
>225~250	0.62	0.82	1.20	1.68	2.30	3.40	4.70
>250~280	0.66	0.88	1.30	1.80	2.50	3.70	5.10
>280~315	0.70	0.94	1.40	2.80	2.80	4.00	5.60
>315~355	0.76	1.02	1.50	2.20	3.00	4.50	6.20
>355~400	0.82	1.10	1.64	2.40	3.30	4.90	6.90
>400~450	0.88	1.20	1.80	2.60	3.70	5.50	7.60
>450~500	0.96	1.30	1.94	2.80	4.10	6.00	8.40

制品尺寸精度的确定，需要考虑使塑料制品产生尺寸误差的原因。影响制品尺寸公差的因素如下。

① 模具因素：模具的制造精度与结构。

② 性能因素：塑料的特性与收缩率波动。

③ 设计因素：塑料制品的形状结构。

④ 工艺因素：成型工艺参数。

⑤ 模具结构。

⑥ 模具使用因素：磨损程度。

17. 制品壁厚的设计原则是什么？

塑料制品的壁厚取决于产品结构、质量与性能、用途。它的主要作用如下。

① 对制品产生保护和支撑。

② 合理的壁厚可确保成型时的流动。

③ 防止产品变形。

壁厚设计的一般原则如下。

① 要尽量使壁厚均匀一致（不得使壁厚相差太悬殊，应沿料流动方向逐渐地增减、圆滑过渡），且不允许形状突变。

② 壁厚要有利于制品成型，一般小于1mm为薄壁，壁厚通常为 2～3.5mm。

③ 具有满足制品使用要求的强度和刚性。

④ 需要考虑因壁厚不均给制品成型带来的问题（产生收缩应力，制品收缩不均，引起制品翘曲变形、壁厚过渡部位形成缩孔）。

⑤ 根据材料的流动性能，选用制品的壁厚，设计时参考表 1-7 的推荐值。

考虑塑料的流动比。流程大小与制品壁厚成正比例，壁厚则其流程长。图 1-9 是制品壁厚与流程的关系。所谓流程是指熔融物料由进料口流向型腔各处的距离。如果模具的流程长超出一定的范围，制品就成了薄壁件，这一点在设计模具时千万要注意。

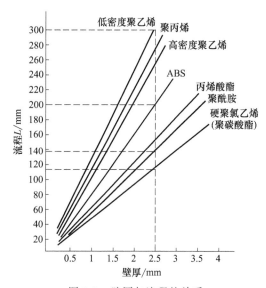

图 1-9　壁厚与流程的关系

表 1-7　各种热塑料制品的壁厚推荐值　　　　　单位：mm

塑料制品材料	最小壁厚	小制品壁厚	中等制品壁厚	大制品壁厚
聚酰胺(PA)	0.45	0.76	1.5	2.4～3.2
聚乙烯(PE)	0.6	1.25	1.6	2.4～3.2
聚苯乙烯(PS)	0.75	1.25	1.6	3.2～5.4
改性聚苯乙烯	0.75	1.25	1.6	3.2～5.4
聚甲基丙烯酸甲酯(PMMA)	0.8	1.50	2.2	4～6.5
硬聚氯乙烯(RPVC)	1.2	1.60	1.8	3.2～5.8
聚丙烯(PP)	0.85	1.45	1.75	2.4～3.2
氯化聚醚	0.9	1.35	1.8	2.5～3.4
聚碳酸酯(PC)	0.95	1.80	2.3	3～4.5
聚苯醚(PPO)	1.2	1.75	2.5	3.5～6.4
醋酸纤维素(CA)	0.7	1.25	1.9	3.2～4.8

塑料制品材料	最小壁厚	小制品壁厚	中等制品壁厚	大制品壁厚
乙基纤维素(EC)	0.9	1.25	1.6	2.4~3.2
丙烯酸类	0.7	0.9	2.4	3.0~6.0
聚甲醛(POM)	0.8	1.40	1.6	3.2~5.4
聚砜(PSF)	0.95	1.80	2.3	3~4.5
丙烯腈-丁二烯-苯乙烯(ABS)	0.75	1.5	2	3~3.5

18. 加强筋有什么作用？怎样设计制品的加强筋？

设置加强筋的作用：

① 不用增加壁厚，就可使制品的强度与刚性得到改善。

② 加强筋可起到辅助料道的作用，有利于填充成型。

③ 用于装配。

④ 能有效地克服制品翘曲变形现象。

加强筋设计应注意的问题如下：

① 加强筋的壁厚小于主体的壁厚（加强筋的大端厚度尺寸通常是主体壁厚的 0.4~0.5，以防塑件表面产生缩影）。

② 加强筋的高度不宜设计太高，要注意上口壁厚与下口的壁厚相差不宜太大（同脱模斜度）。

③ 加强筋的布置应考虑成型填充时与塑料流动方向一致，避免料流受到搅乱，降低塑件的强度和韧性。

④ 加强筋的端面应低于制品的支承面 0.1~0.5mm。主体壁厚连接的转角部位与加强筋的底部应是圆角设计。

⑤ 加强筋尽量对称分布。

⑥ 加强筋的十字交接处避免过厚、汇聚，使制品产生缩影、凹痕，需要改为如图 1-10（b）所示。

⑦ 加强筋的脱模斜度一般取 0.5°~1.5°。

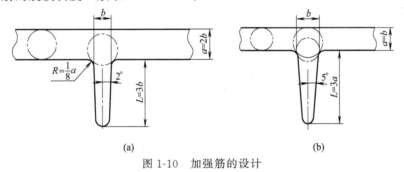

(a)　　　　　　　　　　　　　(b)

图 1-10　加强筋的设计

19. 怎样设计制品的凸台？

① 凸台一般设置在制品的边缘、加强筋的中间、孔的边缘，作用是增强制品的强度、装配定位、便于顶出。

② 其形状最好是圆的，圆柱直径应尽量小些，同时减小根部的壁厚，避免缩影，如图 1-11（b）所示。凸台的高度最好不要超过壁厚的 2 倍，并有足够的脱模斜度和强度。

20. 制品为什么要设计成圆角，避免尖角？

凡能设计成圆弧的地方均设计成圆弧，这样做有一系列好处。在制品成型时熔料流动阻力小，有利于改善流动充模特性。可以防止因塑料收缩而导致的制品变形，或者因锐角而引起的应力集中。制品外形也因圆弧过渡而显得更为美观，使制品的强度增大，模具使用寿命延长。同时，与制品相对应的模具成型零件在热处理时不易裂口，强度增加。

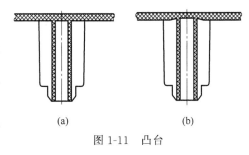

图 1-11 凸台

在塑料制品的隔角处，即内外表面的交接转折处，加强筋的顶端及根部等处都应设计成圆弧，而且圆弧的半径不应小于 0.5mm。

图 1-12 为圆弧半径与应力集中的关系。若在制品的隔角处设置圆弧，就可有效地防止应力集中，延长其使用寿命。由图可知，当圆角半径与壁厚之比值小于 0.25 时，应力集中系数急剧增大，即隔角处应力急剧增加。应力集中系数为隔角处最大应力与壁厚 A 处应力的比值。当圆角半径与壁厚之比值大于 0.75 时，应力集中系数变化趋于平缓，并逐渐成为常量，因此在制品上设计圆角时，应尽可能取大值。

在给塑料制品内外表面的拐角处设计圆角时，应按图 1-13 所示那样确定内外圆角半径，以保证制品壁厚均匀一致。图中 R 为内圆角半径，R_1 为外圆角半径，H 为制品的壁厚。

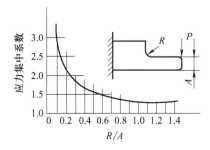

图 1-12 圆弧半径与应力集中的关系
P—外加载荷；R—圆角半径；A—壁厚

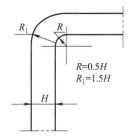

图 1-13 内外圆角半径

表 1-8 为筋的高度与圆弧半径的关系。表 1-9 为制品内形边缘处的最小允许半径值。

表 1-8 筋的高度与圆弧半径的关系

筋的高度	6.5	6.5~13	13~19	19 以上
圆弧半径	0.8~1.5	1.5~3.0	2.5~5.0	3~6.5

表 1-9 制品内形边缘处的最小允许半径

塑料名称	最小允许圆弧半径/mm
聚甲基丙烯酸甲酯,聚苯乙烯	1.0~1.5
聚酰胺,聚己内酰胺	0.5~1.0
酚醛树脂,氨基树脂	0.5

21. 盒形容器的制品侧壁应怎样设计？

软质塑料的箱形薄壁容器成型后，其侧壁易发生内凹变形，如图 1-14（a）所示，虚线为所希望的容器侧壁，实线为变形后的容器壁。图 1-14（b）中的实线表示若容器侧壁为稍外凸的弧线，则收缩变形后成为虚线所示的矩形侧壁容器。图 1-14（c）表示如果需要矩形薄壁容器，则在设计制品时就设计成外凸的弧形侧壁，成型收缩变形后成为变形不明显的矩

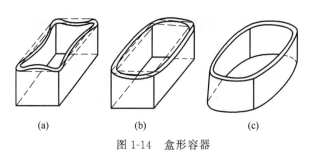

图 1-14　盒形容器

形薄壁容器。由此可见，利用弧形结构能有效防止变形。例如有一箱形制品，其高度为 40mm，长边壁为 160mm，短边壁为 120mm。设计制品时，将其长边壁设计成半径为 1800mm 的弧形外凸边壁，把其短边壁设计成半径为 800mm 的弧形外凸边壁。成型收缩后，实际得到的箱形制品的长、短边壁近于直线。

22. 孔的设计应注意哪些问题？

孔的形状有圆孔、方孔、盲孔、通孔、异形孔等。设计要满足制品的使用要求，保证制品有足够的强度，有利于制品成型。设计孔应注意以下问题：

（1）在一般情况下应把孔设置在制品强度大的地方。必要时可以采取一些增强措施。如图 1-15 所示，采用凸边增厚孔的周围来提高孔的使用强度。

（2）孔的设计要考虑通孔旁边会产生两股料汇合的拼缝线（熔接痕）：圆孔要比异形孔好；盲孔比通孔好。

（3）塑料制品上的孔一定要有足够的脱模斜度，以利脱模。

（4）在不妨碍使用要求的前提下，应尽量避免把塑料制品设计成带有侧孔。

（5）为确保塑料制品的使用强度，应使孔间、孔与边壁间、孔的端部至制品表面有足够的料层厚度。若孔距制品边缘太近，边缘会因塑料收缩产生内应力而开裂。孔与孔也不得太近，否则也会导致开裂及变形。孔端到制品表面的距离太小，也会使制品质量下降，如变形、胀起等。除此之外，处于制品边缘的孔应与其边缘形状相一致，使孔周围塑料层厚度均匀，保证制品强度与外形美观，如图 1-16 所示。

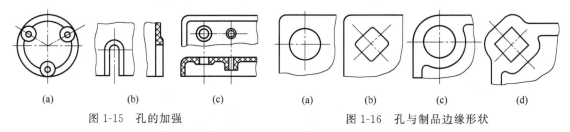

图 1-15　孔的加强　　　　　　　图 1-16　孔与制品边缘形状

（6）圆形通孔的设计要点（见图 1-17）。

① 孔与孔之间，距离 B 宜为孔径 A 的 2 倍以上。

② 孔与成品边缘之间距离 F 宜为孔径 A 的 3 倍以上。

③ 孔与侧壁之间距离 C 不应小于孔径 A。

④ 通孔周边的壁厚宜加强（尤其针对有装配性、受力的孔），切开的孔周边也宜加强，见图 1-18。

（7）盲孔设计要点。盲孔深不宜超过孔径的 4 倍，而对于孔径在 1.5mm 以下的盲孔，孔的深度更不得超过孔径的 2 倍。若要加深盲孔深度则可用台阶孔，如图 1-18 所示。

（8）侧穿孔、碰穿孔的设计斜度最好大于 3°～5°，尽量不小于 2°，插穿部位的斜度尽量大于 10°～30°等。

23. 螺纹孔的设计应注意哪些问题？

① 保证制品的强度，塑料螺纹强度比钢制螺纹小 83%～91%，螺纹不宜采用细牙。

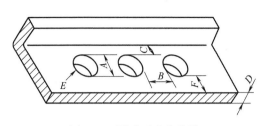

图 1-17 圆形通孔的设计

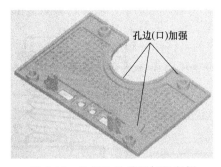

图 1-18 孔周边的壁厚加强实例

② 螺纹须有台阶孔（入口处）。

③ 螺纹孔到制品边缘的距离，应大于螺纹外径 1.5 倍，同时大于螺纹所在制品壁厚的 1/2。

④ 保证螺纹顺利脱模，必须设计成 1/15～1/25 的脱模斜度。

⑤ 制品上的螺丝柱孔，通常情况下是盲孔，孔的深度往往大于 4 倍的直径，入口处要有倒角。

24. 制品表面装饰花纹应怎样设计?

为了提高制品的表面质量，增加制品外形美观度，常对制品表面加以各种装饰花纹。但花纹不得影响制品脱模。花纹应顺着脱模方向，并有一定的脱模斜度。条纹高度不小于 0.3～0.5mm，高度不超过其宽度。花纹不得太细、太深，否则加工和成型困难。斜侧花纹的花纹斜度：皮革纹、布纹 3°～5°，文字、花纹 8°～10°。具体可参阅附录表 D-5 "制品外侧蚀纹深度与脱模斜度对照表"。

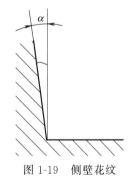

图 1-19 侧壁花纹

侧壁花纹：如果在塑料制品的侧壁上设置有装饰花纹，花纹布置处于图 1-19 所示的范围内，则制品成型之后可以直接强制脱模。

25. 制品的文字、图案及标志符号应怎样设计?

制品的文字、图案及标志符号可设计成凹凸两种，如制品上设计成凸形的，则模具上为凹形，模具制造较容易，但制品使用时容易损坏。建议最好在制品上设计成凹坑凸字，可以做成镶块形式，镶块周边设计成图案。制品上文字、图案、符号凸起高度一般不低于 0.2mm（常用 0.2～0.8mm），线条宽度不小于 0.3mm，其高度不超过宽度。文字、符号等的脱模斜度大于 10°，采用凹坑凸字时，凹坑应比凸字高出 0.2mm。

在塑料制品上做出图案、文字、标记符号的通常办法，是在成型制品的过程中直接成型出来。因为用这种办法做出的图案、文字、标记符号坚固耐用、图形清晰、美观。

若要在制品上制出与制品颜色不同的文字，可采用双包注塑，见图 1-20（b）。

塑料制品上的图案、文字、标记符号等，可以是凸出制品表面的凸形，也可以是凹入制品表面的凹形。塑料制品上的为凸形，如图 1-21（b），则模具上就为凹形，可以用机械或手工加工出来，模具制造容易；但是制品上的凸形图案、文字、标记符号在使用中容易损坏。塑料制品上的图案、文字、标记符号为凹形，如图 1-21（a），则模具上就为凸形，用一般方法制作模具较困难。因此，建议采用电铸、冷挤压、电火花加工等新工艺来加工模具。

为了使塑料制品上的文字、符号等既坚固耐用，又容易加工制造模具，建议在制品上做出凹坑凸字，见图1-21（c）。为了便于制造模具，便于更换文字、符号，可把成型有文字、符号等的那些部分制品的模具做成镶嵌结构。为了避免镶件的外形在制品上留下痕迹，可把镶件的结合线作为边框。在制品上采用这种凹坑凸字，当抛光、使用制品时都不会使它损坏。

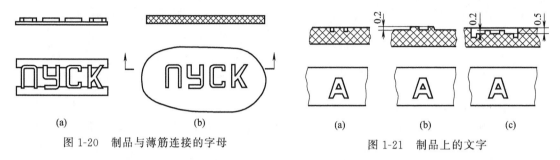

图1-20　制品与薄筋连接的字母　　　　图1-21　制品上的文字

塑料制品上的文字、符号等凸起高度一般不低于0.2mm，而多用0.4～0.8mm，其线条的宽度不小于0.3mm。通常文字、符号的线条高度不应超过其宽度，否则就会影响其使用强度。文字、符号等的脱模斜度大于10°，采用凹坑凸字时凹坑应比凸字高出0.2mm。

第三节

塑料制品的设计评审

26. 模具对塑件形状结构的设计有哪些限制？

塑料制品由于模塑成型，给塑料制品形状结构设计带来了一系列的限制，为使制品设计与模具结构设计相适应，也与注塑成型工艺相适应，设计制品时需要了解模具对制品形状结构的限制，需要考虑的影响因素有如下几方面：

① 避免侧凹、侧孔，否则会增加制品和模具成本。
② 倒扣或无脱模斜度、脱模斜度方向不对。
③ 壁厚不均或悬殊、突变。
④ 制品强度不够或内应力引起变形。
⑤ 制品分型线的出现有否影响制品外观。
⑥ 制品尺寸精度超差。
⑦ 熔接痕在不允许出现的地方形成。
⑧ 浇口痕的形成。

27. 为什么要对制品的形状结构设计进行评审？

新产品的开发，很有可能在制品的形状结构设计上存在问题。因为一般的塑料产品设计师对模具的结构设计和制造是门外汉。如果客户的制品形状结构设计（3D造型）没有经过评审就进行模具设计或虽经过评审，对存在的问题没有及时发现，就会导致模具在设计、制造过程中出现这样或那样的问题，导致不必要的设计更改或重新加工、交模时间延误、模具设计与制造成本增加；同时更改会影响模具的质量，无形之中也浪费了设计人员的时间，使项目完成不理想，这是模具设计师最痛苦的事情。

如何优化产品设计，这就看工程师的沟通水平和对产品设计的认识深度。好的模具设计师同时也是好的产品设计师，至少对注塑件的结构比较熟悉。工程师要为产品设计师出谋划策，尽量向模具方面倾斜。这个问题处理好了，模具质量得到了保障，反复修改和试模的概率就大大减少，成本就会大大降低。

因此，做好制品的设计评审工作非常重要。通过评审，集思广益，可弥补制品设计师的水平能力和经验的不足，及时发现是否有妨碍模具结构设计和制品质量的问题存在。这样，使模具项目顺利完成有了保障，避免制品和模具设计更改，使塑料产品早日投放市场。

所以在设计模具前，必须对塑件产品的设计进行评审确认，其目的如下：

① 通过评审及时发现问题，优化制品结构设计，有利于成型制品质量的提高，避免成型制品产生成型缺陷。

② 通过评审可克服模具制造商对产品功能性和装配要求不很了解的问题，与此同时，可克服模具订购方对模具、对制品要求及成型工艺不很了解等问题，双方达到互补，把存在的问题暴露在模具设计前，及时得到解决。

③ 通过评审可避免因制品设计问题，而影响模具结构设计反复，有利于模具和产品成本的降低。

28. 怎样对制品设计进行评审？

要求设计师利用"评审表"确认后提交评审，规范制品设计评审流程，避免走过场，要求做好如下工作。

① 由项目经理或负责制品前期分析人员召集有关人员参加评审会议。

② 由设计师或项目经理介绍客户提供的有关制品的3D造型和2D图形、数据（外观、尺寸精度、装配要求、制品数量）及有关模具的设计参数、模流分析报告、模具结构状况和设计意图。

③ 参加评审的人员，对模具结构设计进行研讨，如发现存在的问题，提出对制品或模具的更改方案，对更改较大的、更改好的制品，还需要第二次评审确认。

④ 要求认真仔细地评审，特别是对新产品。如有评审的更改意见，及时告知客户确认。

⑤ 做好评审记录，参加评审的人员须在评审记录中签字。

29. 制品设计评审有哪些具体内容？

在模具结构设计前，需要对制品的形状、结构进行评审，考虑是否有影响模具设计与制造和不利于成型的问题存在，评审内容包括如下四方面：①对塑件形状、结构的合理性进行评审；②对成型制品的外观质量进行评审；③对塑件尺寸精度和技术要求进行评审；④对塑件成型工艺和设备进行评审。

通过评审，如发现制品设计有问题，需提交给客户确认纠正后，才可设计模具，避免设计出现反复。

关于制品的评审，有下面的具体内容和要求：

① 制品的成型收缩率参数是否正确？

② 了解成型制品的塑料性能：选择何种塑料材料、塑料的腐蚀性、制品是否透明、制品的颜色、成型条件。

③ 成型制品外观要求：表面粗糙度是否达到要求？制品的熔接痕与分型面是否出现在不允许出现的地方？表面是否会产生缩影和凹陷？制品表面有无蚀纹、镜面抛光？

④ 制品壁厚是否太薄、太厚、不均、形状突变？是否会产生成型缺陷？

⑤ 是否有妨碍模具结构设计与制造的情况存在，如不必要的侧孔？

⑥ 制品外形是否有利于模具浇注系统的设计。如浇口的形式、数量、位置、压力平衡等？

⑦ 制品设计是否妨碍分型面、插穿孔、碰穿孔的设计？

⑧ 制品是否有倒扣现象？塑件脱模斜度是否合适？

⑨ 制品的装配空间位置是否有干涉？制品的装配尺寸是否正确？

⑩ 审查制品形状、结构尺寸等，是否有不利于成型的因素存在？制品是否会产生翘曲、变形、缩影？

⑪ 制品形状、结构、尺寸精度、外表面的要求，是否超过了塑件常规的公差范围（模具的制造精度能否满足塑件精度要求，所开模具的精度能否满足塑件精度与形位公差等级？），制品的关键尺寸如何管控？

⑫ 尖角与圆角审查。尽量避免尖角存在，要求圆角设计，避免应力集中，防止制品强度削弱和模芯产生开裂。塑件转折部位要尽量设计 R 角过渡，有利于成型。

⑬ 审查制品的加强筋、孔、凸台、螺纹孔等的设计是否合理。

⑭ 制品的侧向分型机构是否干涉？

⑮ 制品形状结构设计是否有妨碍或增加模具结构设计或加工难度的情况存在？

⑯ 制品成型后，是否需要后处理？

⑰ 制品的成型周期要求是否苛求？

⑱ 审查制品的 2D 图样、技术要求和 3D 造型的一致性。

第二章
零件图和装配图

现在的模具设计是根据客户提供的塑件，使用 UG 造型软件进行 3D 设计，使用 Auto-CAD 软件画 2D 工程图；CAD 技术从根本上改变了传统的手工画图设计。然而，在使用具有强大功能的电脑软件来画图的同时，也削弱了图样画法的专业知识、降低了模具行业的 2D 工程图的图面质量，达不到"正确、合理、完整、清晰"的设计要求，这就需要引起人们足够的重视。

模具设计师必须掌握机械制图的知识，图样画法才能遵循《机械制图》标准的基本规定。如果一张图样存在问题，设计者的意图就有可能表达不完整或有错误，犹如与客户交流、沟通时，如果工程语言出现了障碍，模具就会出现问题，直接影响模具的成本和质量。

本章内容是关于零件图样、装配图的画法，必须要注意的问题：

① 了解机械制图的国标，有哪些有关要求和规定的问题。
② 怎样完整地表达视图内容及视图画法应注意的问题。
③ 怎样选择零件图样的基准、尺寸及表面粗糙度和形位公差标注等问题。
④ 如何正确选用零件图样的配合公差的问题。
⑤ 怎样完整、无误地表达装配图的问题。
⑥ 关于怎样审查、图样更改的问题。

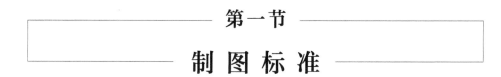

第一节
制 图 标 准

1. 机械制图有什么重要作用？

机械制图是工程界共同的技术语言，它是传递设计者的意图，准确表达技术思想的工具。

机械制图也是模具专业的基础，模具企业要依靠模具图样与国内外客户交流、沟通、签订技术协议，依靠图样生产和检验模具。图样的优劣直接影响能否承接订单和保证模具质量。

2. 技术制图和机械制图有哪些国家标准规定？

技术制图是以技术标准和机械制图制定成的国家标准来实施，具体的国家标准查阅附录 B。

3. 技术制图的基本线型有哪几种？怎样应用各种线型？

技术制图的基本线型有多种，各种线型的名称与应用见图2-1与附录表B-1～表B-3。

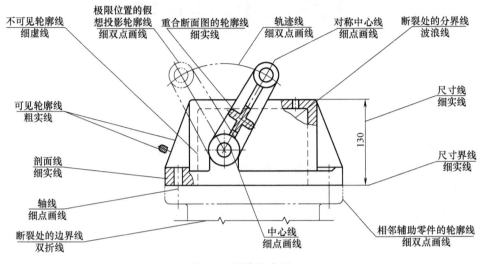

图 2-1　图线的应用

4. 标题栏、明细表有哪些具体要求？

（1）标题栏的放置位置是在图纸的右下角，格式、内容和尺寸（180mm×56mm）如图2-2所示。

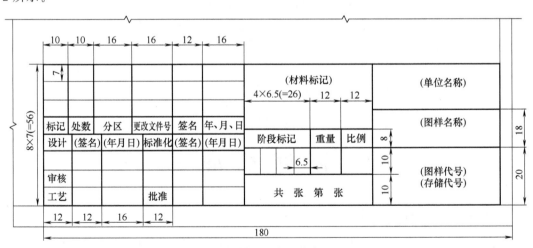

图 2-2　标题栏的格式（单位：mm）

比例的选用和要求，通常应考虑以下几方面的因素：

① 应以能充分而清晰地表达机件的结构形状，又能合理利用图纸幅面（图样占幅面80%左右）为基本原则。

② 在满足上述基本原则的前提下，所选用的比例应有利于采用较小基本幅面的图样。

③ 根据机件的尺寸大小和结构形状的复杂程度选择合适比例，能清晰地表达图样。若条件允许，可优先选用原值比例1:1。模具的浇口图样要求采用4:1放大图。

④ 比例和幅面的选择应考虑图样的应用场合，例如，绘制机械加工工艺规程中的工序

简图时，一般选用比值较小的比例。要求图样实际尺寸与比例等于实体相同比例。

　⑤ 比例选用和允许采用的比例系列，见表 2-1 和表 2-2。注意不允许采用 3∶1 比例。

表 2-1　比例术语和定义

术　语	定　义
比例	图中图形与其实物相应要素的线性尺寸之比
原值比例	比值为 1 的比例，即 1∶1
放大比例	比值大于 1 的比例，如 2∶1 等
缩小比例	比值小于 1 的比例，如 1∶2 等

表 2-2　比例选用和允许采用的比例系列

优先选 用比例	原值比例	1∶1		
	放大比例	$5∶1$　$2∶1$　$5×10^n∶1$　$2×10^n∶1$		
	缩小比例	$1∶2$　$1∶5$　$1∶10$　$1∶2×10^n$　$1∶5×10^n$　$1∶1×10^n$		
允许采 用比例	放大比例	$4∶1$　$2.5∶1$　$4×10^n∶1$　$2.5×10^n∶1$		
	缩小比例	$1∶1.5$　$1∶2.5$　$1∶3$　$1∶4$　$1∶6$　$1∶1.5×10^n$ $1∶2.5×10^n$　$1∶3×10^n$　$1∶4×10^n$　$1∶6×10^n$		

（2）明细表的具体要求

① 明细表要列出模具所有零件的名称、数量、规格、型号。

② 零件材料的热处理要求，可在备注栏中标注。

③ 标准件、外购件要在备注栏中标注。

④ 明细表的格式要达标。

5. 图纸幅面尺寸和格式、字体有什么要求？

（1）图纸幅面尺寸（表 2-3）

表 2-3　图纸幅面尺寸　　　　　单位：mm

幅面代号	A0	A1	A2	A3	A4
$B×L$	841×1189	594×841	420×594	297×420	210×297
E	20			10	
C	10			5	
A			25		

注：在 CAD 绘图中对图纸有加长加宽的要求时，应按基本幅面的短边（B）成整数倍增加。

（2）注塑模具图纸采用留装订边的图纸格式（表 2-4）

表 2-4　图纸格式和尺寸

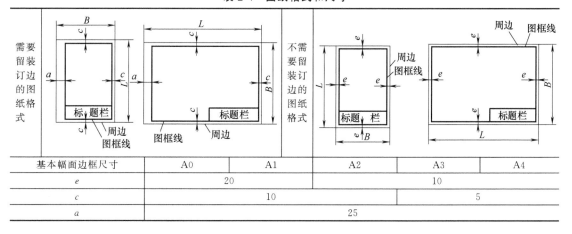

基本幅面边框尺寸	A0	A1	A2	A3	A4
e	20			10	
c	10			5	
a			25		

加长幅面边框尺寸	加长幅面的边框尺寸，按所选用的基本幅面大一号的边框尺寸确定。例如：A2×3 的边框尺寸按 A1 的边框尺寸确定，即 e 为 20(或 c 为 10)；而 A3×4 的边框尺寸按 A2 的边框尺寸确定，即 e 为 10(或 c 为 10)

(3) 字体

① 工程字或宋体。同一张图样字体要求统一。

② 字体大小：图幅 A0、A1，字体大小 5 号；图幅 A2、A3、A4，字体大小 3.5 号（A4 图幅，在图样较为复杂和尺寸标注又多的情况下，字体显得太大，可采用 2.5 号）。

③ CAD 制图中字距、行距等的最小距离，见表 2-5。

表 2-5　CAD 制图中字距、行距等的最小距离　　　　　　　　单位：mm

字　　体	最小距离	
汉字	字距	1.5
	行距	2
	间隔线或基准线与汉字的间距	1
拉丁字母、阿拉伯数字、希腊字母、罗马数字	字符	0.5
	词距	1.5
	行距	1
	间隔线或基准线与字母、数字的间距	1

注：当汉字与字母、数字混合使用时，字体的最小字距、行距等应根据汉字的规定使用。

第二节

图 样 画 法

6. 怎样学习机械制图？

首先要对学好机械制图的重要性有充分的认识，学习目的性才能明确。下面谈一下怎样学好机械制图及其要求。

① 学习和掌握正投影的基本理论及各种图样画法。

② 熟悉技术制图与机械制图国家标准的有关规定，了解和关注国家制图标准的动态。

③ 熟练地掌握 AutoCAD 绘图技能，培养空间想象力。

④ 阅读和测绘复杂的机械零件图和装配图，使所画图样能达标。

⑤ 夯实关于机械、模具的基础知识，提升自身的工作能力。

⑥ 培养一丝不苟的工作作风和严谨的工作态度。

7. 机械制图采用什么投影原理？其具有哪三性？

① 机械制图采用投射线与投影面垂直的平行投影法，叫正投影法。

② 正投影法的基本性质是真实性、积聚性、类似性，如图 2-3 所示。

8. 通常三视图是指哪三个视图？有什么投影规律？

通常用三视图来表达机件的形状，这三个基本视图是主视图、俯视图、左视图，如图 2-4 所示。而这三个基本视图的关系是：主视图与俯视图长对正，主视图与左视图高平齐，俯视图与左视图宽相等。简称："长对正，高平齐，宽相等"，这就是三视图间的投影规律。

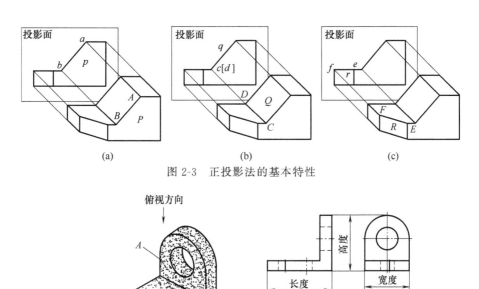

图 2-3　正投影法的基本特性

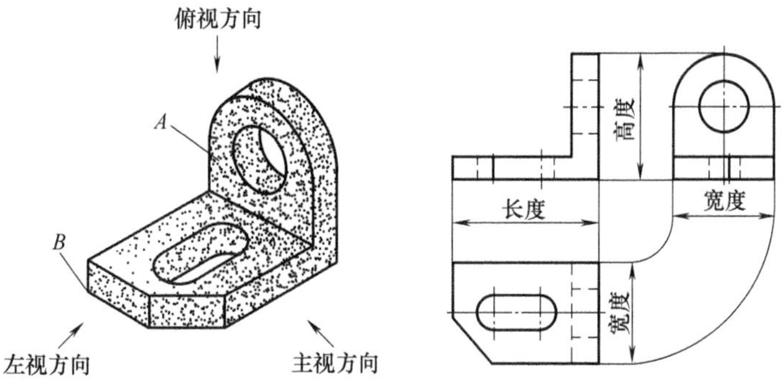

图 2-4　三视图的位置和尺寸关系

9. 图样中不同材料的剖面线应怎样画？

图样中不同材料的剖面线画法见表 2-6。

表 2-6　剖面符号（摘自 GB/T 4457.5—2013）

材料名称	剖面符号	材料名称	剖面符号
金属材料 （已有规定剖面符号者除外）	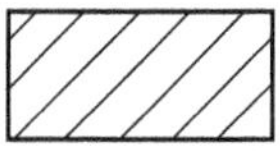	木质胶合板 （不分层数）	
线圈绕组元件	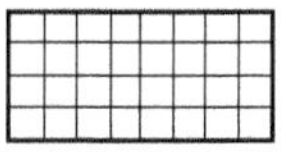	基础周围的泥土	
转子、电枢、变压器和 电抗器等的叠钢片	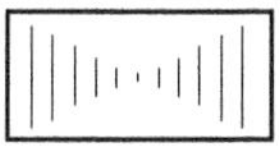	混凝土	
非金属材料 （已有规定剖面符号者除外）		钢筋混凝土	
型砂、填砂、粉末冶金、砂轮、 陶瓷刀片、硬质合金刀片等		砖	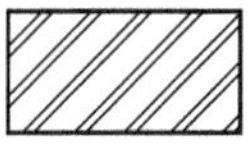
玻璃及供观察用的其他透明材料	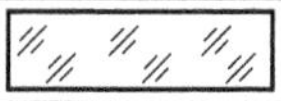	格网(筛网、过滤网等)	
木材	纵断面		液体	
	横断面			

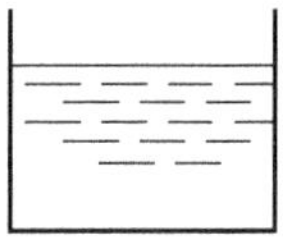

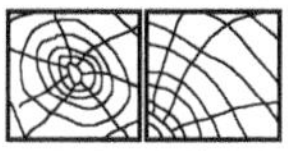

注：1. 剖面符号仅表示材料的类型，材料的名称和代号另行注明。
2. 叠钢片的剖面线方向，应与束装中叠钢片的方向一致。
3. 液面用细实线绘制。

10. 什么叫六个基本视图？其配置怎样？

六个基本视图（*A* 主视图、*B* 俯视图、*C* 左视图、*D* 右视图、*E* 仰视图、*F* 后视图），其视图配置如图 2-5 所示（第一角画法配置）。

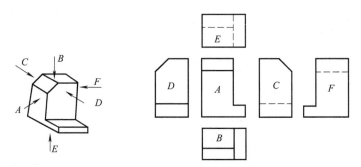

图 2-5　六个基本视图

11. 第一角画法与第三角画法的配置有什么不同？

第一角画法与第三角画法的区别是视图摆放位置有所不同，具体的见图 2-6、图 2-7。
① 第一角画法如图 2-6 所示，眼睛→实物→视图。
② 第三角画法如图 2-7 所示，眼睛→视图→实物。

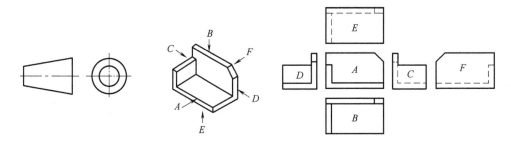

图 2-6　第一角画法用六个基本视图

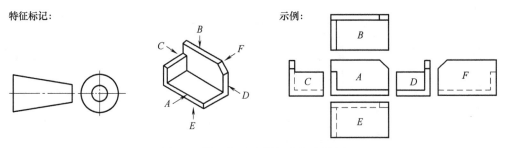

图 2-7　第三角画法用六个基本视图

12. 机械图样画法中，有哪些表达内、外形的基本视图？

① 机械制图表达外形的四种基本视图：六个基本视图，向视图，局部向视图，斜视图。
② 表达内形的有三个基本视图：全剖视图，半剖视图，局部剖视图。

13. 机械制图的基本表示法中有哪五大类图样画法？

图 2-8 是机械图样的基本表示法中有关图样画法方面的分类体系表。表中列出了五类图样画法，即视图、剖视图、断面图、局部放大图和简化画法（基本表示法中的"轴测图"也是图样画法方面的规定，这里未列入轴测图）。

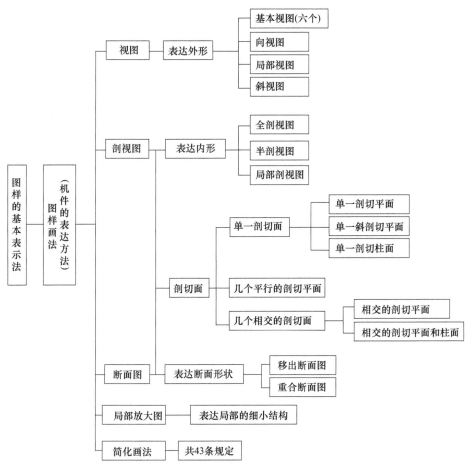

图 2-8　机械图样画法的分类

14. 向视图怎样配置？画法和标注是什么？

（1）向视图是自由配置的视图，应在向视图上方标注"×"（用大写拉丁字母），在相应视图附近用箭头指明投射方向，并注上同样的字母，如图 2-9。

（2）自由配置向视图并非完全自由，有三个不能：

① 不能倾斜地投射，应正射。

② 不能仅画一部分的向视图形，应画出完整图形。

③ 不能旋转配置（是移位配置的）。

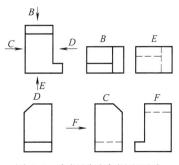

图 2-9　向视图及向视配置法

15. 什么叫局部视图？局部视图怎样配置？画法和标注是什么？

（1）局部视图的定义

将机件的某一部分向基本投影面投射所得的视图。

（2）局部视图的配置

画局部视图时一般在局部视图上方用字母标出视图的名称，如图2-10（b），在相应视图的附近用箭头指明投影方向，并注上同样的字母，如图2-10（a）。

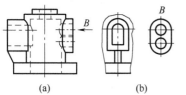

（3）局部视图的标注

在图2-10中，当局部视图按投影关系配置，中间又没有其他图形隔开时，可省略标注。

图2-10　局部视图的配置及标注

（4）局部视图的画法

① 局部视图和局部斜视图的断裂处边界线应以波浪线表示；当所示结构完整时，且外轮廓呈封闭图形时，则波浪线可以省略。应将图形完整画出，如图2-10（b）所示。

② 局部剖视图中的断裂边界线，无论是在视图中画出的局部剖视，还是单独画出的局部剖视，其边界线既可画成波浪线，也可画成双折线，如图2-11（a）、（b）所示，但不能画成细双点画线，见图2-11（c）。

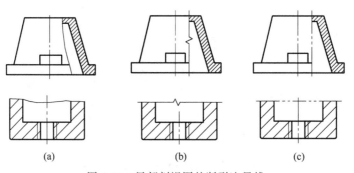

图2-11　局部剖视图的断裂边界线

③ 按第三角画法配置的视图，需在表示局部结构的附近，局部视图与相应视图之间必须用细点画线（或细实线）将两者相连，如图2-12、图2-13所示。不对称结构的图例可按第三角画法配置局部视图。

④ 当图形对称（镜像零件）时，可用局部视图表示；允许只画一半的图形，对称线的两端需各画两条平行的细实线，如图2-14（b）所示。当图形上下左右均匀对称时，可只画完整结构的四分之一，上下对称线的两端、左右对称线的两端均需各画两条平行的细实线，如图2-14（a）所示。

⑤ 局部放大图（GB/T 4458.1—2002）将机件的部分结构的原图形采用放大比例画出。

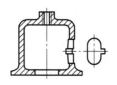

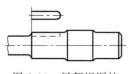

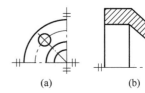

图2-12　局部视图按
第三角画法配置（1）

图2-13　局部视图按
第三角画法配置（2）

图2-14　对称机件的局部视图

当按一定比例画出机件的视图时，其上的细小结构常常会表达不清，且难以标注尺寸，此时可局部地另行画出这些结构的放大图（在局部放大图表达完整的前提下，允许在原视图中简化被放大的图形），如图 2-15 所示。局部放大图应尽量配置在被放大部位的附近。应用细实线圈出被放大部位（也可用波浪线或双折线为边界线）。当同一机件上有几处被放大时，应用罗马数字编号，并在局部放大图上方标注出相应的罗马数字和所采用的比例。

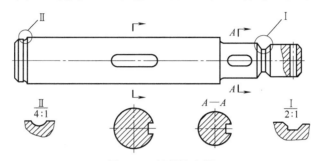

图 2-15　局部放大图

16. 斜视图怎样配置？画法和标注是什么？

① 斜视图的定义：机件向不平行于任何基本投影面的平面所投影得到的视图即为斜视图。

② 画斜视图时，必须用拉丁字母在视图上方标出视图的名称（用字母表示，新标准取消了表示斜视图名称的"X 向"中的"向"字），在相应的视图附近用箭头指明投影方向，并在上方标注同样的字母。斜视图一般按投影关系配置，当其中没有其它图形隔开时，标注时可省略字母，如图 2-16 所示。

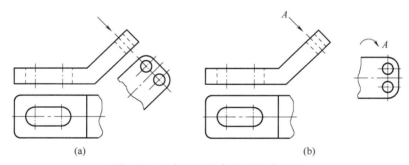

(a)　　　　　　　　　　　　(b)

图 2-16　局部视图及斜视图的表示法

③ 斜视图一般按投影关系配置，为了合理利用图幅，常将斜视图摆正，必要时可配置在其它适当位置，如图 2-17 所示。在不引起误解时，允许将图形旋转（角度小于 90°），旋转方向用半圆的箭头表示，标注形式为"⌒A"（现取消了汉字"旋转"二字，采用了旋转符号），如图 2-17 所示。旋转符号的箭头指向应与旋转方向一致。

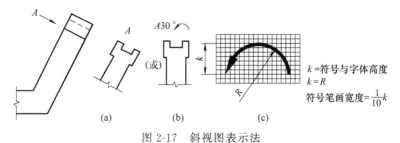

k =符号与字体高度
$k = R$
符号笔画宽度$= \frac{1}{10}k$

(a)　　　　(b)　　　　(c)

图 2-17　斜视图表示法

④ 斜视图的断裂边界可用波浪线绘制，也可用双折线绘制，如图 2-17 所示。

⑤ 2003 年 4 月 1 日起停止 GB/T 4458.1—1984《机械制图 图样画法》的使用。取消了"旋转视图"，如图 2-18 所示，增加了"向视图"，如图 2-19 所示。

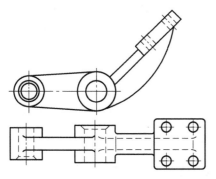

图 2-18　用旋转视图表示机件倾料结构

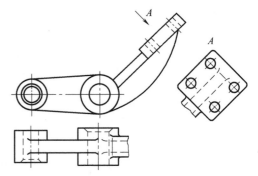

图 2-19　用斜视图表示机件倾料结构

17. 什么叫剖视图？剖视图的三要素是什么？剖视图应怎样标注？

（1）剖视图的定义

用假想剖切面剖开机件，将处在观察者与剖切面之间的部分移去，将其余部分向投影面投射所得的图形称为剖视图，简称剖视。剖视图的形成过程如图 2-20 所示，图 2-20 （b）中的主视图即为机件的剖视图。

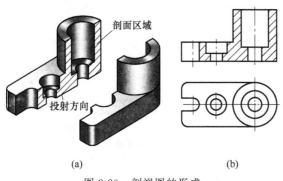

图 2-20　剖视图的形成

（2）剖视图标注的三要素

为便于读图，剖视图一般应进行标注以指明剖切位置，指示视图间的投影关系，以免造成误读。剖视图标注的三要素如下：

① 剖切线（轨迹线）——指示剖切面位置的线，用细点画线表示，剖视图中通常省略不画此线。

② 剖切符号——指示剖切面起、迄和转折位置（用粗实线的短画表示）及投射方向（用箭头表示）的符号。

③ 字母——用以表示剖视图的名称，用大写拉丁字母注写在剖视图的上方，为便于阅读，应在剖切符号附近注写相同的字母。剖视图三要素的标注，如图 2-21。

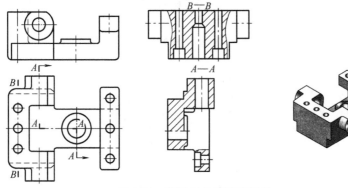

图 2-21　剖视图的配置和标注

（3）剖视图的标注方法

① 全标。

② 不标（同时满足三个条件方可不标）：单一剖切平面通过机件的对称平面或基本对称平面剖切；剖视图按投影关系配置；剖视图与相应视图间没有其他图形隔开。如图 2-22 可省略表示投影方向的箭头。

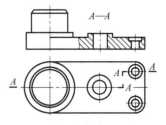

图 2-22 省标投射方向的剖视图

18. 剖视图有哪几种？剖视图的画法应注意什么问题？

剖视图有以下三种：全剖视图、半剖视图、局部剖视图。

（1）全剖视图

用剖切面完全地剖开机件所得的剖视图称为全剖视图。全剖视图一般适用于外形比较简单、内部结构较为复杂的机件，如图 2-23 所示。

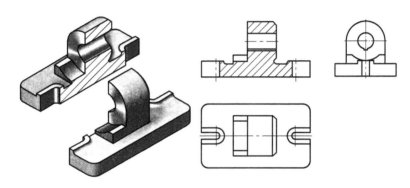

图 2-23 全剖视图

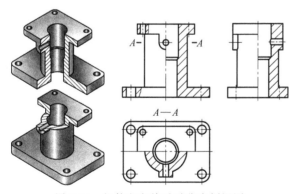

图 2-24 机件左右前后对称半剖视图

（2）半剖视图

① 半剖视图既表达了机件的内部形状，又保留了外部形状，所以常用于表达内、外形状都比较复杂的对称机件。

② 当机件具有对称平面时，以对称平面为界，用剖切面剖开机件的一半所得的剖视图称为半剖视图。图 2-24 所示机件左右对称，前后也对称，所以主视图采用剖切右半部分表达，俯视图采用剖切前半部分表达。

③ 当机件的形状接近对称且不对称部分已另有图形表达清楚时，也可以画成半剖视图，如图 2-25 所示。

④ 画半剖视图时应注意以下问题：

a. 半个视图与半个剖视图的分界线用细点画线表示，而不能画成粗实线。

b. 机件的内部形状已在半剖视图中表达清楚，在另一半表达外形的视图中一般不再画出细虚线。

（3）局部剖视图

① 局部剖视图的定义：用剖切面局部地剖开机件所得的剖视图，称为局部剖视图。如

图 2-26 所示机件，虽然上下、前后都对称，但由于主视图中的方孔轮廓线与对称中心线重合，所以不宜采用半剖视，这时应采用局部剖视。这样，既可表达中间方孔内部的轮廓线，又保留了机件的部分外形。

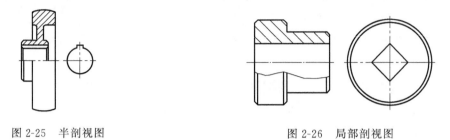

图 2-25　半剖视图　　　　　　　　　　　图 2-26　局部剖视图

② 画局部剖视图时应注意以下问题：

a. 局部剖视图可用波浪线分界，波浪线应画在机件的实体上，不能超出实体轮廓线，也不能画在机件的中空处，如图 2-27 所示。局部剖视图也可用双折线分界，如图 2-28 所示。

b. 一个视图中，局部剖视的数量不宜过多，在不影响外形表达的情况下，可在较大范围内画出局部剖视，以减少局部剖视的数量。如图 2-29 所示机件，主、俯视图分别用两个和一个局部剖视图表达其内部结构。

c. 波浪线不应画在轮廓线的延长线上，也不能用轮廓线代替，或与图样上其他图线重合。

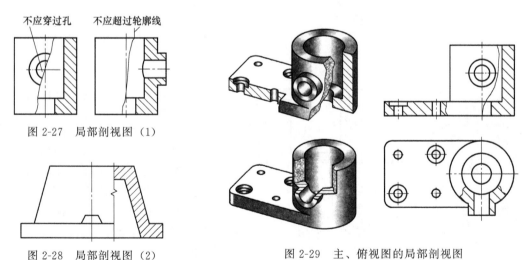

图 2-27　局部剖视图（1）

图 2-28　局部剖视图（2）　　　　　图 2-29　主、俯视图的局部剖视图

19. 什么叫断面图？断面图有哪两种画法？

断面图的定义：由两个或多个相交假想用剖切面将机件的某处切断，仅画出该剖切面与物体接触部分的正投影图形，称为断面图，简称断面。

断面图与剖视图是两种不同的表示法：断面图仅画出被剖切面切断的断面形状，并在断面上画出剖面线，如图 2-30（b）、（c）所示；剖视图不仅要画出被剖切面切到的部分，一般还应画出剖切面后的可见部分，如图 2-30（d）。

（1）移出断面图的配置与标注见表 2-7 与图 2-31、图 2-32。

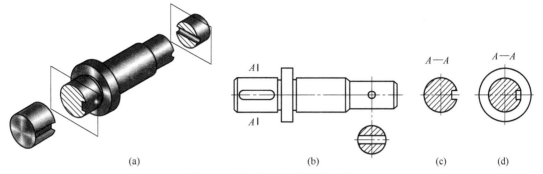

图 2-30　断面图与剖视图的比较

表 2-7　移出断面图的配置与标注

配置	对称的移出断面	不对称的移出断面
配置在剖切线或剖切符号延长线上	剖切线（细点划线） 不必标注字母和剖切符号	不必标注字母
按投影关系配置	A—A 不必标注箭头	A—A 不必标注箭头
配置在其他位置	A—A 不必标注箭头	A—A 应标注剖切符号(含箭头)和字母
配置在视图中断处	不必标注　　图形不对称时,移出断面不得画在中断处	

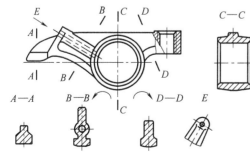

图 2-31　移出断面图的剖切面的选用（1）

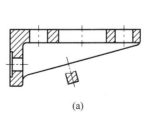

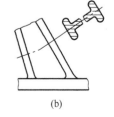

图 2-32　移出断面图的剖切面的选用（2）

（2）重合断面：将断面图形画在视图之内的断面图称为重合断面图，重合断面的标注规定不同于移出断面。对称的重合断面不必标注，如图 2-33（a）所示。重合断面的轮廓线画细实线。当视图中的轮廓线与重合断面的图形重叠时，视图中的轮廓线仍应连续画出，不可间断，如图 2-33（a）所示。不对称的重合断面，在不致引起误解时可省略标注（GB/T 4458.6—2002），如图 2-33（b）所示。

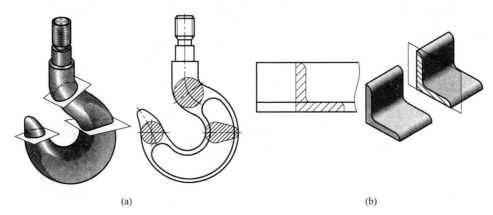

(a)   (b)

图 2-33　重合断面

20. 简化画法有什么原则和基本要求？各种简化画法应怎样画？

（1）简化原则

① 简化必须保证不致引起误解和歧义。

② 便于识读和绘制，注重简化的综合效果。

③ 在考虑便于手工制图和计算机制图的同时，还要考虑缩微制图的要求。

（2）基本要求

① 应避免不必要的视图和剖视图，如图 2-34。

② 在不引起误解时，应避免使用细虚线表示不可见结构，如图 2-35。

③ 尽可能使用有关标准中规定的符号，表达设计要求，如图 2-36，用中心孔符号表示标准的中心孔。

④ 尽可能减少相同结构要素的重复绘制，如图 2-37。

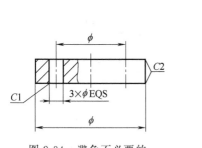

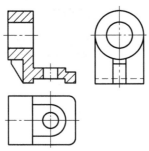

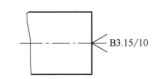

图 2-34　避免不必要的　　　图 2-35　避免使用细虚线　　　图 2-36　用符号表达设计要求
　　　　视图和剖视图

（3）各种简化画法

对称图形的简化画法：在不致引起误解时，对称零件的视图可只画一半或 1/4，并在对称中心线的两端画出两条与其垂直的平行细实线，如图 2-38。

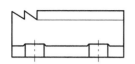

图 2-37 减少相同结构要素的重复绘制

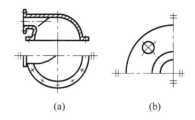

图 2-38 对称图形的简化画法

若干等径孔成规律分布的结构画法如下。

① 若干等径孔成规律分布的结构画法示例。

a. 当机件具有若干直径相同且按规律分布的孔（圆孔、螺孔、沉孔等）时，结构要素的位置用了细点画线表示，也可以仅画出一个或几个，其余只需用细点画线或表示出其中心位置即可（图 2-39）。

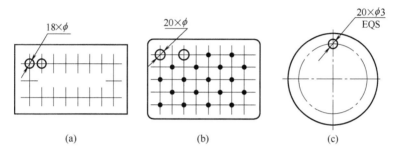

图 2-39 按规律分布的等径孔结构画法

b. 在同一图形中，对于尺寸相同的孔、槽等成组要素，可以仅在其一要素上标注出尺寸和数量，如图 2-40 所示。

② 采用这种画法时，根据具体情况处理好以下几点。

a. 当不便用细点画线表示孔的中心位置时，可用细实线代替细点画线。

b. 当孔距较疏时，可用不加黑点的十字线表示孔位，且可省略连接十字线的细点画线，如图 2-39（a）。

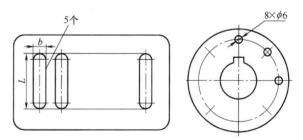

图 2-40 尺寸相同的孔、槽标注

c. 当孔位交叉分布时，可仅在孔位的交点处加黑点，以便与无孔的交点相区别[图 2-39（b）]。

d. 当等径孔的数量较多时，只要能确切说明孔的位置、数量和分布规律，表示孔位的细点画线和十字线不必一一画出，如图 2-39（c）所示。

e. 上述画法的规定同样适用于若干等径的沉孔等结构，如图 2-41 所示。

（4）不对称的重复结构

不对称的重复结构，用相连的细实线表示结构要素的位置，如图 2-42。

（5）左右手零件画法

对于左右手和左右手装配件，允许仅画出其中一件，另一件则用文字说明，如图 2-43 所示。

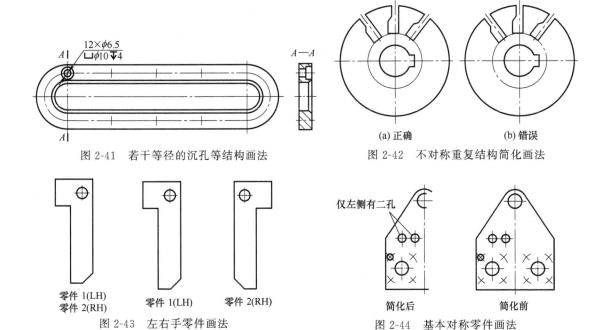

图 2-41 若干等径的沉孔等结构画法

图 2-42 不对称重复结构简化画法

(a) 正确　　(b) 错误

零件 1(LH)
零件 2(RH)　　零件 1(LH)　　零件 2(RH)

图 2-43 左右手零件画法

仅左侧有二孔

简化后　　　简化前

图 2-44 基本对称零件画法

（6）基本对称的零件

仍可按对称零件的方式绘制，但应对其中不对称的部分加注说明，如图 2-44 所示。图 2-45 是装配件画法。

（7）有规则且回转均匀分布的结构画法

零件上有规则且回转均匀分布的结构，如肋、轮辐、孔等，当不处于剖切平面时，可假想将它们转到剖切平面上画出，如图 2-46。

（8）纵向剖切肋板、轮辐、紧固件、轴等的画法

① 当肋板被纵向剖切时，肋板区域不画剖面线，用粗实线把它与邻接部分分开，如图 2-47 所示。

② 当轮辐纵向剖切时，不画剖面线，如图 2-47 所示。

③ 实心零件、轴不画剖面线。

（9）机件上较小结构的简化表示

当机件上结构较小，又不能充分表达回转体零件表面的平面时，可以用两条相交的细实线表示平面，如图 2-48。

另一销子位于以 O 为对称中心的对称位置上

图 2-45 基本对称装配件画法

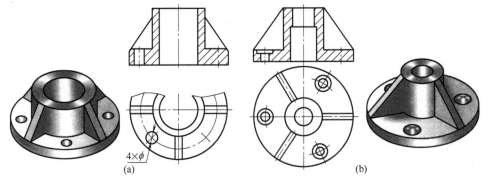

4×φ

(a)　　　　　　　　　　(b)

图 2-46 机件的肋、轮辐、孔等结构画法

当零件上较小的结构在其它图形上表达清楚时，则图形上小相贯线、小截交线可以忽略不考虑，如图 2-49（a）中的主视图省略了平面斜切圆柱面后截交线的投影，图 2-49（b）中的主视图简化了锥孔的投影。

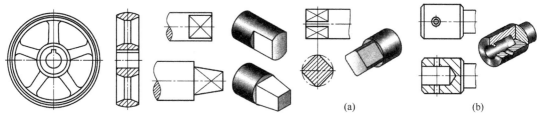

图 2-47　纵向剖切轮辐　　　图 2-48　平面符号　　　图 2-49　机件上较小结构的简化表示

（10）较长的机件沿长度方向按一定规律变化的画法

较长的机件沿长度方向按一定规律变化时，可以中间断开缩短绘制，只绘制两端。注意两端图样的大小不一致（即取去中间部分的图样），如图 2-50。

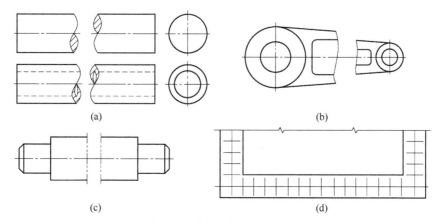

图 2-50　较长机件的简化画法

（11）模糊画法

在不致引起误解时，图形中的过渡线、相贯线可以简化，例如用圆弧或直线代替非圆曲线；也可采用模糊画法表示相贯线，如图 2-51。

在同一张图样的不同视图中，可根据相贯状况用不同的简化画法表示相贯线。如图 2-52 所示零件，主视图中的相贯区域，均用直线表示了相贯线，而左视图中则采用了模糊画法表示相贯线，从而不仅减少了绘图工作量，也方便了读图。

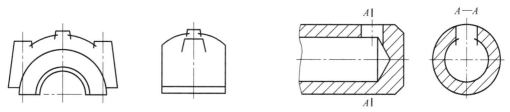

图 2-51　相贯线的模糊画法　　　　图 2-52　用不同的简化画法表示相贯线

（12）管子的简化画法

管子可仅在端部画出部分形状，其余用细点画线画出，如图 2-53（a）；管子也可用与管子中心线重合的单根粗实线表示，如图 2-53（b）。图 2-53（c）是简化前的图。

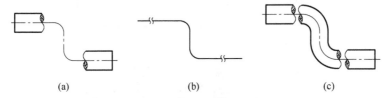

图 2-53　管子的简化画法

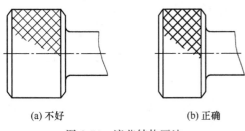

(a) 不好　　　　　　　　(b) 正确

图 2-54　滚花结构画法

（13）滚花、槽沟等网状结构

零件上的滚花、槽沟等网状结构，如要表达，则应该用粗实线全部或部分表示，如图 2-54 所示。

（14）装配图中的紧固件画法

在装配图中可省略螺栓、螺母、销等紧固件的投影，而用细点线和指引线指明它们的位置。此时，表示紧固件组的公共指引线应根据其不同类型从被连接件的某一端引出，如螺钉、螺柱、销连接从其装入端引出，螺栓连接则从其装有螺母一端引出，如图 2-55 所示。

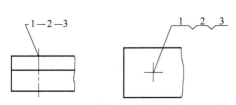

图 2-55　装配图的中紧固件表示法

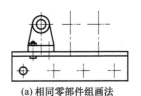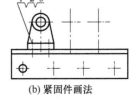

(a) 相同零部件组画法　　　(b) 紧固件画法

图 2-56　装配图中相同零部件组、紧固件的表示法

与上述装配图中的紧固件画法规定有关的还有另一条规定，即装配图中若干相同的零部件组，可仅详细地画出一组，其余只需用细点画线表示出其中心位置，如图 2-56 （a）。图 2-56 （b）是按图 2-55 的紧固件画法后的表达方案。

比较图 2-56 中的两种表示法，显然图 （b）比图 （a）更为简化，它允许在装配图中完全省略紧固件或紧固件组的投影。图 2-56 中的两种简化表示法是现行新标准中均允许的表示法，设计绘图时可任选其一。

21. 螺纹的五要素是指什么？

螺纹五要素是：外径、牙形、旋向、导程（螺距与头数）、精度。

22. 内、外螺纹装配图的画法有何规定？

① 在剖视图中，螺纹牙顶线（小径）用粗实线表示，牙底线（大径）用细实线表示；剖面画到牙顶线粗实线处，如图 2-57 （a）。

② 在投影为圆的视图中，牙顶线（小径）用粗实线表示，表示牙底线（大径）的细实线只画约 3/4 圈；孔口的倒角省略不画，如图 2-58 （b）。

③ 内、外螺纹的连接画法，如图 2-59。

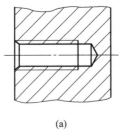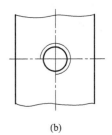

(a)　　　　　　　　(b)

图 2-57　内螺纹画法

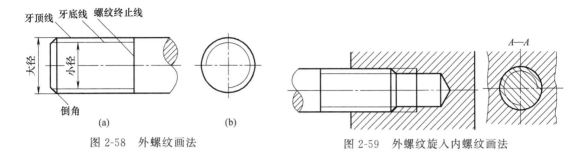

图 2-58 外螺纹画法　　　　　图 2-59 外螺纹旋入内螺纹画法

第三节

公差配合和形位公差

23. 为什么零件要有公差配合的标准规定？

在机械行业中，要求零件具有互换性，即从一批规格相同的零件中任取一件，不经修配就可装配，并能保证精度要求。

为了满足零件的互换性，制定了有关"公差与配合"的国家标准。

零件具有互换性，给批量生产和专业化生产创造了条件；这样做也使注塑模具可采用标准件，从而缩短生产周期，提高经济效益；同时给模具维修带来极大的方便。

24. 什么叫基孔制？什么叫基轴制？注塑模具有哪些配合？

（1）基孔制

基孔制是基本偏差为一定的孔的公差带，与不同基本偏差的轴的公差带形成各种配合的一种制度，如图 2-60 所示。基孔制的孔为基准孔，它的公差带在零线的上方，且基本偏差（下极限偏差）为零，即 $EI=0$，代号为 H。它的最小极限尺寸等于基本尺寸。国家标准优先采用基孔制。

① 孔比轴便于加工，且改变轴径比改变孔径容易，较为经济。钻孔后，用机用铰刀铰孔，以改变不同的轴径，达到配合的目的，所以一般优先采用基孔制。

② 可以省一些价格昂贵的加工孔的刀具，如扩孔钻、铰刀、拉刀，可减少刀具、量具的规格数量等。

③ 可采用冷拉光轴，不再进行机械加工，而且在同一公称直径的光轴上可装有不同配合要求的零件，如与滚动轴承内圈的配合。

（2）基轴制

基轴制是基本偏差为一定的轴的公差带，与不同基本偏差的孔的公差带形成各种配合的一种制度，如图 2-61 所示。基轴制的轴为基准轴，它的公差带在零线的下方，且基本偏差（上极限偏差）为零，即 $es=0$，代号为 h。它的上极限尺寸等于基本尺寸。基孔制和基轴制是两种平行的基准制。在滚动轴承外圈配合采用基轴制（轴承批量生产从成本方面考虑）。

在设计模具时，根据模具结构选用不同的配合类别，表 2-8 是模具制造中的常用配合。

25. 什么叫公差带？

① 公差带：在公差带图解中（图 2-60、图 2-61），它是由代表上极限偏差和下极限偏差

或上极限尺寸和下极限尺寸的两条直线所限定的一个区域。它由公差大小和其相对零件的位置和基本偏差来决定。

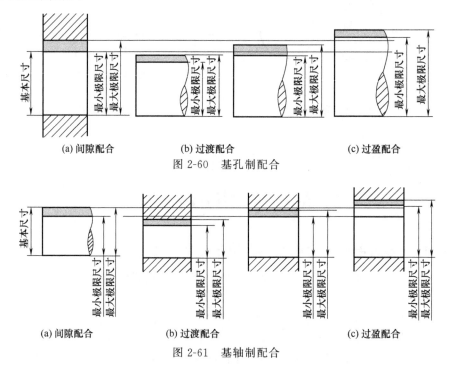

图 2-60　基孔制配合

图 2-61　基轴制配合

表 2-8　模具制造中的常用配合

过渡配合		间隙配合	
基孔制	基轴制	基孔制	基轴制
H7/k6 *	K7/h6 *	H7/g6 *	G7/h6 *
H7/n6 *	N7/h6 *	H7/h6 *	H7/h6 *
H8/m7	M8/h7	H8/f7 *	F8/h7 *
H7/p6	P7/h6 *	H8/h7 *	H8/h7 *
		H8/d8	D8/h8
		H8/e8	E8/h8

注：＊优先配合。

② 孔、轴公差带由标准公差和基本偏差两个要素组成（用以确定公差带相对于零件位置的上极限偏差或下极限偏差，一般为靠近零的那个偏差）。

26. 公差与配合的术语和定义有哪些内容？

① 公称尺寸：设计给定的尺寸。

② 基本偏差：用以确定公差带相对于零线位置的上极限尺寸偏差，或下极限尺寸偏差，一般为靠近零线的那个偏差。

③ 配合：配合是指基本公称尺寸相同的、相互结合的孔和轴公差带之间的关系。

④ 极限尺寸：一个孔或轴允许的尺寸的两个极端。实际尺寸应位于其中，也可达到极限尺寸。极限尺寸分上极限尺寸（孔或轴的最大尺寸）和下极限尺寸（孔或轴的最小尺寸）。

⑤ 极限偏差：极限偏差减基本尺寸所得的代数差，即上极限尺寸和下极限尺寸减基本尺寸所得的代数差，分别为上极限偏差和下极限偏差，统称极限偏差。

⑥ 尺寸公差：允许的尺寸变动量，即上极限尺寸减去下极限尺寸所得的公差，也等于上极限偏差减下极限偏差所得的代数差。尺寸公差是没有符号的绝对值。

⑦ 配合公差：组成配合的孔、轴公差之和。它是允许间隙或过盈的变动量。当孔、轴公差带相对位置不同时，将有松紧不同的配合性质，即有大小不同的间隙或过盈。

27. 配合有哪三大类别？如何定义的？其代号用什么字母？

配合分为如下三大类别。

① 间隙配合（也叫动配合，轴的尺寸小于孔的尺寸）：间隙配合就是孔的公差带位于轴的公差带之上，一定具有间隙（包括最小间隙等于零）的配合，如图 2-60（a）、图 2-61（a）。基孔制中轴的代号为 a、b、c、d、e、f、g、h；基轴制中孔的代号为 A、B、C、D、E、F、G、H。

② 过渡配合（介于间隙与过盈配合之间）：过渡配合就是孔的公差带与轴的公差带相互交叠，可能具有间隙或过盈的配合，如图 2-60（b）、图 2-61（b）。基孔制中轴的代号为 js、k、m，基轴制中孔的代号为 JS、K、M。

③ 过盈配合（也叫静配合、牢配合，在不经常拆卸场合中使用，轴的尺寸大于孔的尺寸）：过盈配合就是孔的公差带位于轴的公差带之下，一定具有过盈（包括最小过盈等于零）的配合，如图 2-60（c）、图 2-61（c）。基孔制中轴的代号为 n、p、r、s、t、u、v、x、y、z；基轴制中孔的代号为 N、P、R、S、T、U、V、X、Y、Z。

28. 尺寸、偏差、公差在图样上如何标注？

公差不是随便标注的，而是主要根据零件实际使用需要，以及零件的配合要求、加工手段、加工成本、生产效率等综合因素考虑来标注的。尺寸的偏差、公差在图样上标注（上极限偏差注写在基本尺寸的右上方，下极限偏差注写在基本尺寸的同一底线上，极限偏差值的位置不能颠倒），如图 2-62 所示：装配图标注如图 2-62（a）、（b）；零件图如图 2-62（c）。

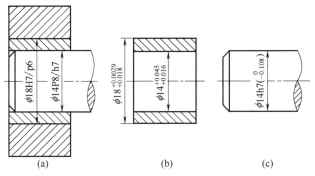

图 2-62　零件图样上的标注方法

29. 装配图中怎样标注公差配合？

装配图中，在公称尺寸右边标注配合代号，采用组合式注法，如图 2-63（a）所示，即以分子式的形式写成。分子为孔的公差带代号，分母为轴的公差带代号。通常分子中含 H 的为基孔制配合，分母中含 h 的为基轴制配合。

轴公差带代号，或孔公差带代号/轴公差带代号。其中公差带代号由基本偏差代号和公差等级代号组成，如图 2-63（a）、（b）、（c），标注出相配合零件的极限偏差，如图 2-63（d）、（e）、（f）所示。

基孔制标注形式：

$$公称尺寸\frac{基准孔(H)、公差等级代号}{轴的基本偏差代号、公差等级代号}，如 \phi 40\frac{H8}{f7}$$

基轴制标注形式：

$$公称尺寸\frac{孔的基本偏差代号、公差等级代号}{基准轴(h)、公差等级代号}，如\ \phi 40\ \frac{F8}{h7}$$

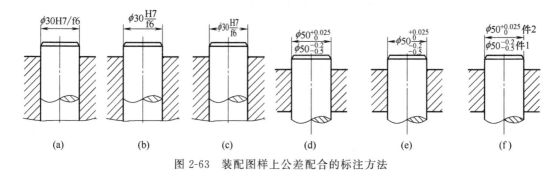

图 2-63　装配图样上公差配合的标注方法

30. 在国家标准规定中公差分为几级？怎样选用模具制造的精度等级？

① 标准公差顺次分为 20 个等级，即 IT01、IT0、IT1～IT18。IT 表示公差，数字表示公差等级。IT01 公差值最小，精度最高；IT18 公差值最大，精度最低。在 20 个标准公差等级中，IT1～IT11 用于配合尺寸（模具常用 IT6～IT10 等级精度），IT12～IT18 用于非配合尺寸。各级标准公差的数值可查阅表 B-4 "准公差数值（GB/T 1800.1—2020）"。

② 模具制造的精度等级选用：a. 选用 IT6、IT7、IT8、IT9、IT10、IT11、IT12 精度。b. 公差配合的等级应用，参考附录表 D-3 "公差等级的应用说明"。

31. 什么叫形位公差？其分类的项目和符号是否知道？

① 形状公差和位置公差合并简称为形位公差。加工后的零件会有尺寸公差，因而构成零件几何特征的点、线、面的实际形状或相互位置与理想几何体规定的形状和相互位置存在差异，这种形状上的差异就是形状公差，而相互位置的差异就是位置公差。

② 形位公差特征项目的分类及符号见表 2-9。

表 2-9　形位公差特征项目的分类及符号

公差类型	几何特征	符号	有无基准	公差类型	几何特征	符号	有无基准
形状公差	直线度	—	无	位置公差	位置度	⊕	有或无
	平面度	▱	无		同心度（用于中心点）	◎	有
	圆度	○	无		同轴度（用于轴线）	◎	有
	圆柱度	⌭	无		对称度	═	有
	线轮廓度	⌒	无		线轮廓度	⌒	有
	面轮廓度	⌓	无		面轮廓度	⌓	有
方向公差	平行度	//	有	跳动公差	圆跳动	↗	有
	垂直度	⊥	有				
	倾斜度	∠	有		全跳动	↗↗	有
	线轮廓度	⌒	有				
	面轮廓度	⌓	有				

32. 形位公差在图样中如何标注?

(1) 几何公差的框格、代号、基准符号

① 形位公差的框格标注代号,如图 2-64 所示,几何公差的框格用细实线绘制,分成两格或多格,框格高度是图中尺寸数字高度的 2 倍,框格长度根据需要而定。框格中的字母、数字与图中数字等高。几何公差项目符号的线宽为图中数字高度的 1/10,框格应水平或垂直绘制。

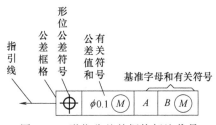

图 2-64　形位公差的框格标注代号

② 几何公差框格分成两格或多格,框格内从左到右填写以下内容:

第一格:几何公差特征的符号;

第二格:公差数值和有关符号;

第三格和以后各格:基准字母和有关符号,公差框格应水平或垂直绘制,其线型为细实线。

③ 基准符号,见表 2-10。

表 2-10　基准符号

旧标准	符号	说明	新标准	符号	说明
我国标准	A	1. 基准符号由带小圆的表示基准要素的字母(大写)并用细实线与粗短横划相连而组成。 2. 基准要素的字母应尽量避免采用一些常用字母,如 O、I、E、P、M、L、R 等。当字母不够用时可用 A_1、A_2 等表示。 3. GB/T 1182—2018 中规定的基准符号	ISO标准	A　A (a)　(b)	基准符号由基准字母、规格、连线和一个涂黑的或空白的三角形组成
			美国标准	A	仅美国采用此符号,ISO 及我国均不允许采用

(2) 基准要素的常用标注方法

基准要素的常用标注方法是将基准符号置于基准要素或其延长线上标注。基准目标的标注方法示例见图 2-65。当需要在基准要素指定某些点、线或面来体现三基面体系中各基准要素时应标注基准目标。基准目标一般在大型零件上采用。

(3) 被测要素的常用标注方法 (图 2-66)

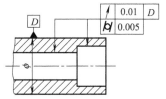

图 2-65　基准要素标注方法

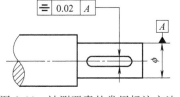

图 2-66　被测要素的常用标注方法

第四节

模具零件图的画法要求

33. 模具的 2D 零件图样有什么重要作用?

2D 模具图样是工程语言,是与客户交流沟通的工具,是模具企业的技术文件,是编制工艺、生产、检验模具和质量验收的重要依据。2D 零件图样是模具企业实现零件化生产的必要条件。

34. 2D 零件图样有什么具体内容和要求?

图样的画法要求图样达到"正确、合理、完整、清晰"(标注正确、画法合理、内容完整、图面清晰)。注塑模具零件图样要求包括以下内容:

① 用必要的视图、断面图、剖视图及其它视图画法表达零件的各部分结构和形状。

② 正确选定尺寸的基准面,每组尺寸要求正确、合理、完整地标注。一张图样尺寸单位要求统一,米制公差精确到小数点后两位,参考表 D-1 "模具设计公称尺寸优化值"。

③ 要求正确标注零件的表面粗糙度。

④ 要求标注零件表面的形状尺寸及配合公差和位置尺寸及公差。

⑤ 标明必要的技术要求:如材料热处理要求、尺寸公差、形状和位置公差、公差配合和表面要求及其它的特殊技术要求、未注倒角大小或倒圆半径的说明、零件个别部位的加工要求等。

⑥ 标题栏内容要填写清楚正确,包括零件名称、序号、数量、比例、设计、审核、签名日期等。在标题栏内应填写"共×张第×张"(同一代号的图样的总张数及该张在总张数中的张次)。

35. 正确选择主视图要遵循哪四个原则?

选择主视图应综合考虑以下四个原则:

① 选择最能代表零件结构形状和特征及相对位置关系的视图为主视图,并尽量使形体上主要面平行于投影面,以便使投影能得到真实形状。如注塑模具的滑块零件,选择以滑块的侧面为主视图。

② 零件工作状态位置选择原则,如日常生活中常坐的椅子,椅脚不能朝天画。

③ 零件加工状态位置选择原则,如定模以分型面朝上绘制主视图,也就是以加工状态绘制主视图。

④ 所绘制零件图的基准要求与总装图基准统一。

36. 视图画法应注意哪几方面?

视图画法应注意的几个方面:

① 视图布局配置要求正确、合理、完整表达。

② 在明确表示机件的前提下,应使视图(包括剖视图和断面图)的数量最少。

③ 视图一般只画机件的可见部分,必要时才画出不可见部分。

④ 尽量避免不必要的重复表达、虚线过多。

37. 图样的"技术要求"包括哪些内容？

"技术要求"是零件图和装配图中必不可少的重要组成部分。应根据表达对象各自的具体情况提出必要的技术要求。包括设计、加工及使用中各方面的技术性要求。各种技术要求归纳起来可分属以下五个方面：

（1）几何精度可大致地分为以下四类，即尺寸精度、表面结构、形位公差和结构要素的专用公差。

（2）加工、装配的工艺要求是指为保证产品质量而提出的工艺要求。

（3）理化参数是指对材料的成分、组织和性能方面的要求。

（4）产品性能及检测要求是指使用及调试方面的要求。

（5）其他要求：

① 对材料、毛坯、热处理的要求（如电磁参数、化学成分、湿度、硬度、金相要求等）；

② 视图中难以表达的尺寸公差、形状和表面粗糙度等；

③ 对有关结构要素的统一要求（如圆角、倒角、尺寸等）；

④ 对零部件表面质量的要求（如涂层、镀层、喷丸等）；

⑤ 对间隙、过盈及个别结构要素的特殊要求；

⑥ 对校准、调整及密封的要求；

⑦ 对产品及零部件的性能和质量的要求（如噪声、耐振性、自动、制动及安全等）；

⑧ 试验条件和方法。

38. 怎样书写"技术要求"？

以"技术要求"为标题的条文性文字说明，书写时应注意以下几点：

① 文字说明应以"技术要求"为标题，仅一条时不必编号，但不得省略标题。不得以"注""说明"代替"技术要求"，更不允许将"技术要求"写成"技术条件"。

②"技术要求"的标题及条文的书写位置，尽量置于标题栏上方或左方。

③ 不要将对结构要素的统一要求（如"全部倒角 C1"）书写在图样右上角。

④ 条文用语力求简明、规范，切忌过于口语化。在装配图中，当表述涉及零部件时，可用其序号或代号（即"图样代号"）代替。

⑤ 技术要求内容要按加工次序书写。

39. 弹簧在装配图中是怎样的画法？

弹簧在装配图中的简化画法如图 2-67、图 2-68 所示。

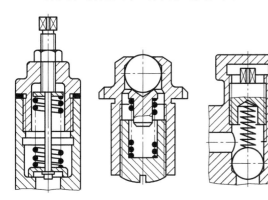

图 2-67 弹簧在装配图中的简化画法

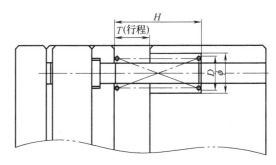

图 2-68 弹簧在模具装配图中的简化画法

40. 正齿轮的画法是怎样的?

① 齿轮各部分的名称及代号见表 2-11,圆柱齿轮中,m 为模数、Z 为齿数、α 为 20。

② 圆柱齿轮的画法见图 2-69、图 2-70。

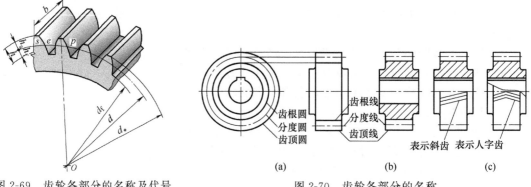

图 2-69　齿轮各部分的名称及代号

图 2-70　齿轮各部分的名称

③ 直齿圆柱齿轮各几何要素的尺寸计算见表 2-11。

表 2-11　直齿圆柱齿轮各几何要素的尺寸计算

名称	代号	计算公式	名称	代号	计算公式
齿顶高	h_s	$h_s = m$	齿顶圆直径	d_*	$d_* = m(z+2)$
齿根高	h_f	$h_f = 1.25m$	齿根圆直径	d_f	$d_f = m(z-2.5)$
齿高	h	$h = 2.25m$	中心距	a	$a = \dfrac{1}{2}(d_1 + d_2) = \dfrac{1}{2}m(z_1 + z_2)$
分度圆直径	d	$d = mz$			

④ 圆锥齿轮画法见图 2-71。

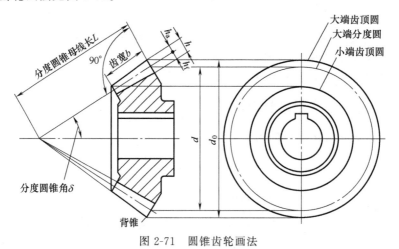

图 2-71　圆锥齿轮画法

41. 滚动轴承的简化画法是怎样的?

常用滚动轴承的简化画法有三种:通用画法、特征画法和规定画法,见表 2-12。用简化画法绘制滚动轴承时,应采用通用画法、特征画法,但在同一张图样中一般只采用其中一种画法。

表 2-12　常用滚动轴承的表示方法

轴承类型	结构形式	画　　法
深沟球轴承 (GB/T 276—2013) 6000 型		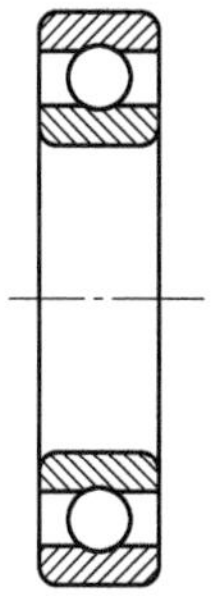
圆锥滚子轴承 (GB/T 297—2015) 30000 型		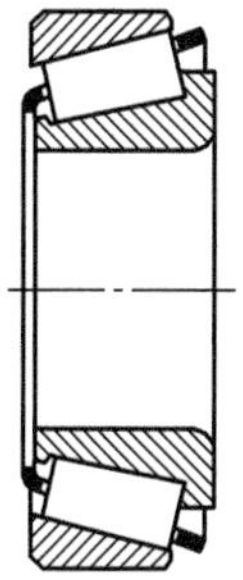

第五节

尺 寸 标 注

42. 尺寸标注有哪些基本要素？

一个完整的尺寸包括尺寸界线、尺寸线（尺寸线终端有箭头）和尺寸数字三个基本要素，零件的尺寸标注根据 GB/T 4458.4—2003、GB/T 19096—2003 标准标注。

43. 图样上的尺寸标注有哪些基本规则和要求？

① 以图样上所标注的尺寸数值为依据，它与图形大小及绘图的准确度无关。

② 图样中的尺寸，以 mm 为单位，不需标注单位符号或名称。如果采用其它单位，则必须标明相应的单位符号（如 m、kg、in 等）。

③ 图样中所标注的尺寸，为该图样所示机件的最后完工尺寸，否则应另加说明。

④ 机件上的每一尺寸一般只标注一次，并应标注在表示该结构最清晰的图形上，尽量把尺寸标注在投影图形之外，不要标注在图形之内。

⑤ 标注尺寸时，应尽可能使用符号和缩写词，详细内容见表 2-13。

44. 尺寸标注有哪些原则和要求？

（1）标注尺寸时必须遵循下述原则：

① 正确选择尺寸标注基准。

② 正确使用标注尺寸的形式和方法。

③ 主要定位尺寸应尽量标注在主要视图上。

表 2-13　标注尺寸的符号及缩写词 (GB/T 4458.4—2003)

含义	符号或缩写词	含义	符号或缩写词
直径	ϕ	深度	⊤
半径	R	沉孔或锪平	⊔
球直径	$S\phi$	埋头孔	∨
球半径	SR	弧长	⌒
厚度	t	斜度	∠
均布	EQS	锥度	◁
45°倒角	C	展开长	◯⟶
正方形	□	型材截面形状	(按 GB/T 4656—2008)

④ 局部形状要素的尺寸，尽量集中标注。

⑤ 尺寸不能直接标注在不可见的轮廓线（虚线）上。

（2）尺寸标注：尺寸标注应遵守《机械制图　尺寸注法》(GB/T 4458.4—2003) 的有关规定。要求图样中尺寸标注应符合"正确、完整、清晰、合理"的八字要求。

① 正确：所标注的尺寸没有错误，不矛盾，尺寸标注应符合国家标准规定。

② 完整：定型尺寸、定位尺寸要做到不遗漏，不重复。

③ 清晰：尺寸标注的布局整齐、醒目，便于看图。

④ 合理：是指所标注的尺寸，既能保证设计要求（满足使用性能），又能符合生产工艺，便于加工、装配、测量检验等。

45. 尺寸标注有哪几种方法？应怎样选用？

标注时要根据零件特征与结构正确选用标注基准和方法。标注有三种方法（图 2-72）：基准标注（最好是右下角为基准）、中心标注、象限（坐标）标注。

46. 尺寸标注应注意哪些问题？

标注尺寸时要关注以下要点：

① 零件上的重要尺寸直接标注，避免计算尺寸。

② 标注尺寸要符合加工顺序和便于测量。

③ 避免标注封闭尺寸。

④ 避免标注重复尺寸。

⑤ 不同工序尺寸要分开标注。

⑥ 部件的内部尺寸与外部尺寸要分开标注。

⑦ 一组尺寸不能标注在三个视图上。

47. 圆角光滑过渡的尺寸应怎样标注？

圆角光滑过渡的尺寸应标注在两直线（细实线）的交点处，如图 2-73 所示。

48. 尺寸、偏差、公差在图样上如何标注？

公差不是随便标注的，而是根据零件实际使用需要、与其它零件的配合、加工手段、加

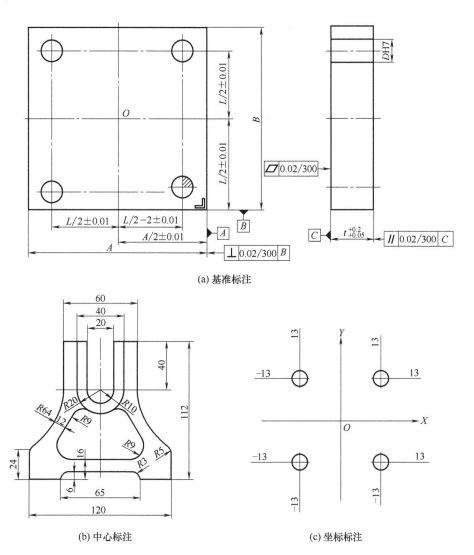

(a) 基准标注

(b) 中心标注

(c) 坐标标注

图 2-72　尺寸标注方法

工成本、生产效率等因素综合考虑来标注的。主要考虑实际使用需要来标注。尺寸的偏差、公差在图样上标注（上极限偏差注写在基本尺寸的右上方，下极限偏差注写在基本尺寸的同一底线上，极限偏差值的位置不能颠倒），如图 2-74 所示。装配图标注如图 2-74（a）所示，零件图如图 2-74（b）所示。

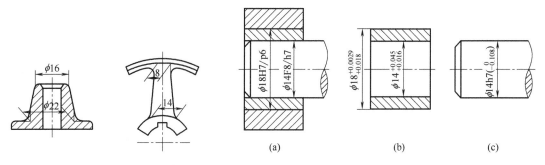

图 2-73　圆角光滑过渡的尺寸标注　　　　图 2-74　零件在图样上的标注方法

第六节

表面粗糙度

49. 表面粗糙度的定义及评定参数、图形符号、代号是怎样表示的?

（1）表面粗糙度的定义：指加工表面上具有的较小间距和微小峰谷不平度，这种微观几何形状的尺寸特性，一般由所采用的加工方式（或）其它因素形成。

（2）表面粗糙度评定参数代号

在评定表面粗糙度时，要求从以下任选一个或两个。

① 轮廓算术平均偏差 R_a：在取样长度（用于判别具有表面粗糙度特征的一段基准线长度）内，轮廓偏距 Y 的绝对值的算术平均值，如图 2-75（a）所示。

② 轮廓最大高度的参数符号用 R_z 表示。

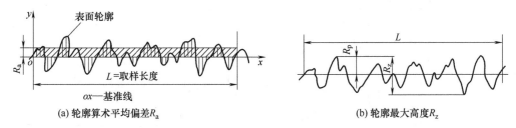

(a) 轮廓算术平均偏差R_a (b) 轮廓最大高度R_z

图 2-75　表面粗糙度评定参数

③ 表面粗糙度标注数值，单位为 μm。标注数值如下：100、50、25、12.5、6.5、3.2、1.6、0.8、0.4、0.2、0.1、0.5、0.25、0.125、0.05、0.025、0.01、0.005、0.001。

50. 表面粗糙度对零件有什么重要作用?

注塑模具零件的表面粗糙度不仅代表模具零件表面的制造精度等级，对模具零件的使用性能和质量也有很大的影响，特别是动、定模的表面粗糙度直接影响塑件的外观质量。模具的相互配合零件、抽芯机构的滑块、斜顶等零件的表面粗糙度会影响模具的质量和使用寿命。

表面粗糙度对零件主要有以下几方面的影响：

① 表面粗糙度影响零件的耐磨性。表面越粗糙，配合表面间的有效接触面积越小，压强越大，磨损就越快。

② 表面粗糙度影响配合性质的稳定性。表面越粗糙，就越易磨损，使工作过程中间隙逐渐增大；对过盈配合来说，由于装配时将微观凸峰挤平，减小了实际有效过盈，降低了连接强度。

③ 表面粗糙度影响零件的疲劳强度。粗糙零件的表面存在较大的波谷，它们像尖角缺口和裂纹一样，对应力集中很敏感，从而影响零件的疲劳强度。

④ 表面粗糙度影响零件的抗腐蚀性。粗糙的表面，易使腐蚀性气体或液体通过表面的微观凹谷渗入金属内层，造成表面腐蚀。

⑤ 表面粗糙度影响零件的密封性。粗糙的表面之间无法严密地贴合，气体或液体通过接触面间的缝隙渗漏。

⑥ 表面粗糙度影响零件的接触刚度。机器的刚度在很大程度上取决于各零件之间的接触刚度。

⑦ 影响零件的测量精度。零件被测表面和测量工具测量面的表面粗糙度都会直接影响测量的精度，尤其是在精密测量时。

51. 零件表面粗糙度选用有哪些原则？

表面粗糙度的选择不仅要根据零件的工作条件和使用要求，而且应该考虑生产的经济性。选择表面粗糙度采用类比原则，具体如下：

① 在满足工作要求和外观要求的前提下，应尽量选择数值较大的粗糙度。

② 在一般情况下，摩擦表面的粗糙度参数值低于非摩擦表面的粗糙度参数值。

③ 在配合性质稳定可靠时，零件的表面粗糙度参数值应较小。

④ 配合零件的表面粗糙度参数值应较小。

⑤ 尺寸公差等级相同时，轴的表面粗糙度参数值要比孔的表面粗糙度参数值大。

⑥ 接触表面要求较高的，应选取较小的粗糙度参数值。

⑦ 处于腐蚀性气体等工作条件下时，零件表面的粗糙度参数值应较低。

⑧ 可能发生应力集中的圆角或凹槽处，应选取较小的粗糙度参数值。

⑨ 一般模具型腔粗糙度要比塑件的要求低 1~2 级。塑料制品的表面粗糙度值一般在 $0.8 \sim 0.2 \mu m$ 之间。塑件的外观要求越高，表面粗糙度值越小。

52. 怎样选用零件表面粗糙度？要注意哪些事项？

（1）零件表面粗糙度的选用，参考以下的有关数据，详见附录。

① 表面光洁度与表面粗糙度 R_a 值、R_z 数值换算对照，查看附录表 C-1 "表面光洁度与表面粗糙度 R_a、R_z 数值换算对照"。

② 表面粗糙度值与公差等级、基本尺寸的对应关系，查看附录表 C-2 "表面粗糙度值与公差等级、基本尺寸的对应关系"。

③ 根据表面形状刀痕特征，加工方法的应用举例，见附录表 C-3 "表面粗糙度、表面形状特征、加工方法及应用举例"。

④ 表面粗糙度（光洁度）与表面加工刀痕和零件表面使用要求的对应关系，见附录表 C-4 "表面粗糙度应用实例"。

⑤ "表面粗糙度的表面特征、经济加工方法及应用举例"，见附录表 C-5。

（2）模具零件的表面粗糙度选用应注意以下事项

① 模板一般在 $R_a 12.5 \sim 6.3 \mu m$ 左右，如塑件是透明件的模具，粗糙度在 $0.04 \mu m$ 以下。

② 动模 R_a 一般在 $3.2 \mu m$。

③ 分型面无刀痕和火花纹的模具的粗糙度在 $1.6 \mu m$ 以下。

④ 定模型腔 R_a 一般在 $0.4 \sim 0.04 \mu m$ 之间，要求更高的 R_a 在 $0.1 \mu m$ 以下（表面粗糙度应用要考虑加工工艺和经济性）。

⑤ 零件配合面和有公差要求的表面粗糙度在 $1.6 \mu m$ 以下。非配合面 R_a 一般在 $3.2 \mu m$ 左右。

⑥ 料道浇口 R_a 在 $0.4 \mu m$ 以下。

⑦ 零件图纸标注粗糙度代号，右上角应标注相应的其余或全部等粗糙度代号，或在技术要求中说明。

（3）注塑模具表面粗糙度的选用应注意的事项

① 根据零件表面的粗糙度要求，选择各种加工方法。

② 零件表面粗糙度评定参数的数值越小，即越光滑，使用效果越好，但加工成本也越高，因此，选择数值时，既要满足零件功能、表面粗糙度的应用要求，又要考虑符合加工工艺和经济性。

③ 表面纹理方向要与模具的脱模方向保持一致。

④ 图样上所标注表面粗糙度的符号、代号是该表面完工后的要求。

⑤ 注塑模具的动、定模表面粗糙度选用既要满足塑件外观和使用要求又要考虑注塑时塑件脱模状况。

53. 表面粗糙度在图样中应怎样标注？

① 每一个表面只标注一次粗糙度代号，且应注在可见轮廓线、尺寸线、尺寸界线或它们的延长线上。符号的尖端从材料外指向表面，代号中的数字及符号的方向按图 2-76（a）所示的规定标注。

② 粗糙度的注写和读取方向与尺寸的注写和读取方向一致。

③ 读图方向以图样的标题栏方向为正，数值书写与尺寸标注方法一样，如图 2-76（a）所示，图 2-76（b）、（c）标注错误。

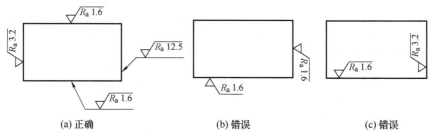

图 2-76　表面粗糙度标注常见错误

54. 模具零件的表面粗糙度怎样检测和评定？

常用的检测方法有比较法、光切法、干涉法、感触法等，一般常用比较法进行检测。下面简单地介绍各种检测方法。

（1）比较法

零件表面粗糙度的检验，用表面粗糙度样块同被测零件的表面进行对比，凭触觉或视觉判断。应用于注塑模具的比较样块标准有以下几种：

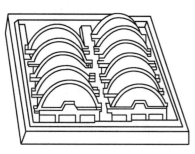

图 2-77　表面粗糙度样块

① 机械加工——磨、车、镗、铣、插及刨加工表面的比较样块（GB/T 6060.3—2008），如图 2-77、表 2-14 所示。

② 电火花加工表面样块（GB/T 6060.3—2008）。电火花加工表面样块的参数 R_a（μm）系列有 0.4、0.8、1.6、3.2、6.3、12.5。

③ 抛光加工表面的比较样块（GB/T 6060.3—2008）。抛光加工表面比较样块的参数 R_a（μm）系列有 0.012、0.025、0.05、0.10、0.20、0.40、0.80。

④ 抛丸、喷砂加工表面样块（GB/T 6060.3—2008）。抛（喷）丸、喷砂加工表面样块的样块分类及表面粗糙度参数值见表 2-15。

表 2-14　机械加工表面样块的分类及特征　　　　　　单位：μm

加工方法	磨	车、镗	铣	插、刨
表面粗糙度参数 R_a 公称值	0.025	—	—	—
	0.05	—	—	—
	0.1	—	—	—
	0.2	—	—	—
	0.4	0.4	0.4	—
	0.8	0.8	0.8	0.8
	1.6	1.6	1.6	1.6
	3.2	3.2	3.2	3.2
	—	6.3	6.3	6.3
	—	12.5	12.5	12.5
	—	—	—	25

表 2-15　抛（喷）丸、喷砂加工表面样块的样块分类及表面粗糙度参数值

表面粗糙度参数公称值 R_a/μm	样块			分类			覆盖率/%
	抛（喷）丸			喷砂			
	钢、铁	铜	铝、镁、锌	钢、铁	铜	铝、镁、锌	
0.2	×	×	×	—	—	—	98
0.4	×	×	×	—	—	—	
0.8	*	*	*	*	*	*	
1.6	*	*	*	*	*	*	
3.2	*	*	*	*	*	*	
6.3	*	*	*	*	*	*	
12.5	*	*	*	*	*	*	
25	*	*	*	*	*	*	
50			*	—	—	—	
100	*	*	*	—	—	—	

注："×"表示采取特殊措施方能达到的表面粗糙度。

　　"*"表示采取一般工艺措施可以达到的表面粗糙度。

（2）光切法

光切法是利用光切原理测量零件表面粗糙度的一种方法。图 2-78 为 9J 型光切法显微镜外形图。

（3）干涉法

用光波干涉原理测量表面粗糙度的方法。根据光波干涉原理制成的光学测量仪，称为干涉显微镜。图 2-79 为国产 6JA 型干涉显微镜的外形图。

（4）感触法（触针法、针描法）

它是利用触针与被测表面相接触，上下移动。使用简单、方便、迅速，能直接读出参数值，图 2-80 为 GJD-5 型粗糙度测量仪的基本结构图。

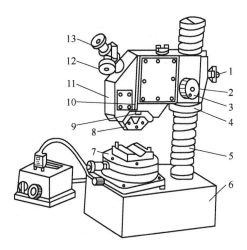

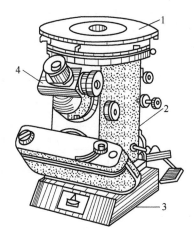

图 2-78　9J 型光切法显微镜外形图

1—旋手；2—横臂；3—微动手轮；4—升降螺母；5—立柱；
6—底座；7—工作台；8—可换物镜；9—燕尾导板；
10—手柄；11—壳体；12—读数百分尺；13—测微目镜

图 2-79　6JA 型干涉显微镜外形图

1—工作台；2—主体；3—底座；4—目镜百分尺

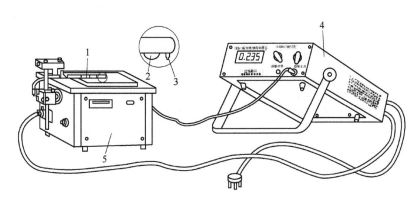

图 2-80　GJD-5 型粗糙度测量仪

1—传感器；2—滑橇；3—金刚石触针；4—放大器；5—驱动器

第七节

零件图常见的错误画法和标注

55. 4 号图幅可以横用吗？为什么？

4 号图幅不可以横用，因打印后不便于装订和存档。

56. 怎样避免图样中图层混乱？

为避免图样的线条图层不统一，产生线条粗细、混乱，最好按照国标（GB/T 4457.4—2002）要求，事先建立图层，如表 2-16。这样能使图面质量得到有效控制，使读图者一目了然；避免图层混乱的图样使人看得眼花缭乱，产生误读。

表 2-16 CAD 图层

序号	名 称		线型	代号	颜色	线宽/mm
1	粗实线	HEAVE LINE	———————	A	白色	0.30
2	细实线 尺寸界线	DIMENSION SOLID LINE	———————	B	青色	0.09
3	细实线 尺寸线	DIMENSION LINE	———————		青色	0.09
4	细实线 剖面线	SECTION LINE	———————		黄色	0.09
5	细实线 引出线	PIN OUT	———————		咖啡色	0.09
6	波浪线	BROKEN LINE	～～～	C	灰色	0.09
7	双折线	PART BORDER LINE	——／\———	D	灰色	0.09
8	虚线	DASH	- - - - - - -	F	绿色	0.13
9	细点画线	CENTER	—·—·—·—	G	红色	0.09
10	双点画线	DASH DOUBLE-DOT	—··—··—	K	粉红色	0.15
11	塑件	INJECTION PART	———————	(A)	红色	0.30
12	排气	VENT		(A)	天蓝色	0.30
13	水路	WATER LINE	- - - - - - -	(F)	蓝色	0.09
14	进水管接头（局部视图）	WATER(SECTION) CDNNECTOR(IN)	———————	(A)	蓝色	0.30
15	出水管接头（局部剖视）	WATER(SECTION) CONNECTOR(IN)	———————	(A)	红色	0.30
16	电器	ELECTRICAL	———————	(A)	粉红色	0.30
17	液压	HYDRAULIC CYLINDER	———————	(A)	绿色	0.30

57. 主视图选择错误有什么危害性？

如果主视图选择错误，就会有如下的危害性：

① 设计困难、很难表达零件形状结构。

② 看图费时，实体形状理解困难。

③ 设计基准与工艺基准很难统一，加工零件的尺寸精度很难保证。

④ 给工艺编制和加工带来不便。

⑤ 零件图与装配图不统一。

58. 过渡线画法错误有哪些？

零件表面为圆角过渡时（圆弧与直线相切处或零件表面为圆角与圆弧相交时）产生的相线称为过渡线。

过渡线画法要求用细实线，相交的两端与轮廓线不相交，应空出 2～3mm 的间隙。有的图样上没有画过渡线或画错。

① 图 2-81（a）过渡线没画。

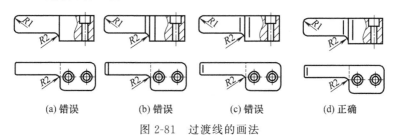

(a) 错误　　(b) 错误　　(c) 错误　　(d) 正确

图 2-81 过渡线的画法

② 图 2-81（b）过渡线端与轮廓线没有空隙，线条画成粗实线。

③ 图 2-81（c）两端虽有空隙，但线条画成粗实线。

④ 图 2-81（d）线条画成细实线，两头有间隙，这种过渡线画法才是正确的。

59. 标题栏格式和明细栏的内容有哪些错误？

标题栏格式和内容有如下错误：

① 标题栏大小超过了标准格式。

② 标题栏内容错误，不达标；比例与图样不一致。

③ 没有"第几张共几张"或数字有误。

④ 装配图的明细栏线条的粗细有误（如外框线与序号上面的横线，不是粗线条）。

⑤ 图样更改不规范，没有标记。

⑥ 没有签字或字迹潦草，看不清是谁设计的。

60. 斜导柱滑块的图样画法有哪些错误？

目前斜导柱滑块图样的画法错误普遍存在着如图 2-82（a）所示的问题，正确画法如图 2-82（b）所示。

① 有的滑块选用该图的左视图为主视图是错误的［图 2-82（a）］。

② 视图没有完整地表达，缺了 A 向视图、垫铁槽与螺纹孔尺寸。

③ 过渡线画错。

④ 基准选择错误。滑块垂直的封胶面处为基准，不是滑块的尾部为基准。

⑤ 滑块总长设计为小数 119.70mm，公称尺寸应设计成整数 120mm。

⑥ 尺寸标注错误（保证成型处尺寸为 35mm，空环尺寸应在滑块座处）。

⑦ 滑块的外形高度没有标注。

⑧ 尺寸标注基准要统一，在底面，而不是在顶面，如 17.6mm 是错误标注。

⑨ 滑块配合公差没有标注。

⑩ ϕ14mm 尺寸标注在轮廓线上。

⑪ 滑块的热处理和粗糙度要求没有标注。

⑫ 滑块成型部位尺寸和形状未表达，应在技术要求处说明。

⑬ 注意楔紧角要大于斜导柱角度 2°～3°。

61. 常见零件图的尺寸标注错误有哪些？

（1）尺寸标注不完整，需要标注零件的一组尺寸：长、宽、高及定位尺寸；位置尺寸；有精度要求的需标注公差配合尺寸。

（2）零件图的尺寸标注错误有如下情况：

① 基准选择不正确，尺寸标注的基准不统一，杂乱无章。

② 标注了封闭尺寸。

③ 标注了计算尺寸。

④ 标注了重复尺寸。

⑤ 公称尺寸为小数尺寸或角度标注为分与秒。

⑥ 不同的工序标注在一起。

⑦ 尺寸直接标注在轮廓线上。

⑧ 虚线上标注了尺寸。

（3）图样中的尺寸更改不规范，没有更改标记。

（4）有配合要求的零件，没有标注形位公差。

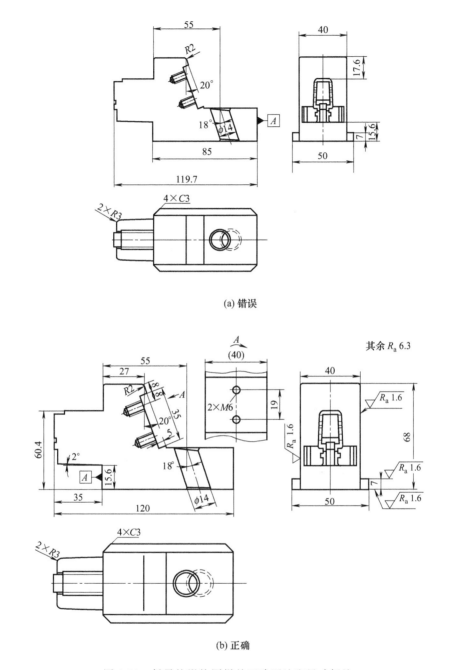

(a) 错误

其余 R_a 6.3

(b) 正确

图 2-82　斜导柱滑块图样的正确画法和尺寸标注

62. 零件的公差配合数值同公称尺寸大小无关吗?

零件公差配合的数值同以下因素有关:

① 同公称尺寸的大小有关,公称尺寸越大,偏差值越大。

② 同零件的偏差值、零件的配合精度的等级及配合类别有关,要学会查表应用,见附录表 A-3 "模塑件精度等级的尺寸公差"、附录表 D-2 "注塑模具常用零件配合极限偏差表" 等。

63. 图样中尺寸标注不规范有什么危害性？

① 图面质量较差，不方便看图，甚至会产生误读。

② 给测量、加工、编制工艺带来困难。

③ 如基准不统一，则零件的加工精度保证不了。

④ 零件加工容易出错。

64. 2D 模具图样可能会出现哪些问题？

① 图面质量较差，图层混乱，不是一目了然。

② 图样画法不符国标，如线条、比例（放大比例不允许 3：1，但允许缩小比例采用 1：3）、复杂结构模具没有应用剖视图、局部视图、向视图等。

③ 米制、时制尺寸标注混合使用。

④ 零件图没有图号。

⑤ 零件名称命题错误，不是通用名称而是方言，读者很难理解。如滑块叫"行位"，楔紧块叫"铲机"。有的把名称混淆，如顶杆板与顶杆固定板、支承柱与支撑柱搞错。

⑥ 没有按照客户要求画法设计图样，如第一角画法和第三角画法混淆。

⑦ 主视图画法错误，违反主视图选择的三原则，给读图、编制工艺、加工带来困难。

⑧ 精度和技术要求高的配合零件，图样上没有标注粗糙度或粗糙度值标注错误。

⑨ 设计基准错误。如基准角设置不是以偏移的导柱孔的角边为基准，多型腔模具的定位基准应是塑件的中心或设计基准，而不是塑件外形。

⑩ 设计的公称尺寸的数据应该是整数，而且最好是逢 5 或逢 10，但有的设计师随意将尺寸标注成小数，如冷却水道的同心距、斜顶角度设计成分秒、多型腔的中心距设计成小数，给制造、测量带来不必要的麻烦。

⑪ 零件尺寸标注不合理或尺寸标注错误，达不到设计要求：

a. 尺寸标注基准不统一，尺寸标注没有规则，具有随意性，图样四周标注了尺寸（一般在左下角）。

b. 尺寸直接标注在轮廓线或虚线上。

c. 尺寸数值标注错误或公称尺寸标注为小数。

d. 尺寸标注遗漏。

e. 引线穿过尺寸线。

f. 零件图的尺寸只标注了公差代号。尺寸标注在直观视图上。

g. 标注了重复、封闭（没有空环尺寸）、计算尺寸。

h. 尺寸不是标注在直观的视图上。

i. 配合零件没有标注公差尺寸。

⑫ 图样文件的档案管理不规范，数据或版本搞错。

⑬ 不规范更改图样，在原图上没有做出更改标记，而是重新画了一张图样，并没有把原来的图样收回，造成零件仍按老图样加工，因此出现错误。

⑭ 材料清单的规格、型号、数量填写错误。

⑮ 装配图质量较差，没有正确表达模具结构，给客户维修带来困难。

⑯ 提供给客户的零件图或装配图与实际模具不一样，只能参考，没有作用。

第八节
装配图的画法要求

65. 装配图有什么重要作用？

① 装配图是反映设计者的思想、进行模具装配和技术交流的工具。有了装配图，才能画模具零部件的图样。

② 模具装配图是模具结构设计评审和与客户沟通时必要的技术文件。

③ 模具材料、标准件等采购清单、领发料的依据都是来自模具装配图。

④ 根据装配图编制动、定模等零件制造工艺和装配工艺。

⑤ 装配图是进行模具装配、检验、试模、安装、使用、维修的必需技术文件，也是包装、装箱、运输的依据。

⑥ 模具装配图是企业重要的技术档案，是企业技术的沉淀、经验的积累，是企业的无形资产。

66. 模具的装配图有哪些习惯画法？

（1）模具装配图的规定画法，一般分为第一角和第二角两种。第一角画法：

① 主视图在左上角，表示模具 X 轴方向的主体结构剖视图。

② 俯视图，习惯上画动模整体视图（也可以分型面为基准，画动模和定模各一半的视图）。

③ 左视图表达模具的 Y 轴方向的主体结构剖视图。

④ 画定模顶面的俯视图或定模分型面的内型整体视图。

⑤ 画多个零件局部剖视图和浇口局部放大图。

（2）实心零部件、紧固件均按不剖视图进行绘制。

（3）两相邻的接触面规定只画一条线，但当两相邻零件的基本尺寸不相同时，即使间隙很少，也须画出两条线。

（4）两相邻零部件的剖面线的倾斜（45°）方向应相反。新标准规定，在不致引起误解的情况下，剖面符号可以省略；一般在模具装配图中可以不加剖面线。

（5）塑件（红色表示）绘制成剖视图或断面图，并作剖面线，动、定模等可以不作剖面线。

（6）零件的工艺要素如倒角、退刀槽、圆角及模板外形倒角等不必画出。

（7）视图右下角或左下角（最好在右下角）为基准角，并以偏移的导柱孔为基准角。

（8）在模具中，大多数习惯采用简化画法绘制弹簧，用双点划线表示。当弹簧个数较多时，在俯视图中可只绘制一个，其余只绘制窝座示意。

（9）直径尺寸大小不同的各组孔可用涂色、符号、阴影线区别。

（10）相同的零件组或同一规格、尺寸的内六角螺钉和圆柱销，在模具总装配图中的剖视图中可各画一个，其余只需在装配位置上画出中心线。当剖视图中不易表达时，也可从俯视图中引出件号。内六角螺钉在俯视图中用双圆表示（螺钉头外径和窝孔），圆柱销在俯视图中用单圆（并在 1/4 圆内图黑）表示，当剖视位置比较小时，螺钉和圆柱销可各画一半。在总装配图中，螺钉过孔一般情况下要绘制出。

相同的零件组或同一规格、尺寸的内六角螺钉、圆柱销、管接头、O形密封圈等所处的位置不同，零件编号不能共用。

（11）当螺钉、定位销零件用虚线表达时，不能在零件处绘制引出线，可在其中心线处绘制引出线。

（12）在装配图中可用第三角画法的配置形式，如正定位的画法。

（13）第一角画法与第三角画法标题栏内要有标记。

67. 怎样画模具装配图？

（1）模具装配图的设计要规范，以免浪费时间，步骤如下：

① 先画模具结构草图，确定方案。

② 模具结构设计初评。

③ 与客户沟通确认。

④ 进行3D造型。

⑤ 利用3D实体造型转成2D图样，画零件图和装配图。

（2）注塑模具装配图一般按以下顺序进行绘制：

① 首先按图线的型式及其应用标准建立图层（已建立标准块的引进即可用）。

② 用塑件产品2D图样（没有2D图样把塑件3D实体造型转换成2D图样），选择最能代表塑件结构形状、特征的2D图样作为主剖视图和左剖视图，塑件内形图的反向视图作为动模的俯视图，把塑件的内形视图作为定模的仰视图。

③ 把转好的2D视图的塑件的所有尺寸，按塑料的成型收缩率换算成模具制造尺寸。

④ 把塑料图层改为红色图层，并处理好不必要的虚线、过渡线和实线。

⑤ 把转换处理好的2D图按视图布局放在适当位置，并分别建立各视图的X-Y坐标的中心线。

⑥ 绘制动模（一般动模画好后再画定模）的封塑量。

⑦ 绘制动、定模的PL线（分型面）。

⑧ 绘制浇注系统、浇道、浇口、浇口套及定位的俯视图。

⑨ 绘制抽芯机构。

⑩ 绘制模架（选用标准模架）、导向结构。

⑪ 温控系统（浇注系统及热流道，动、定模）。

⑫ 顶出机构（不同直径的顶杆及位置、斜顶杆、顶杆板、顶杆固定板、复位杆、支承柱、顶板导套、弹簧、限位柱、垃圾钉等）。

⑬ 绘制排气槽、启模槽。

⑭ 其它附件、标准件（耐磨块、锁模块、吊环）。

⑮ 标注模具的外形尺寸及各模板的厚度、顶出行程、各模板模芯滑块、定位圈等尺寸及装配配合要求等。

⑯ 绘制注塑机拉杆尺寸（双点划线）。

⑰ 要按顺序编制零件序号、填写明细表内容。

⑱ 填写标题栏内容。

⑲ 填写技术要求内容。

⑳ 核对、审核、签名。

68. 装配图画法有哪些具体要求？

装配图画法见本书最后折页。

（1）装配图的质量、图样要求画法规范（图层统一、虚实分明、符合国标）。3D造型的模具结构要求优化、完美、创新、高效。

（2）模具装配图内容

① 必要的视图。

② 模具有关尺寸和注塑机配套的参数尺寸（模具外形尺寸、顶出行程、安装尺寸、零件装配尺寸、浇口尺寸等）。

③ 标题栏。

④ 明细表。

⑤ 复杂模具的开模顺序与动作标记。

⑥ 技术要求（模具的装配要求等）。

（3）装配图：要求用足够的视图（动模剖视图、俯视图局、定模剖视图、局部视图、放大图等），完整清楚地表达注塑件成型原理，模具各系统的结构形状，动、定模的分型面，零部件的装配关系和配合代号，设计基准等。

（4）模具的所有零件不得遗漏，图样中的零件序号与明细表中的零件序号相对应。

（5）要求模具零件尽量采用标准件。

（6）绘制模具装配图，要求合理确定图幅，最好用 1：1 的比例，图样占图幅的 75%～80%。

（7）对于复杂的模具，需要绘制部件装配图与动作虚拟图形（用细双点画线），把抽芯机构、顶出机构、开模顺序号用字母、剖切符号表达清楚。

（8）装配图要求把模具浇口 4：1 局部放大绘制，并标注浇口尺寸。

（9）装配零件的接触面转角处，要求避空。

（10）用双点细画线画出注塑机的导柱直径及间距，并标出注塑机的型号和吨位。

（11）吊环必须画在天侧，并注上螺纹大小和代号。

（12）冷却水管接头按规定细则画法（进水用蓝色、出水用红色）。

（13）标题栏和明细表（明细表的外框线、序号上面这根线和明细栏的竖线是粗实线，其余是细实线）。

（14）选择代表塑件主要特征的三维造型（按正等轴测图要求）放在总装图的右边适当位置，方向与装配图一致。

（15）根据评审确认后的装配图，及时拟好模架及其动、定模，零部件，标准件的材料清单，先提供给采购部门。

（16）利用 3D 转 2D 的图样，注意去掉不必要的虚线，使图样更加清晰，便于看图。

69. 模具装配图的技术要求有哪些内容？

① 模具总装的技术要求。

② 必要的模具使用方法和注意事项，复杂模具开模动作顺序说明。如液压抽芯机构的使用要求、热流道板和喷嘴使用温度要求、接线方式。注塑件的塑料质（重）量和浇道系统的总质（重）量等。

③ 模具装配后保证达到精度的特殊检验方法和条件。

④ 特殊模具的拆卸方法。

⑤ 模具包装、防锈要求。

⑥ 附件、备件及装箱清单等。

⑦ 吊装注意事项（模具重量一般标注在装配图的标题内）。

70. 模具装配图中有哪些错误画法？

装配图的常见错误画法如下：

① 图样的图层混乱、画法错误。

② 模具装配关系与零件的内容没完整清楚表达，影响装配。

③ 明细表中零件遗漏、数量搞错、序号顺序没有规律、表格线条搞错。

④ 浇口没有用放大图和尺寸标注（模具浇口尺寸有问题，造成多次试模）。

⑤ 复杂模具没有技术要求、必要的开模顺序、装配要求等。

⑥ 模具的外形尺寸与注塑机的有关参数没有标注（如注塑机的四根导柱内形尺寸）。

⑦ 标题栏内容没有共几张、第几张、比例、画法等内容。

⑧ 装配图同模具产品不相符，给模具维修带来困难。

第三章
注塑模具结构与设计的基本知识

当前，模具企业设计人员短缺，设计师设计能力与水平满足不了企业的需求。针对模具企业上述实际情况的存在，要求注塑模具结构设计师迅速地提高模具结构与设计的专业知识储备量，夯实模具结构设计知识；并且具有一定的设计能力和经验，才能使所设计的模具结构更优化，才能有效地控制模具的成本和质量，使模具项目顺利完成。

模具设计师在设计模具结构时，应注意以下相关的问题：

① 考虑模具的结构、模架、紧固件、标准件的选用问题。

② 考虑如何正确合理地设计浇注系统（热流道），避免制品出现成型缺陷的问题。

③ 怎样使模具动、定模结构优化设计，避免存在问题。

④ 考虑抽芯与斜顶机构的设计可靠性问题。

⑤ 根据制品形状、结构要求，怎样选用导向与定位机构问题。

⑥ 考虑冷却系统的冷却效果问题。

⑦ 考虑制品顺利脱模、制品不变形等问题。

⑧ 注意排气的效果问题。

⑨ 注意模具的强度和刚性问题。

⑩ 合理选用模具钢材及热处理的问题。

⑪ 关注模具的质量和成本控制、工艺合理性问题。

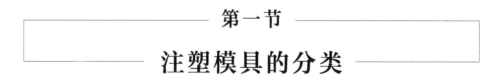

第一节
注塑模具的分类

1. 什么叫模具？模具是怎样分类的？

① 利用专用机床（压力机或注塑机），通过压力将金属或非金属加工成所需要的零件或制品的专用工具，称为模具。实际上模具就是一种工艺装备。

② 模具种类很多，根据成型材料、成型设备、成型方法及产品用途不同，分两大类：冷冲模和型腔模。型腔模按成型材料不同，分为金属和非金属两类，非金属型腔模又分为热固性模具与热塑性模具、非塑料的型腔模三大类，如图 3-1 所示。

2. 什么叫注塑模具？注塑模具有哪三大功能？

① 利用专用的压力机或注塑机，通过压力使塑料成为所需要的零件或制品的专用工具称为注塑模具，实际上注塑模具就是注塑成型的一种工艺装备。

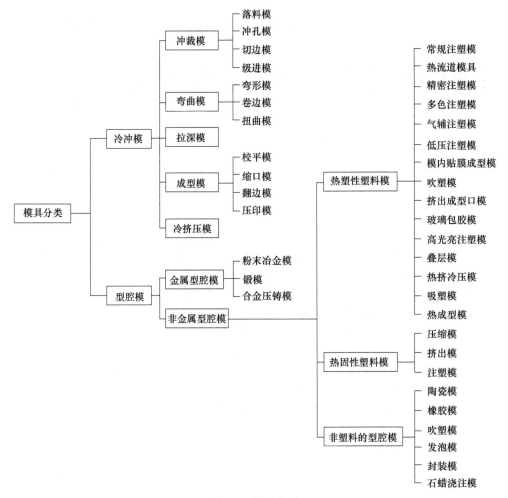

图 3-1　模具分类

② 注塑模具有三大功能：将熔料通过料道送入型腔，并把热量传递给动、定模；承受注塑压力使制品成型；完成抽芯动作，打开型腔，取出制品。

3. 注塑模具有哪几种分类方法？

① 按注塑机的结构形式分为以下三类：卧式螺杆注塑机，见图 3-2；立式柱塞注塑机，见图 3-3；角式柱塞注塑机，见图 3-4。

② 注塑型腔模按成型设备、成型方法、模具结构及用途不同进行分类，详见图 3-1。

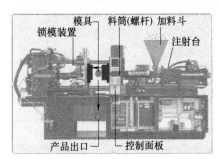

图 3-2　卧式螺杆注射机

图 3-3　立式柱塞注塑机

图 3-4　角式柱塞注塑机

③ 按浇注系统特征可分为三大类：冷流道注塑模，热流道模具，温流道注塑模。

④ 按分型面分类：单分型、双分型和三次分型注塑模，垂直分型面模具。

4. 什么叫多型腔模具？多型腔模具有哪几类？

（1）一般模具都是单型腔模具，具有两个以上型腔的模具称为多型腔模具。

（2）多型腔模具根据成型制品的形状和数量的不同分为四类：

① 制品形状大小相同的多型腔模具，一般为双数，叫"一出几"。

② 制品形状对称的叫镜像模具。

③ 制品形状不对称的、大同小异的模具，叫"1＋1"。

④ 制品形状与尺寸不同的一模多腔的模具，叫"1＋1＋1…"。

5. 什么叫精密注塑模具？

精密注塑模具不能同普通注塑模具混淆，有的企业把质量要求高的模具叫精密模具，这是不妥当的。精密模具的零部件设计精度和技术要求应与制品精度相适应。精密注塑模具结构的零部件精度与技术要求要比普通注塑模具的精度高得多，一般精密注塑模具的尺寸公差应控制在塑件尺寸公差的 $1/5\sim1/3$ 之间。具体要求详见第四章 14 问"精密注塑模具的设计与使用禁忌有哪些？"。

目前，对精密模具还没有标准的定义，但精密模具需满足以下三个条件（缺一不可）：

① 精密模具是指用于尺寸精度（制品公称尺寸为 50mm 时，将制品重要尺寸公差的精度控制在 0.003～0.005mm 之内；制品公称尺寸为 100mm 时，将制品重要尺寸公差的精度控制在 0.005～0.01mm 之内）、位置精度、形状精度都很高，表面粗糙度很低的制品的模具。

② 模具结构要求优化、精度高，（动、定模）结构采用镶块。用数控铣、磨削或电加工等方法加工，使零件精度达到设计要求。精密模具的精度等级比制品精度高而超过 IT5～IT6 级。如果需要根据模具公差确定制品精度，可参考附录表 A-4"德国标准 DIN16901 塑件尺寸公差"。

③ 用精料（塑料）采用最佳的注塑工艺方法，在具备一定要求的成型条件下，用精密成型机，在精度很高的模具中注塑成型。

第二节

模具的基本结构和模架

6. 二板模与三板模有什么不同？

① 二板模就是动、定模均是单分型面的模具，它的浇注系统形式一般是直浇口或侧浇口，如图 3-5 所示。

② 三板模一般是指单型腔的点浇口模具或多型腔的模具，如图 3-6 所示。为了拿出凝料，需要流道压板分开一次，如图 3-6（c）所示，如果采用热流道结构就如同二板模。

③ 三次分型面注塑模，如图 3-7 所示。

7. 注塑模具的结构由哪八大部件组成？

注塑模具的结构由下面八大部件组成：

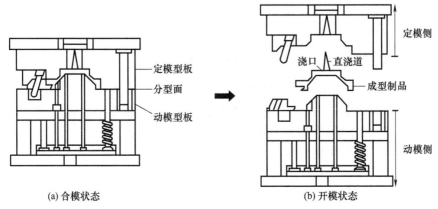

图 3-5　二板模

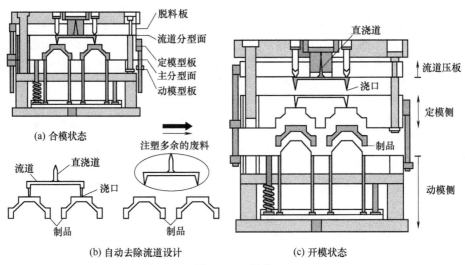

图 3-6　三板模

① 成型零件。
② 导向机构与定位机构。
③ 浇注系统。
④ 侧向分型与抽芯机构。
⑤ 脱模机构。
⑥ 温控系统（冷却与加温）。
⑦ 排气系统。
⑧ 模架、结构件及附件。

8. 注塑模具的零件名称为什么需要统一规定？

注塑模具的零件名称最好有统一的规定，否则用方言命名或外来语很难理解，需要翻译，如滑块叫行位、浇口叫水口、动定模叫模仁、顶管叫司筒、楔紧块叫铲机等。详见附录表 D-6 "模具术语对照表"。

9. 注塑模具有哪几种模架？

选用何种模架由制品的特点和模具型腔数来决定，标准模架通常只有三大类：二板模、简化型三板模、标准型三板模。

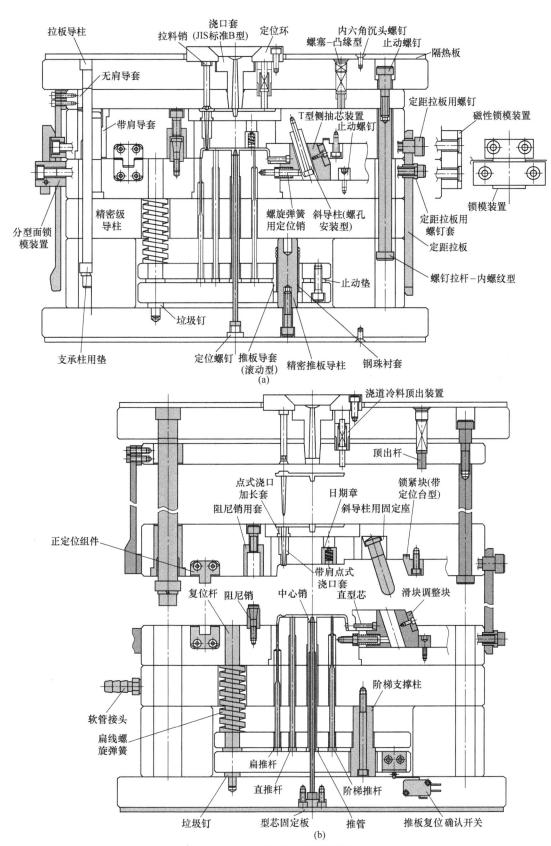

图 3-7　三次分型面注塑模

① 注塑模模架（GB/T 12555—2006）已标准化，根据模架结构特征可分为 36 种主要结构，但大型模具非标的模架还需按图订购。标准模架通常只有基本型标准模架的三种：二板模（直浇口）模架（如图 3-8 所示）；三板模（点浇口）模架（如图 3-9 所示）；简化型三板模模架。

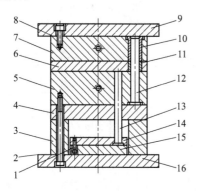

图 3-8　直浇口模架

1,2,8—内六角螺钉；3—垫块；
4—支承板；5—动模板；6—推件板；7—定模板；
9—定模座板；10—带头导套；11—直导套；
12—带头导柱；13—复位杆；14—推杆固定板；
15—推板；16—动模座板

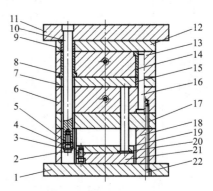

图 3-9　点浇口模架

1—动模座板；2,5,22—内六角螺钉；3—弹簧垫圈；
4—挡环；6—动模板；7—推件板；8,14—带头导套；
9,15—直导套；10—拉杆导柱；11—定模座板；
12—推料板；13—定模板；16—带头导柱；17—支承板；
18—垫铁；19—复位杆；20—推杆固定板；21—推板

② 直浇口模架基本型有 A、B、C、D 四种，如图 3-10～图 3-13 所示。

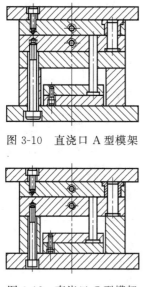

图 3-10　直浇口 A 型模架

图 3-11　直浇口 B 型模架

图 3-12　直浇口 C 型模架

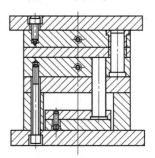

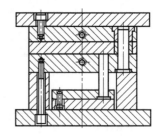

图 3-13　直浇口 D 型模架

③ 点浇口模架是在直浇口模架的基础上加装推料板和拉杆导柱后制成的，其基本型也分为四种，相应为 DA、DB、DC、DD，如图 3-14～图 3-17 所示。

④ 根据需要，模架有工字模和直身模之分，通常大型模具和三板模采用工字模，一般模具外形由于受到注塑机的限制，才采用直身模。如图 3-18（a）所示，二板模和中小型模具采用直身模，如图 3-18（b）所示。

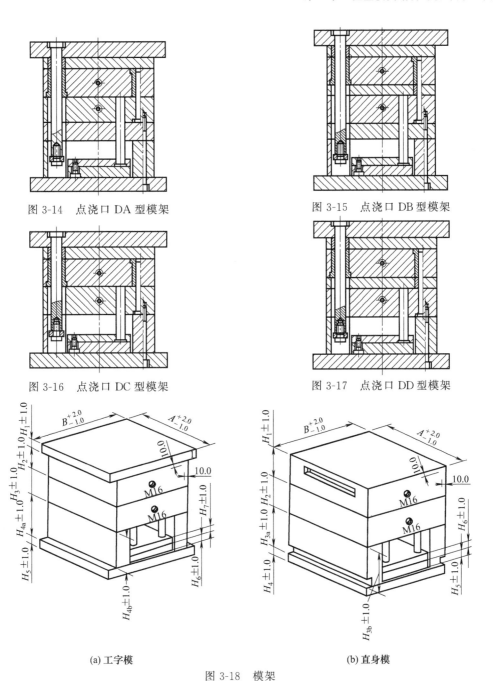

图 3-14 点浇口 DA 型模架

图 3-15 点浇口 DB 型模架

图 3-16 点浇口 DC 型模架

图 3-17 点浇口 DD 型模架

(a) 工字模

(b) 直身模

图 3-18 模架

⑤ 按导柱和导套的安装形式可分正装（代号 Z）和反装（代号 F）两种，如图 3-19 所

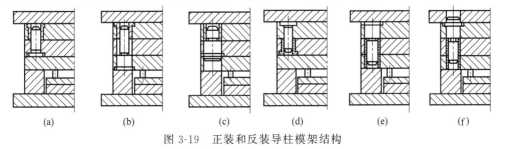

(a)   (b)   (c)   (d)   (e)   (f)

图 3-19 正装和反装导柱模架结构

示。导柱有带头导柱（a）、有肩导柱（b）和有肩定位导柱（c）。（a）、（b）、（c）为正装，（d）、（e）、（f）为反装。

10. 模架的大小型号应怎样标记？

模架的大小型号标记，如图 3-20 所示，见例 1、例 2。

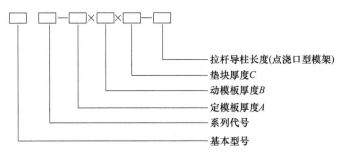

图 3-20　模架大小型号标记

例 1　模板宽 200mm、长 250mm，$A=50$mm、$B=40$mm、$C=70$mm 的直浇口 A 型模架标记如下：模架 A2025-50×40×70。

例 2　模板宽 300mm、长 300mm，$A=50$mm、$B=60$mm、$C=90$mm、拉杆导柱长度 200mm 的点浇口 B 型模架标记如下：模架 DB 3030-50 ×60×90-200。

11. 怎样选用模架？要注意哪些问题？

选用何种模架由制品的特点和模具型腔数、模具结构形式来决定。

① 根据模具的结构形式，满足模具成型目的和按客户指定模架要求标准选用，能用二板模的，不使用三板模，因为二板模结构简单，制造成本低。

② 优先选用标准模架。如果标准模架的尺寸满足不了设计要求，可采用非标准模架，不要勉强使用标准模架。当制品必须采用点浇口的则选用三板模模架。热流道模具都用二板模模架。

③ 所选取的模架要适合注塑机的技术参数，能满足最大与最小的闭合高度，满足在开模行程中的顶出行程和顶出方式。外形尺寸要小于注射机立柱间距 5mm，在保证模具足够的强度和刚性的前提下，尺寸宜小不宜大。

④ 当模具的型腔、型芯采取整体时，A 板、B 板要按动、定模板要求的材料定做标准模架，在订购模架的图中要标明材料牌号和热处理要求。

⑤ 采用镶块结构的标准模架，要求生产厂家把模架上镶框尺寸加工好，或留有 2～5mm 加工余量，以防变形。

⑥ 模架的四个导柱孔中有一个是偏移的，因此，设计模具时要注意模架的设计基准，应视偏移的导柱孔的直角边为基准。

⑦ 精度高的、寿命要求高的模具尽量采用标准型三板模。

12. 模架的选用步骤是怎样的？

模架的形式、规格型号选用的步骤及注意事项如下：

（1）按照制件型腔布局，动、定模的结构形式，浇注形式，脱模动作，确定模架的组合形式。

（2）确定模架规格型号。

① 根据各系统的结构布局，确定型腔周界尺寸，确定模板大小，A、B 板厚度及其它板的厚度和导柱长度。

② 根据制件的外形尺寸、制件横向（侧分型、侧抽芯等）模具零件的结构动作范围、附加动作件的布局、冷却系统等，选择组成模架的模板板面尺寸，以确定标准模架的系列。

③ 检查非标准模架尺寸，需要绘制模架图。

（3）检验所选模架规格（及其注意事项）。

① 检查导柱、导套、回推杆、紧固螺钉孔、冷却水孔、吊环螺钉、附件装配的空间位置有无干涉。

② 模板的厚度和尺寸的强度和刚性检查。

③ 检查模架是否与注塑机匹配：机械手空间位置、闭合高度、安装尺寸。

④ 尽量选用标准模架，注意标准件的选用。

⑤ 采用镶块结构的模架须开粗，防止模板变形。

（4）模架结构型号和尺寸确定后即可向标准模架制造商订货。

13. 怎样确定模架尺寸？

模具模架的大小主要取决于塑料制品的大小和模具结构、浇注系统形式。对于模架而言，在保证足够模具强度的前提下，结构越紧凑越好。

① 首先分析制品形状结构、质量要求、型腔数、注塑机参数、浇注系统形式等，定下模具结构方案。

② 然后，确定模具结构是整体的还是镶件结构，确定动、定模的大小和模板的宽度和厚度。模板尺寸的确定有两种方法，一种可通过计算强度和刚度来确定型腔与模板的宽度和厚度。另一种办法是根据塑件投影面积，用经验值来确定模板和镶件尺寸。

③ 考虑各大系统的平面布局。

④ 确定模架型号及尺寸，画模架草图，然后检查、确认。

14. 设计模架要注意哪些事项？

确定模架的型号和尺寸后，设计模架要注意以下事项：

（1）在基本选定模架型号之后，应对框架整体结构进行校核，看所确定的模架是否与客户指定的注塑机相匹配，包括模架外形的大小、厚度、最大开模行程、顶出方式和顶出行程等。

（2）确定型腔数目，分型面结构及浇口类型，动、定模的塑件封胶面宽度尺寸时，须注意塑件在模具中的排布方式，它会直接影响模架的大小。

（3）既要考虑模架整体有足够的强度，又要考虑模架尺寸过大、模板过厚的问题。

（4）根据模具结构特点来确定动、定模采用整体式还是镶拼式，同时确定其大致尺寸。如采用镶块结构，模板必须先开粗，以防模板变形。

（5）注意模具平面空间位置是否有足够空间容纳冷却水道、抽芯、导向、定位、顶出等机构的零件及附件分布，避免干涉。如有的顶杆孔打在滑块的压板上。

（6）尽量采用标准模架，选用标准模架中的相近的尺寸（模板外形大小、厚度）系列数值。

① 选用标准模架时，需要考虑制品形状尺寸的特殊性，如薄件的导柱与垫铁太高，需要调整垫铁高度，避免顶出距太高，顶杆强度差。

② 若型腔较深，需加高垫铁以保证足够的推出距离。

（7）检查模架有关尺寸是否与客户所提供的注塑机参数相符，如模架的外形尺寸、最大开模行程、顶杆孔距、顶出方式和顶出行程等。

（8）需要复查各系统的平面布局，空间位置是否足够，各系统的零件相互之间是否相互干涉。

（9）注意标准件的型号大小要与模架大小相匹配。

15. 模架基本加工项目有哪些要求？

（1）中、大型模具不是整体式的采用镶块结构的模具，动、定模板一般需要开框。

① 镶件为圆角时，模框半径要大于模芯半径，如图 3-21（b）所示。

② 当模芯为直角时，模框四角需要如图 3-21（c）所示。

③ 精框与内模镶件的配合公差是 H7/m6，即过渡配合。

④ 注意开框后要留有适当的加工余量。

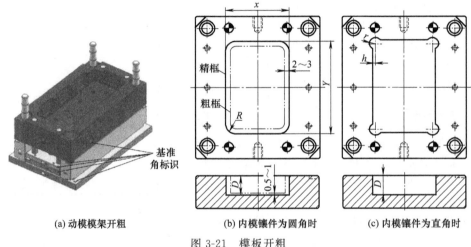

(a) 动模模架开粗　　　(b) 内模镶件为圆角时　　　(c) 内模镶件为直角时

图 3-21　模板开粗

（2）撬模槽一般加工在定模 A 板或动模 B 板以及推杆板的四个角上，其尺寸按标准开设。

（3）顶杆孔尺寸信息要与注塑机参数一致，要注意顶杆孔的中心与定位圈中心一致。

（4）吊环螺孔设计详见第 19 问"吊环螺钉设计有什么要求？"。

16. 模架应怎样验收？

注塑模架验收要求，见表 3-1。

表 3-1　注塑模架验收要求

标准条目编号	内　容
3.1	组成模架的零件应符合 GB/T 4169.1—2006～GB/T 4169.23—2006 和 GB/T 4170—2006 标准
3.2	组合后的模架表面不应有毛刺、擦伤、压痕、裂纹、锈斑
3.3	组合后的模架、导柱与导套及复位杆沿轴向移动应平稳、无卡滞现象，其紧固部分应牢固可靠
3.4	模架组装用紧固螺钉的力学性能应达到 GB/T 3098.1—2010 中的规定
3.5	组合后的模架、模板的基准面应一致，并做明显的基准标记
3.6	组合后的模架在水平自重条件下，定模座板与动模座板的安装平面的平行度应符合 GB/T 1184—1996 中的 7 级规定
3.7	组合后的模架在水平自重条件下，其分型面的贴合间隙为： 1. 模板长 400mm 以下≤0.03mm 2. 模板长 400～630mm≤0.04mm 3. 模板长 630～1000mm≤0.06mm 4. 模板长 1000～2000mm≤0.08mm
3.8	模架中导柱、导套的轴线对模板的垂直度应符合 GB/T 1184—1996 中的 5 级规定

注：1. 粗糙度要求达到 GB/T 4169.8—2006 中关于模板粗糙度的规定。

2. 模架的动模垫板与垫铁、动模固定板必须用定位销。

3. 模架的外形尺寸大于 1000mm，倒角为 5mm；模架的外形尺寸大于 500mm，倒角为 3mm；模架的外形尺寸在 500～200mm，倒角为 2mm；模架的外形尺寸小于 200mm，倒角为 1.5mm。

4. 模架导柱孔有一个偏位，龙记模架偏距 2mm，DME 模架偏距 5mm。

17. 弹簧在模具中有什么作用？设计要注意哪些问题？

① 弹簧在模具中的主要作用：推杆板复位；侧向抽芯机构中滑块的定位；作为活动模板的定距分型等活动组件的辅助动力。

② 设计时要注意的问题：注意预压量和预压比，一般要求为弹簧自由长度的10%左右，一般取10～15mm；复位弹簧数量和直径见表3-2；要求对称布置；有斜顶抽芯机构的不用弹簧，采用液油缸复位。

表 3-2　复位弹簧数量和直径

模架宽度/mm	$L \leqslant 200$	$200 < L \leqslant 300$	$300 < L \leqslant 400$	$400 < L \leqslant 500$	$L > 500$
弹簧数量/个	2	2～4	4	4～6	4～6
弹簧直径/mm	25	30	30～40	40～50	50

③ 复位弹簧的装配要求：复位弹簧常见的装配方式见图3-22。注意弹簧与动模B板要有2mm间隙。

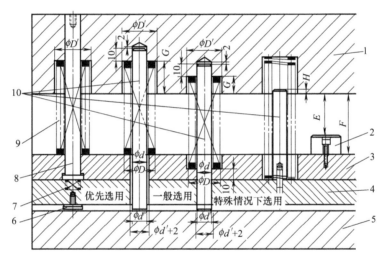

图 3-22　复位弹簧装配方式

1—动模B板；2—限位柱；3—顶杆固定板；4—顶杆底板；5—动模固定板；
6—垃圾钉；7—先复位弹簧；8—复位杆；9—复位弹簧；10—弹簧导杆

18. 内六角螺钉设计有什么要求？

注塑模内六角螺钉使用要求及相关数据：

① 国标为《内六角圆柱头螺钉》GB/T 70.1—2008，强度等级为8.8级、12.9级，根据使用场合不同进行选用。

② 按标准选用内六角螺钉，不能任意选用非标准件螺钉，也就是说不能任意改短或加长。螺纹的有效长度在外径的1.5～1.8倍之间。

③ 应避免与其它螺纹有所干涉，与冷却水孔孔边距最小为6mm。

④ 米制内六角螺纹孔大小、沉孔深浅、螺纹底径大小要求见表3-3。

⑤ 英制内六角螺纹的相关尺寸见表3-4。1/2in英制螺纹与1/2in美制螺纹有所不同（1/2in美制螺纹是每英寸12牙，1/2in英制螺纹是每英寸13牙），其它相同。

表 3-3　米制内六角螺纹参数要求　　　　　　　　　　　　　　　　　单位：mm

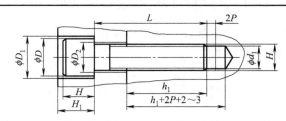

参数	M4	M5	M6	M8	M10	M12	M14	M16	M20	M24	M30
P	0.7	0.8	1.0	1.25	1.5	1.75	2.0	2.0	2.5	3.0	3.5
d_1（底孔直径）	3.0	4.4	5.2	6.8	8.6	10.6	12.4	14.2	17.5	21.5	27.0
h_1	6.0	7.5	9.0	12.0	15.0	18.0	21.0	24.0	30.0	36.0	45.0
h_2	8.5	9.1	11.0	14.5	18.0	21.5	25.0	28.0	35.0	40.0	52.0
h_3	12.0	13.9	15.0	19.5	24.0	28.5	33.0	36.0	45.0	54.0	66.0
D	7.0	6.5	10.0	13.0	16.0	18.0	21.0	24.0	30.0	36.0	45.0
D_1	8.0	10.0	11.0	14.0	18.0	20.0	23.0	26.0	32.0	39.0	48.0
D_2	5.0	6.0	7.0	9.0	11.0	14.0	16.0	18.0	22.0	26.0	33.0
H	4.0	5.0	6.0	8.0	10.0	12.0	14.0	16.0	20.0	24.0	30.0
H_1	5.0	6.0	7.0	9.0	11.0	13.0	16.0	18.0	22.0	22.0	32.0

注：$2P$ 是螺纹的螺距 2 倍，L、h_1 根据模板长度和螺纹的标准件长度选定。

表 3-4　英制内六角螺纹相关尺寸　　　　　　　　　　　　　　　　　单位：in

螺纹规格 M	每英寸牙数	底孔的钻头直径 ϕd_1		ϕD	ϕD_1	ϕD_2	ϕd	H	H_1
		铸铁、黄铜、青铜	铜、可锻铸铁						
1/4	20	5.1	5.2	9.65	11.0	7.50	6.35	6.36	7.50
5/16	18	6.6	6.7	11.93	13.0	9.00	7.94	7.95	9.0
3/8	16	8	8.1	14.22	16.0	10.50	9.50	9.50	10.5
1/2	13	10.6	10.6	19.05	21.0	14.0	12.70	12.77	14.0
5/8	11	13.6	13.6	23.87	26.0	18.0	15.88	15.88	18.0
3/4	10	16.6	16.8	28.7	31.0	21.0	10.50	19.05	21.0
1	8	22.3	22.5	38.1	40.0	27.50	25.4	25.4	27.0

19. 吊环螺钉设计有什么要求？

模具的吊环孔设计要求：

① 每块模板、垫铁、顶板、顶杆固定板的侧面各边，均需要设置相应的吊环孔。吊环螺钉在运动时不能和冷却水管及螺钉等其它的结构发生干涉。

② 模板重量超过 50 磅（22.68kg）的，都要设计吊环螺孔。

③ 吊模孔深度最少为直径的 1～1.5 倍。

④ 螺纹入口处必须有规范的倒角，使吊装螺钉旋到位，与模板平面紧贴。

⑤ 吊环螺栓强度等级为 8.8 级。

⑥ 模具起吊的允许负荷见表 3-5，吊环螺栓不同吊链夹角下的载荷见表 3-6。

⑦ 模具的吊环孔位置，要通过重力中心，确保起吊平衡。需要考虑模具整体吊装与分开单独吊装时的重心，如图 3-23（a）所示。要求考虑零件加工前吊孔的重心与加工后的吊孔重心，如图 3-23（b）所示。模具起吊倾斜度不得超过 5°（只许仰角）。若安装时倾斜度太大［如图 3-23（c）］，模具底边首先碰到压板。

20. 什么叫标准件？注塑模具有哪些结构件？

（1）标准件是指零件的结构、尺寸、画法、标记等各个方面已经完全标准化，并由专业厂生产的常用零（部）件。

表 3-5 吊环螺钉的主要尺寸及安全承载重量 单位：mm

M	M12	M16	M20	M24	M30	M36	M42	M48	M64
D	60	72	81	90	110	133	151	171	212
d	30	36	40	45	50	70	75	80	108
安全承重/kg	180	480	630	930	1500	2300	3400	4500	900

表 3-6 吊环螺栓不同吊链夹角下的载荷

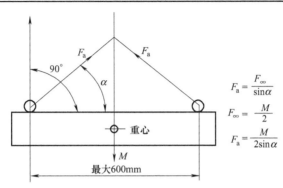

$$F_a = \frac{F_\infty}{\sin\alpha}$$

$$F_\infty = \frac{M}{2}$$

$$F_a = \frac{M}{2\sin\alpha}$$

吊链夹角 α	每个链的负载 F_a/kg	吊链夹角 α	每个链的负载 F_a/kg
90°	1000	30°	2000
75°	1040	15°	3800
60°	1150	5°	11480
45°	1410	0°	∞

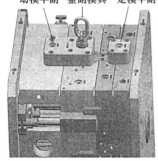

(a) 装配好的模具

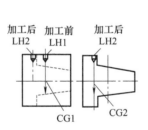

(b) 零件加工前、后的吊环孔

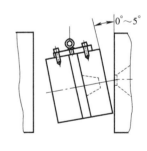

(c) 安装时吊角的要求

图 3-23 模具的吊装重心

（2）模具的很多结构件已标准化生产，包括下面所有零件。

① 标准化的紧固件、连接件、传动件、密封件、液压元件、气动元件、轴承、弹簧等机械零件，如图 3-24 所示，名称如下：定位圈、浇口套、拉料杆、复位杆、限位柱、支承柱、顶杆板的复位弹簧、垃圾钉、弹力胶、定距分型机构、内置式小拉杆定距分型机构、外置式拉板定距分型机构、内六角螺钉、定位销、支撑柱、模具铭牌、顶杆防尘盖、隔热板、锁模条、吊模块、油缸、氮气缸、行程开关、计数器等。

② 冷却水系统的附件、热流道元件、导向和定位系统的元件、斜导柱滑块系统的元件、顶出系统元件等。

21. 模具有哪些铭牌？

模具铭牌的种类有如下十种，可根据模具结构和客户需要选用。

图 3-24　模具标准件

① 模具标志铭牌（每副模具必须有），如图 3-25（a）所示。

② 模具操作铭牌，如图 3-25（b）、（c）所示。

③ 模具警告铭牌，如图 3-25（d）所示。

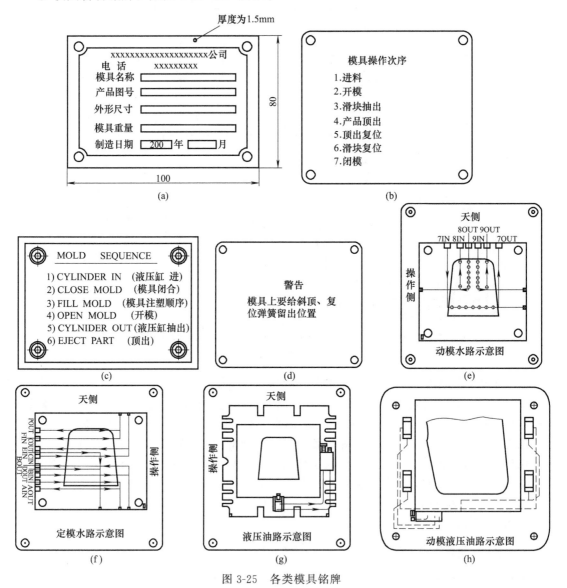

图 3-25　各类模具铭牌

④ 动模水路铭牌，如图 3-25（e）所示。

⑤ 定模水路铭牌，如图 3-25（f）所示。

⑥ 热流道编号铭牌。

⑦ 电器线路铭牌（包括热流道）。

⑧ 抽芯动作铭牌。

⑨ 液压油路铭牌，如图 3-25（g）、（h）所示。

⑩ 压力传感器铭牌。

第三节

注塑模的导向与定位机构

22. 导向机构的作用与要求是什么？结构类型有哪几种？

（1）导柱与导套是导向机构，模具闭合时，首先导向零件接触（要求导柱高于动、定模和斜导柱 25～30mm），引导动模芯与定模准确对合，避免动、定模相互碰撞而损伤。

（2）导柱在模具中的装配形式见图 3-26。具体的见装配图中的要求。

① 导柱分带头导柱 [图 3-26（a）]、带肩导柱 [图 3-26（b）]。

② 导套分带头导套 [图 3-26（a）]（GB/T 4169.3—2006）、直导套 [图 3-26（c）]（GB/T 4169.2—2006）。

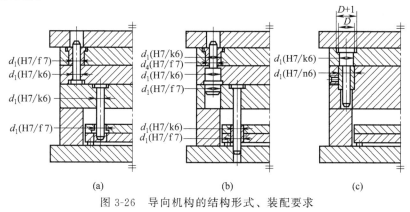

图 3-26　导向机构的结构形式、装配要求

23. 注塑模具为什么要有定位机构？

在注塑成型时，塑料在成型流动过程中会产生不平衡的横向压力。为了保证动、定模相对位置的精度，设计了定位机构，使动、定模能承受一定的侧向压力，防止动、定模的位置发生相对移位，避免模具失效。

24. 定位机构有哪些结构？怎样选用？

① 模具的定位种类较多，见图 3-27。

② 图 3-27（a）～（f）的定位结构适用于中小型模具，图 3-27（h）～（o）适用于中大型模具。

③ 合理正确选用定位机构。模具设计师要根据塑件形状、特征，模具的分型面形状特征和模具结构，进行选用。特别要注意高型腔制品的模具和分型面落差较大的模具，要防止高的一面向低的一面产生位移，形成壁厚不均、成型困难，如图 3-28 所示的落差较大的模具。

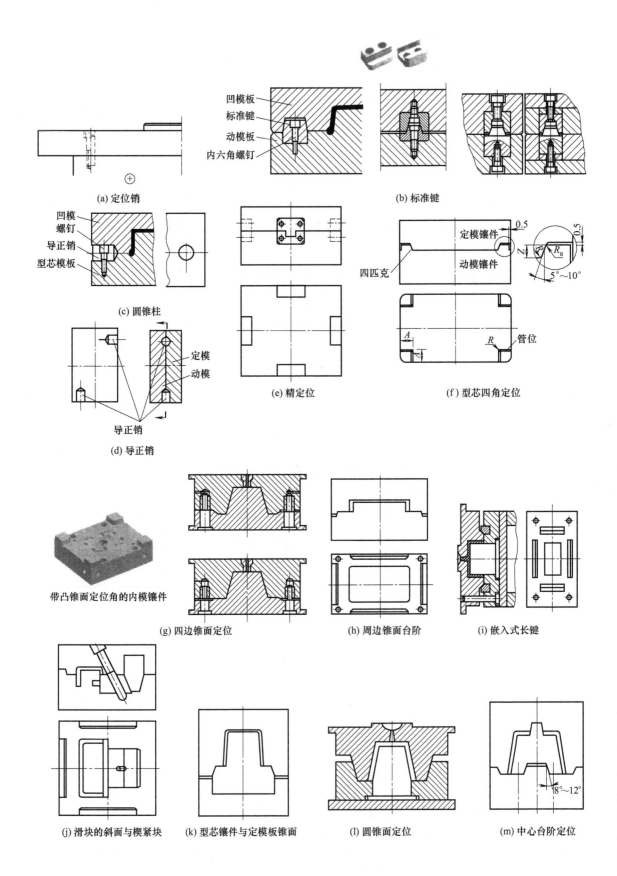

(a) 定位销

(b) 标准键

(c) 圆锥柱

(d) 导正销

(e) 精定位

(f) 型芯四角定位

带凸锥面定位角的内模镶件

(g) 四边锥面定位

(h) 周边锥面台阶

(i) 嵌入式长键

(j) 滑块的斜面与楔紧块

(k) 型芯镶件与定模板锥面

(l) 圆锥面定位

(m) 中心台阶定位

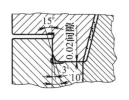
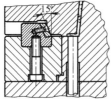
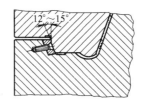
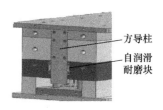

(n) 锥面定位详细结构　　　　　　　　　　(o) 四周用方导柱定位

图 3-27　模具的定位机构分类

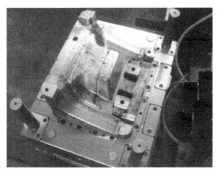

图 3-28　分型面落差较大的模具错误结构

25. 什么叫高型腔模具？高型腔模具的定位机构应怎样设计？

（1）当制品高度超过底面长（宽）3 倍时为高型腔模具，如图 3-29，设计时就要引起高度重视。如果模具定位结构设计有问题，在注塑成型时会有如下情况发生：型芯容易歪斜；动、定模产生相对位置移动，模具打不开；制品壁薄，不能成型。

（2）模具定位结构设计要注意：动模芯与动模座需过盈配合，顶部最好与定模板有定位；浇口进料需要均衡；动模芯最好加温后成型；动模板与定模板四周用斜度定位，如图 3-30 所示；可考虑应用方导柱结构。

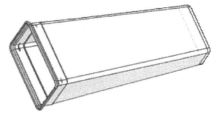

图 3-29　细长筒形

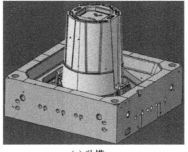
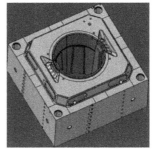

(a) 动模　　　　　　　　　　　　(b) 定模

图 3-30　高型芯模具

26. 汽车门板模具的定位机构应怎样设计？

汽车门板模具的定位机构大都采用方导柱，如图 3-31 所示。笔者认为门板制品高度较矮，用了方导柱，成本太高。因为型腔四周已用了四匹克的锥度定位，可以考虑不用方导柱。

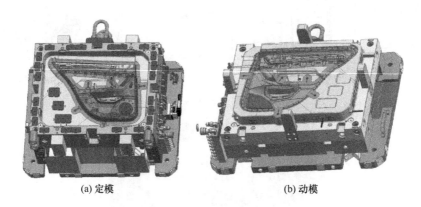

(a) 定模　　　　　　　　　　　　(b) 动模

图 3-31　门板模具定位结构

第四节

注塑模具成型零件

27. 模具结构设计的基本原则是什么？

① 正确确定模具的设计基准，尽量与制品的设计基准重合。

② 模具同注塑机参数相匹配，达到模具订购方的合同要求。

③ 模具结构优化、模具的各大系统结构安全可靠、原理与零件功能明确，没有遗漏和重复。

④ 设计规范、结构优化，简单、可靠、成本低，便于加工与装配。

⑤ 模具有足够的强度和刚性，不会提前失效，便于模具维修保养。

⑥ 成型的制品质量好、成型效率高，如冷却速率高、成型周期短、浇注系统压力平衡，浇道、浇口去除容易。

28. 模架的设计基准有什么要求？

模架的设计基准有如下四个要求：

① 注塑模具模架的四个导柱孔，有一个偏移的孔为基准角，其两直角边有一定的精度要求。

② 2D 工程图要求以偏移的导柱孔为基准，以左下角为设计基准，进行画图和标注尺寸。

③ 平面基准是动、定模的分型面（模板的底面是始基准）。

④ 一般以模架的中心为基准，复杂模具设置两个工艺孔作为基准，如图 3-32 所示。

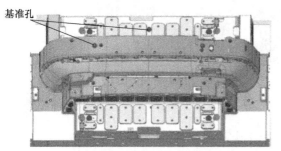

基准孔

图 3-32　动、定模的加工基准孔

29. 怎样确定动、定模的模板的宽度和厚度？

模具的型腔、型芯和模板须有足够的强度和刚性，防止模具失效。在注塑压力作用下，模具型腔会产生过大的弹性与翘曲变形（严重的注塑后模具的动、定模会打不开），导致溢料和出现飞边，影响成型和制品质量。设计师要从模具的成本、质量及制品的质量去综合考虑，进行具体分析，然后确定尺寸。

① 型腔的变形量 δ 不得超过熔料的溢边值（δ 由塑料的黏度特性来确定，如表 3-7 所示）。

表 3-7　型腔允许变形量　　　　　　　　　　　　　　单位：mm

黏度特性	塑料品种举例	允许变形量（δ）
低黏度塑料	尼龙(PA)、聚乙烯(PE)、聚丙烯(PP)、聚甲醛(POM)	$\leqslant 0.025 \sim 0.04$
中黏度塑料	聚苯乙烯(PS)、ABS、聚甲基丙烯酸甲酯(PMMA)	$\leqslant 0.05$
高黏度塑料	聚碳酸酯(PC)、聚砜(PSF)、聚苯醚(PPO)	$\leqslant 0.06 \sim 0.08$

塑件成型的投影面积同模板的强度和刚性有关。在设计模具时，需要考虑注塑机的锁模力大小能否满足注塑成型条件，是否会产生让模。

② 因为按公式计算的模板一般都是过大过厚，材料浪费较大。用经验值来确定模板大小与厚度，可避免模板过大、过厚或过薄。

③ 模架大小和镶件尺寸参见图 3-33 和表 3-8，可根据制品的投影面积来确定模板的宽度和厚度。

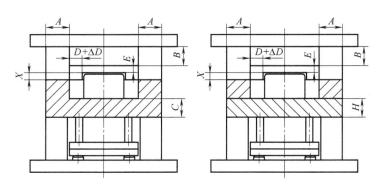

图 3-33　模架和镶件尺寸确定

A—镶件侧边到模板侧边的距离；B—定模镶件底部到定模板底面的距离；C—动模镶件底部到动模板底面的距离；D—产品到镶件侧边的距离；E—产品最高点到镶件底部的距离；H—动模支承板的厚度（当模架为 A 型时）；X—产品高度

表 3-8　动、定模的镶块尺寸　　　　　　　　　　　　单位：mm

产品投影面积 S/mm^2	A	B	C	H	D	E
$100 \sim 900$	40	20	30	30	20	20
$900 \sim 2500$	$40 \sim 45$	$20 \sim 24$	$30 \sim 40$	$30 \sim 40$	$20 \sim 24$	$20 \sim 24$
$2500 \sim 6400$	$45 \sim 50$	$24 \sim 30$	$40 \sim 50$	$40 \sim 50$	$24 \sim 28$	$24 \sim 30$
$6400 \sim 14400$	$50 \sim 55$	$30 \sim 36$	$50 \sim 65$	$50 \sim 65$	$28 \sim 32$	$30 \sim 36$
$14400 \sim 25600$	$55 \sim 65$	$36 \sim 42$	$65 \sim 80$	$65 \sim 80$	$32 \sim 36$	$36 \sim 42$
$25600 \sim 40000$	$65 \sim 75$	$42 \sim 48$	$80 \sim 95$	$80 \sim 95$	$36 \sim 40$	$42 \sim 48$
$40000 \sim 62500$	$75 \sim 85$	$48 \sim 56$	$95 \sim 115$	$95 \sim 115$	$40 \sim 44$	$48 \sim 54$
$62500 \sim 90000$	$85 \sim 95$	$56 \sim 64$	$115 \sim 135$	$115 \sim 135$	$44 \sim 48$	$54 \sim 60$
$90000 \sim 122500$	$95 \sim 105$	$64 \sim 72$	$135 \sim 155$	$135 \sim 155$	$48 \sim 52$	$60 \sim 66$

续表

产品投影面积 S/mm^2	A	B	C	H	D	E
122500～160000	105～115	72～80	155～175	155～175	52～56	66～72
160000～202500	115～120	80～88	175～195	175～195	56～60	72～78
202500～250000	120～130	88～96	195～205	195～205	60～64	78～84

注：以上数据，仅作为一般性结构塑料制品的模架参考，对于特殊的塑料制品，应注意以下几点：

① 当产品高度过高时（产品高度 $X \geqslant D$），应适当加大"D值"，加大值 $\Delta D = (X-D)/2$；

② 因冷却水道的需要，也要对镶件的尺寸做调整，以达到较好的冷却效果；

③ 结构复杂需做特殊分型或顶出机构，或有侧向分型结构需要滑块时，应根据不同情况适当调整镶件和模架的大小以及各模板的厚度，以保证模架的强度。

④ 定模 A 板和动模 B 板的长、宽尺寸，如图 3-34 所示。

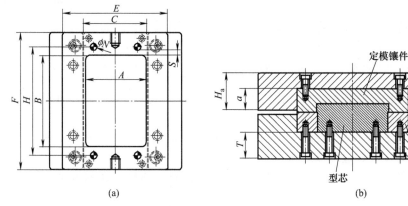

(a)　　　　　　　　　　　　　　　　(b)

$A \times B$	框深 a					
	<20	20～30	30～40	40～50	50～60	>60
<100×100	20～25	25～30	30～35	35～40	40～45	45～50
100×100～200×200	25～30	30～35	35～40	40～45	45～50	50～55
200×200～300×300	30～35	35～40	40～45	45～50	50～55	55～60
>300×300	35～40	40～45	45～50	50～55	≈55	≈60

注：1. 表中的"$A \times B$"和"框深 a"分别指动模板开框的长、宽和深，单位为 mm。

2. 动模 B 板的高度等于开框深度 a 加钢厚 T，向上取标准值（公制一般为 10 的倍数）。

3. 如果动模有侧抽芯、滑块槽，或因推杆太多而无法加撑柱时，须在表中数据的基础上再加 5～10mm。

(c)

图 3-34　模架长、宽尺寸的确定

30. 成型零件的设计步骤是怎样的？

在设计动、定模的成型零件时，需要综合考虑有关问题，确定模具结构、浇注系统后，一般可按以下步骤进行设计。

① 确定模具型腔数量，初步确定型腔布局。

② 确定塑件分型线和模具分型面。

③ 确定浇注系统的浇口形式、进料位置。

④ 塑件内外有凹凸形状的，需设计侧向抽芯机构。

⑤ 确定成型零件是整体的还是镶块的、组合方式及结构固定方式。

⑥ 以上的有关因素确定后，需综合考虑模具结构及整体布局。

⑦ 确定定模、定板的宽度和厚度尺寸。

⑧ 确定收缩率，计算型芯、型腔的内外形状及成型尺寸，确定零件的脱模斜度。

⑨ 确定动、定模成型零件的材料、热处理、装配要求、表面粗糙度等技术要求。

⑩ 考虑零件加工工艺。

31. 模具型腔数目的确定需要考虑哪些综合因素？

通常，精度高的模具型腔数最多为 4 腔，对于精度不高的模具型腔，最好不要超过 24 个。因为，每增加一个型腔，塑件精度就会相应降低。模具型腔数的确定需要考虑以下因素：

① 考虑塑件的尺寸精度、质量。
② 制品的批量。
③ 制品生产的经济性。
④ 塑件的大小、注塑机的锁模力和注塑量等。
⑤ 需考虑便于模具结构的设计以及制造工艺。

32. 模具的型腔布局有哪些基本要求？

① 制品的中心与注塑机中心一致。
② 便于制品脱模。
③ 考虑抽芯机构操作方便。
④ 模具闭合高度最小和便于取出制品。
⑤ 分型面上的投影面积较小。
⑥ 考虑模具的强度、刚性与成本。
⑦ 便于浇注系统设计和成型、排气。

33. 什么叫分型线？什么叫分型面？分型面有什么重要作用？

① 分型线：分型线是将制品分为两部分（动模与定模）的分界线（分型线即 PL 线），也就是说分型线是动、定模的共有边界线。分型线是根据零件的形状与要求、模具结构确定的。

② 分型面：将分型线向四周延拓，与开模方向相互垂直的面，成为动模与定模的相互接触面，叫分型面（各成型零件需分开的面，如滑块的分型面、哈夫块的分型面等）。

③ 分型面的作用：分型面的位置、形状的选择，决定了模具结构形式、成型零件的结构。它不仅关系到塑件的正常成型、脱模和取件，而且关系到模具质量的好坏、制造成本及制品的质量、注塑操作的难易程度等。

34. 如何确定模具的开模方向和分型线？

模具的开模方向和分型线需考虑下面几个因素：先确定分型线，一般在外形最大的轮廓处，这有利于分型面的设计和制造；有利于脱模和最小抽芯距；可得到最小投影面积；不影响制品外观。

35. 分型面形状有哪些类型？

(1) 一般塑料模只有一个分型面，但也有的有多个分型面，分型面形状有八个类型，如图 3-35 所示。曲面分型面的设计和斜面分型面大致相同，见图 3-35 (h) 中 $A=5\sim15\text{mm}$，倾斜角度 α 一般为 $10°\sim15°$。注意尽量避免无规则的圆弧分型面，非封胶面的曲面分型面要注意避空。

(2) 侧面分型面有如下三个类型：
① 侧面碰穿的分型面，如图 3-36 (a)～(e)。
② 斜面方孔的分型面，如图 3-36 (f)。

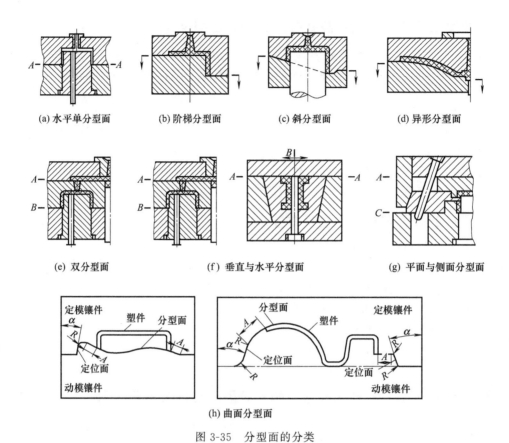

(a) 水平单分型面　　(b) 阶梯分型面　　(c) 斜分型面　　(d) 异形分型面

(e) 双分型面　　　　(f) 垂直与水平分型面　　　(g) 平面与侧面分型面

(h) 曲面分型面

图 3-35　分型面的分类

③ 侧面有凸起的分型面，如图 3-36（g）。

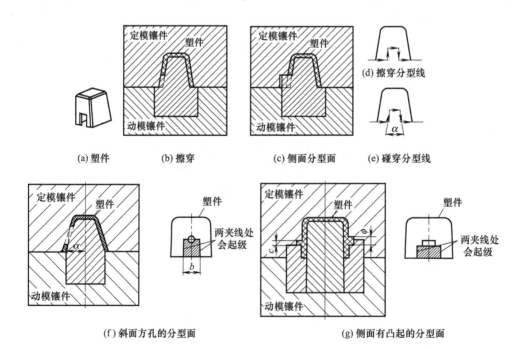

(a) 塑件　　(b) 擦穿　　(c) 侧面分型面　　(d) 擦穿分型线
(e) 碰穿分型线

(f) 斜面方孔的分型面　　　　(g) 侧面有凸起的分型面

图 3-36　侧面碰穿的分型面

36. 分型面的设计原则是什么？

分型面设计需遵循如下五方面的原则。

（1）保证塑件的质量原则

① 要求正确确定 PL 线的位置，须保证制品外观质量要求；

② 有利于成型时排气；

③ 保证制品的尺寸精度要求，要考虑制品的轴度、平行度要求；

④ 要考虑塑件的使用要求。

（2）有利于模具结构简单原则

① 分型面的形状要求简单，尽量不用圆弧和 R 面。垂直于开模方向，选择的次序是平面、斜面、弧面、台阶面（一般要求在台阶分型面、插穿面倾斜角度为 $3°\sim5°$，最小 $1.5°$等）。

② 分型面的形状尽量简单，便于制造、加工。

③ 有嵌件的模具，设置在动模侧，便于嵌件的安装和脱模。

④ 有利于制品脱模，使脱模机构尽量简单可靠，使侧向抽芯距离最短。

⑤ 尽量方便浇注系统的布置，布置分流道的分型面不宜起伏太大。

（3）正确选择分型面结构形式，有利于脱模

分型面的位置应设在制品脱模方向外形最大轮廓处。开模后使塑件尽可能留于动模一侧（特殊制品做反装模或双边都有顶出机构）。

（4）模具不会提前失效原则

① 分型面要求圆滑过渡；

② 分型面不得有尖角锐边，如图 3-37（a）所示；

③ 分型面形状不能突变，曲面直接延展到某一平面；

④ 设计制品外形落差悬殊、形状不对称的分型面时需要防止动、定模发生错位，定位结构设计要合理。

（5）分型面不封胶的部位要做倒角或避空，间隙 $1\sim1.5$mm。

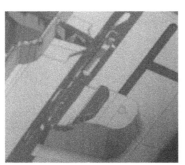

(a) 错误　　　　　　　　　　　　　　　　　　　(b) 正确

图 3-37　分型面不得有尖角锐边

37. 封胶面和平面接触块的设置有什么要求？

注塑机的锁模力主要是通过分型面的封胶面和平面接触块来承担。设置平面接触块是为了减少封胶面的接触面积，提高封胶面的接触精度，便于维修。

（1）封胶面的定义。模具闭合时，制品成型周边的动、定模的分型面处，要求相互均匀紧密接触的面，称为封胶面（即模具动、定模的表面接触面积要在 80% 以上）。

① 接触面间隙不得大于塑料黏度特性的溢边值。

② 封胶面的宽度 L 要求如图 3-38 所示。根据模具大小分为小型 10～20mm、中型 25～40mm、大型 45～75mm。

（2）平面接触块与封胶面是同一平面，也就是说是等高的。为了提高封胶面的接触精度，减少配模的工作量，便于制造和维修，设置了平面接触块，如图 3-39 所示。

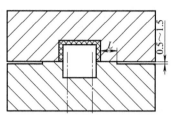

图 3-38 封胶面的宽度要求

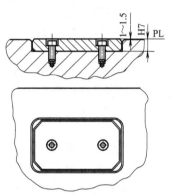

图 3-39 平面接触块

（3）平面接触块设置要求：

① 与分型面等高。

② 形状一般为长方形（长边与短边之比最好是黄金分割，这样美观些）或圆形〔如图 3-40（b）所示〕。

③ 布局要求美观，摆放方向最好与模具外形一致，不要横七竖八布局，如图 3-40 所示。

④ 平面接触块平面不需要开设油槽。

⑤ 平面接触块的总面积为制品投影面积的 30％～35％。

⑥ 平面接触块的四边倒角的尺寸大于铣刀的 R 尺寸。平面接触的模座框为 H7。

⑦ 平面接触块的表面粗糙度 R_a 为 $0.8\mu m$ 以下，热处理硬度为 45～48HRC。

⑧ 内六角螺钉最多两个，小的、圆的平面接触块可以用一个螺钉。

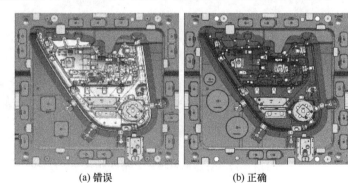

(a) 错误　　　　　　　　　　(b) 正确

图 3-40 平面接触块设置

38. 动、定模的设计要点有哪些？

动、定模的设计要点：正确选择动、定模结构形式（整体的或镶块组合），需要综合考虑以下问题。

① 模具结构设计前必须做浇注系统的模流分析，正确设计浇注系统。

② 采用镶块组合，可简化加工工艺，这是模具结构的最大特点。

③ 正确选择设计基准，以偏移的导柱孔的直角边为基准角。

④ 大型模具的动定模需要设置工艺孔。

⑤ 根据塑件的结构形状、塑料特性，考虑合理的脱模斜度。

⑥ 动、定模零件要有足够的强度和刚性。

⑦ 合理地选用动、定模的钢材和热处理工艺。

⑧ 动、定模零件加工后，要考虑消除内应力。

⑨ 动定模的加强筋的深度超过 12～15mm 时需采用镶块结构，避免困气，造成制品成型困难。

⑩ 正确确定成型收缩率，重视冷却系统设计，注意成型零件的尺寸控制。

⑪ 成型零件清角与圆角千万别混淆。模具的成型零件交接处宜设计成圆角，既有利于塑料成型，又利于成型零件加工和增加零件的强度，避免零件应力集中，导致模具提前失效。

39. 什么叫模具的脱模斜度？脱模斜度表示方法有哪几种？

① 脱模斜度：为了塑件能从模腔中脱出，或从塑件中抽出型芯，在平行于脱模方向的表面上，须设有一定的斜度，此斜度称为脱模斜度，如图 3-41。

② 脱模斜度表示方法有三种：线性表示方法 [图 3-42（a）]；角度表示方法 [脱模斜度普遍选用角度标注，如图 3-42（b）]；斜度表示方法 [图 3-42（c）]。

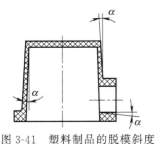

图 3-41　塑料制品的脱模斜度

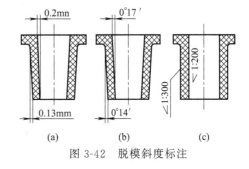

图 3-42　脱模斜度标注

40. 如何确定塑件尺寸公差？

塑件尺寸公差是指塑料制品基本尺寸与塑料制品图纸上所要求尺寸的符合范围。由于影响制品尺寸精度的因素较多，而且又十分复杂，这给正确确定尺寸公差带来了一定的困难。因此，塑件的尺寸公差可根据已制订的标准选用。

① 附录表 A-2 "常用塑料的模塑件公差等级的选用"，该公差表将塑件分成 7 个精度等级，每种材料的塑件可选用其中的 3 个等级，即高精度、一般精度和低精度（未标注公差尺寸）。1～2 级精度要求较高，一般不采用。

② 附录表 A-3 "模塑件精度等级的尺寸公差表"中的公差值。具体分配的上、下偏差值可根据塑件配合性质确定。一般而言，对塑件图上无公差要求的自由尺寸，建议采用标准中的 7 级精度。对孔类尺寸可取表中数值冠以（＋）号的公差值，视为基准孔；对轴类尺寸可取表中数值冠以（－）号的公差值，视为基准轴；对中心距尺寸可取表中数值之半，冠以（±）号的公差值。模具活动部分对塑件尺寸影响较大，其公差值为表中数值再加上附加值之和，2 级精度的附加值为 0.05mm，3～5 级精度的附加值为 0.10mm，6～7 级精度的附加

值为 0.20mm。当沿脱模方向两端尺寸均有要求时，应考虑脱模斜度对精度的影响。

41. 影响塑件尺寸精度的因素有哪些？

模具的制造尺寸公差（或误差）大体上是制品尺寸公差值的 1/3，把这个值作为标准级的模具公差，那么精密级的公差为标准级的 1/2，粗级的公差约为标准级的 2 倍。

在精密注塑模具设计时，则常需按塑件各部位的形状、尺寸、壁厚等特点选取不同的收缩率。

影响尺寸精度的因素较多，且极为复杂。这就给合理确定塑件尺寸公差带来困难。影响尺寸精度的有以下主要因素（具体的见图 3-43）。

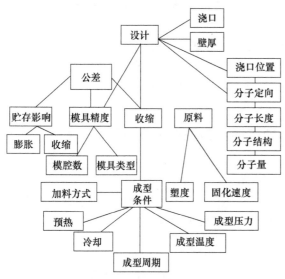

图 3-43　影响塑件尺寸精度的诸多因素

（1）模具

① 模具结构、模具的分型面及浇注系统的形式、布局、尺寸、数量、位置等。

② 模温控制系统，如模温高低及模温分布的均匀性、平衡性等。

③ 模具类型不同，对塑料制品尺寸精度的影响也不同，单型腔模具比多型腔模具所成型的塑料制品精度高。模具型腔与型芯的磨损，包括型腔表面的修磨和抛光，造成的误差占塑件公差的 1/6。单个型腔模塑的成型制品精度较高。模具的型腔数目每增加一个，就要降低塑件 5％的精度。

（2）塑料材料

① 塑料的性能如刚性、收缩率会对制品尺寸精度造成影响。收缩率是影响塑料制品尺寸精度的最基本也是最重要的因素。收缩率小的塑料如聚砜、ABS、聚苯乙烯、聚碳酸酯等由于成型工艺条件波动使得尺寸误差小，可得到较高尺寸精度的塑件。收缩率大的塑料，如软聚氯乙烯、低压聚乙烯等，成型收缩率误差大，如 PP、尼龙 1010 收缩率居中的就能获得中等的尺寸精度。

② 同一种塑料由于树脂的分子量、填料及配方等的不同，其收缩率也不同。

（3）制品的形状、结构设计

① 制品本身的几何形状与结构设计合理，收缩和变形就小，尺寸精度就高。

② 壁厚、薄。

③ 有无嵌件及嵌件的位置。塑件的特性对收缩大小、方向性影响较大。

（4）成型工艺

成型条件变化表现为塑料收缩波动：

① 压力（压制压力、注射压力、注射速度）。

② 时间（保压时间、注入或注射时间、冷却时间）。

③ 温度（模温、加料室温度、料筒温度等）。

（5）使用环境

① 塑件脱模之后的放置方式。

② 后处理方式。模塑件由于存放、使用条件的变化会导致性能变化，如发生翘曲变形

等现象。这些变化主要与塑料的性能、温度、湿度等有关。

42. 怎样控制动、定模零件的成型尺寸？

怎样控制动、定模成型零件的尺寸，需要综合考虑以下问题，注意查用附录中的有关表格。

① 正确确定制品的成型收缩率（详见本章第 43 问"怎样确定制品的成型收缩率？"）。

② 设计模具的成型尺寸需要考虑制品的装配尺寸。

③ 需要考虑零件热处理工艺，加工余量。

④ 需要考虑零件加工后的变形，如何控制模具零件及其成型制品的变形。

⑤ 确定零件的脱模斜度时，需要同时注意大小头尺寸的变化会影响制品尺寸。

⑥ 正确测量零件的加工尺寸和验收、确认。

⑦ 设计制品和模具时可参考附录表 A-2～表 A-7，以及附录表 D-4。

43. 怎样确定制品的成型收缩率？

影响成型收缩率的因素较多，而且相当复杂。确定收缩率时，需要综合考虑制品形状、结构、浇注系统形式、尺寸公差及成型工艺和工作环境。

（1）成型收缩率的确定，一般可以按以下几种办法：

① 按客户指定的成型收缩率数据设计，如果对数据有怀疑时需要验证。

② 当制品精度要求较高，或者成型收缩率没有把握的情况下，先开制样条模验证制品成型收缩率。

③ 当制品尺寸要求不很高时，可用查表法，用所得的成型收缩率的中间值计算模具的型腔、型芯尺寸。如 ABS 的收缩率是 $0.4\%～0.7\%$，取 0.55%，计算时把制品的尺寸乘以 1.0055，所得的数为型腔或型芯尺寸。

④根据经验值确定成型收缩率：制品的成型收缩率各方向是不一致的，同制品的形状结构有关。如洗衣机的脱水外桶（PP 塑料）的成型收缩率的经验值是：其上口为 1.7%、下口为 1.4%、高度为 1.6%。

⑤ 因收缩率波动范围较大，可根据制品的尺寸大小、形状、结构选取成型收缩率：大制品取偏大值；壁厚偏厚取大值；同制品成型收缩率同注塑的流向有关（纵向的比横向收缩率小）。

（2）对一般精度的塑件成型收缩率波动的误差控制在制品尺寸的 1/3 以内。

（3）有金属嵌件时，收缩率应取小值。

（4）根据实际情况需要考虑试模后的模具修正余量，一般型腔选下极限，动模取上极限，便于模具修整。

44. 动、定模采用拼块、镶块结构的目的和作用是什么？

一般模具的型腔和型芯都采用整体结构，但复杂形状的型腔和型芯必须采用镶块结构（如图 3-44 所示），有如下目的和作用。

① 满足工艺需要，优化零件加工工艺，解决整体加工的难度，可以磨削，提高了零件的加工精度。

② 可缩短生产周期，多个零件分开加工，然后再进行组装。

③ 模具设计需要，降低模具制造成本。便于选用适用的钢材，如镶块采用铍铜材料，能加强其散热性。

④ 便于热处理，可合理选用多种钢材。如局部采用淬火钢、预硬钢等。

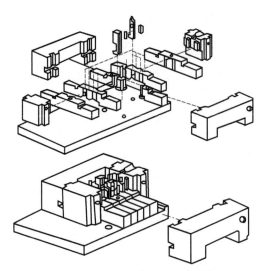

图 3-44　动、定模采用镶块结构

⑤ 避免模具提前失效。可优化零件形状，避免尖角存在，避免产生加工应力。采用镶块结构可保证模具有足够的刚性，便于零件抛光。

⑥ 排气效果好，如加强筋处采用了镶块。

⑦ 便于局部损坏时更换、维修。

45. 怎样确定模具结构方案？整体与镶块哪个好？

动、定模结构采用整体形式还是组合镶块形式，在保证模具质量的前提下，需要从以下因素权衡利弊综合考虑。

① 首先从塑件的形状、结构考虑模具结构，应满足塑件的质量要求。

② 考虑加工工艺问题，零件加工和模具装配方便，动、定模零件的加工设备及加工工艺，零件的加工精度。

③ 考虑控制模具成本（加工成本、人工成本）。

④ 便于加工和缩短加工时间。

⑤ 考虑钢材选用和热处理工艺。

⑥ 考虑模具寿命，模具的强度和刚性。

⑦ 零件抛光。

⑧ 便于排气。

46. 镶块设计要点有哪些？

① 镶块尺寸的确定原则是镶块零件在成型受力时不变形，必须保证有足够的强度和刚性。

② 要求镶块设计成适合于淬火和磨削加工的结构形式。按照适宜进行成型磨削的要求设计拼块，将各镶块设计成便于进行成型磨削的形状。

③ 考虑模具的镶拼结构形式，也必须顾及加工设备和加工技术的条件，从成型件的形状和功能出发。

④ 镶块设计成便于进行维修的镶拼结构，应避免角部的应力集中。

⑤ 镶块应设计成便于装配和拆卸的镶拼结构。

⑥ 镶块设计要考虑排气效果。

⑦ 要考虑冷却水道布局位置，固定螺钉的位置。

⑧ 根据型腔的深度确定镶块边的尺寸（单位：mm），型腔深度为 20 以下，边尺寸为 15～25；型腔深度为 25～30，边尺寸为 35～30；型腔深度为 30～40，边尺寸大于 40；型腔深度大于 40，边尺寸为 30～50。

⑨ 定模的宽度与厚度要根据制品的投影面积而定，具体的详见本章第 29 问。

⑩ 镶块为整体嵌入式的，配合精度要求如图 3-45（b）所示。

⑪ 镶块在动模板或定模板装配后不能松动和旋转，需要有防转设计。

47. 动、定模镶块结构有哪些？

（1）定模结构要根据制品形状结构特征及模具的具体情况选择，具体如图 3-45 所示。整体式镶块与模座配合也可考虑为 H8/k7。

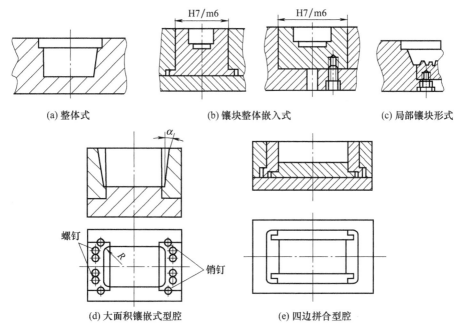

图 3-45　定模结构类型

（2）动模芯的结构形式通常可分为整体式和组合式两种，其装配形式如图 3-46 所示。

① 小型芯尽量采用镶块结构，如图 3-46（a）所示。

② 非圆形小型芯，装配部位宜做成圆形，如图 3-46（b）所示。

③ 复杂型芯可将凸模做成数件再拼合，组成一个完整的型腔，如图 3-46（c）所示。

④ 大型模具采用组合楔紧块定位，螺钉紧固，如图 3-46（d）所示。

48. 成型零件的尺寸应怎样确定？

成型零件的制造公差直接影响塑件的制造公差。影响成型零件尺寸的因素相当复杂，分析如下。

① 模具使用的最高制造公差等级为 IT5～IT6，一般情况可采用 IT7～IT8。成型零件的尺寸公差可取塑件公差的 1/3。

② 根据塑件形状结构的成型情况确定各部尺寸及其公差的取向。如图 3-47 中的 D 和 H，趋于增大尺寸应尽量选小些，即取公差的负值，趋于缩小的尺寸如 d 和 h 应尽量选大些，即取公差的正值。

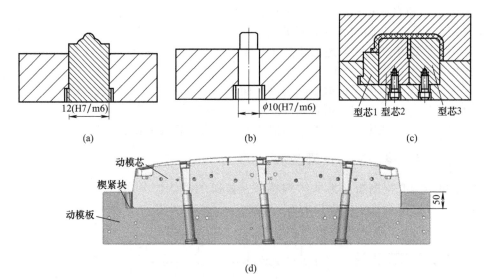

图 3-46 动模组合装配形式

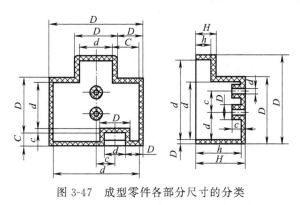

图 3-47 成型零件各部分尺寸的分类

③ 关键的成型收缩率的数据要正确。

④ 制品壁厚控制，一般宜薄不宜厚。注意修正值的控制：型芯要做上偏差，型腔要做下偏差，这样试模后有修模余量，便于调整尺寸，避免模具烧焊或重做。

⑤ 成型零件的尺寸标注需要考虑制品的装配要求，便于模具试模后修整。

⑥ 动、定模镶芯零件的装配尺寸根据配合公差表正确选用，便于零件化生产和维护。

第五节

浇 注 系 统

49. 浇注系统的组成及其作用是什么？

浇注系统是指模具中从注塑喷嘴到型腔入口的塑料熔体的流动通道。浇注系统由以下四部分组成。

① 主流道，又称直浇口。主流道是指从注塑机的喷嘴与模具接触的部位开始到分流道为止的一段锥形流道，是熔料直接进入型腔的部分，如图 3-48 序号 1 所示。

② 分流道。分流道是主流道的末端与型腔进料口（浇口）之间的一段流道，分流道是浇注系统的截面变化和熔体流动转向的过渡通道，如图 3-48 所示的序号 2。在多型腔模具中还需要主分流道的次分流道（如图 3-48 所示的序号 7）。

③ 浇口。浇口是连接分流道与型腔之间的一段细长通道，也是浇注系统最后的部分。如图 3 48 所示的序号 6。

④ 冷料穴。在每个注射成型周期开始时，最前端的塑料接触低温模具后会降温变硬，被称为冷料。为了防止在下一次注射成型时，将冷料带进型腔而影响塑件质量，一般在主流道或分流道的末端、成型塑料最后到达的地方设置冷料穴，以储藏冷料，使熔体顺利地充满型腔，如图 3-48 所示的序号 4 与 5。

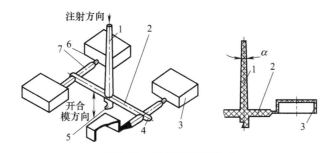

图 3-48　浇注系统的组成

1—主流道；2—分流道；3—塑件；4,5—冷料穴；6—浇口；7—次分流道

50. 浇注系统的设计原则和要点有哪些？

（1）浇注系统的设计原则

① 浇口、凝料去除容易，凝料脱出方便可靠。

② 成型容易，注塑压力平衡。

③ 遵循体积最小原则：使模具设计型腔排列尽可能紧凑、浇口数量与流道截面最小、分流道长度最短、凝料浪费最小。

④ 保证塑件外观质量，避免制品出现成型缺陷。

⑤ 模具排气良好。

（2）浇注系统设计要点

① 避免熔料直冲型芯或嵌件，以防型芯产生弯曲或折断以及嵌件变形和位移。

② 浇注系统在分型面上的投影面积应尽量小，以减小所需锁模力。

③ 主流道的位置尽量与模具的轴线对称，尽可能使主流道与模板中心重合。

④ 设计多腔模具时，应使各模型腔的容积不至相差太多，否则难以保证质量。

⑤ 浇注系统的设计不影响自动化生产，若模具采用自动化生产，凝料应能自动脱落。

⑥ 浇注系统的主流道需要单独冷却。

51. 主流道有什么作用？怎样设计主流道？

（1）主流道直径的大小与塑料流速和充模时间的长短有着密切关系。

① 直径太大时，则造成回收冷料过多，冷却时间增长，而流道也易造成气泡和组织松散，极易产生涡流和冷却不足；同时，熔体的热量损失会增大，流动性降低，注射压力损失增大，造成成型困难。

② 直径太小时，则增加熔体的流动阻力，同样不利于成型。

（2）主流道设计要求。

① 主流道的口径大于注塑机喷嘴 $0.5 \sim 1$mm。侧浇口浇注系统和点浇口系统中的主流道形状大致相同，但尺寸有所不同。

② 侧浇口主流道，如图 3-49（a）所示：锥度 $\alpha = 2° \sim 4°$，$D_1 = 3.2 \sim 3.5$mm。

③ 图 3-49（b）所示是点浇口主流道：$E_1 = 3.5 \sim 4.5$mm，$R = 1 \sim 3$mm，$\beta = 6° \sim 10°$。

④ 主流道要避免设计太长，如图 3-49（c），一般不超过 80mm，最短 40mm。

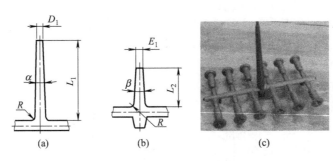

图 3-49　浇注系统主流道

52. 分流道设计有哪些原则和要点？分流道的截面形状有哪几种？

（1）分流道布置有下列原则。

① 结构紧凑原则。分流道的布置取决于型腔的布局，分流道的长度应尽量短，能缩小模板尺寸，减少流程使熔料快速进入型腔，尽量减少熔体的能量损失。

② 分流道布置力求对称、平衡原则。使锁模力力求平衡，大小不一的多型腔模采用先大后小、大近远小的排列方法。

③ 多型腔模具力求注塑压力平衡原则。

（2）分流道设计要点。

① 分流道的末端要设置冷料穴。

② 分流道的表面粗糙度 R_a 要求在 $0.8\sim1.6\mu m$ 以下（与型腔粗糙度一致）。

③ 分流道的转折处应以圆弧过渡，与浇口的连接处应加工成斜面，以利熔料的流动。

④ 分流道的长度设计与流长比有关，具体见浇口的位置选择原则。

⑤ 喷嘴（包括直的冷流道喷嘴）前端面必须是与喷嘴轴向垂直的平面。流道上必须增加如图 3-50 所示的圆台，预留喷嘴热膨胀空间。流道截面必须按以下截面要求设计。喷嘴前端的流道必须设计在动模侧，如图 3-50（a）所示，以避免喷嘴上加工流道。如有必要可以按图 3-50（b）方式转移到定模侧。

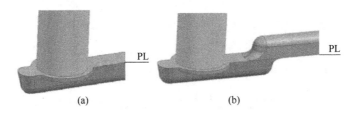

图 3-50　分流道开设要求

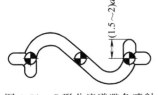

图 3-51　S 形分流道避免喷射

（3）分流道的截面形状有梯形、U 形（加工容易）及半圆形、圆形等（图 3-51），常用梯形、U 形。梯形截面形状设计参数见图 3-52，效率见表 3-9。

（4）分流道的布置方式可分为平衡式布置和非平衡式布置。以平衡式为佳，分流道应尽量采用浇道平衡布置，使各型腔在相同温度下熔料同时到达，布局为"H"或"X"形。

① 一般分流道设计在动模侧。

② 分流道的长度要尽可能短，且少弯折，以减少压力损失。

表 3-9　分流道各种形状、截面效率

流道形式	比面积	流道形式	比面积
圆形；直径为 d	0.25d	梯形	0.195d
正方形；边长为 d	0.25d	半圆形；直径为 d	0.153d

③ 分流道截面尺寸应尽量小，一般情况下各分流道截面积之和应小于主流道截面。

④ 形状差异较大的制品，如果不能获得平衡的流道系统，可采用下述浇口平衡法：一种方法是改变浇口料道的长度，另一方法是改变横截面积，如图3-53 所示。一级分流道的截面积相当于二级分流道的截面积之和。二级、三级以此类推。

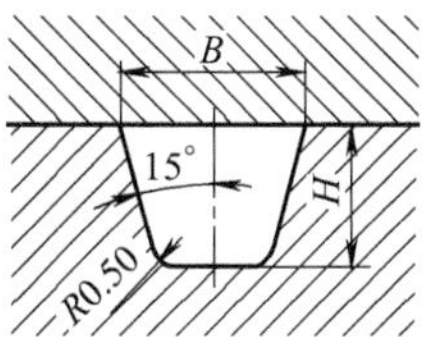

序号	B	H
1	3.00	2.50
2	4.00	3.00
3	5.00	4.00
4	6.00	5.00
5	8.00	6.00

图 3-52　梯形截面形状设计参数

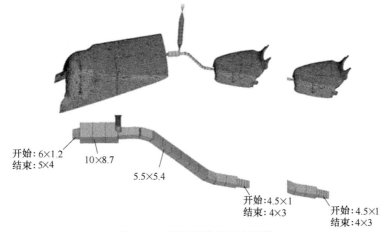

图 3-53　浇注系统的压力平衡

53. 怎样使制品成型时注塑压力平衡？

使浇注系统压力平衡的方法有改变分流道长度和截面、浇口大小、浇口位置等。有时因制品形状复杂、壁厚不均，注塑压力会产生不平衡的情况，可增设辅助流道，改善熔体填充，改善制品成型质量，增加制品强度和刚性，如图3-54 所示。

辅助流道一般设计在制品的碰穿空间的动模处。在一模多腔的模具中，有的特意把制品连在一起是为了便于包装、运输和装夹或二次加工的工序需要，如电镀、二次注塑等。

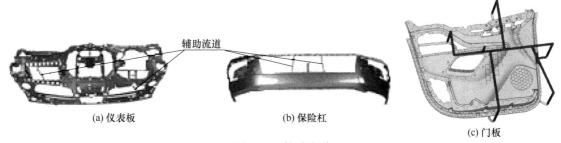

(a) 仪表板　　　　(b) 保险杠　　　　(c) 门板

图 3-54　辅助流道

54. 为什么浇注系统设计是注塑模具的关键？

浇注系统是注塑机喷嘴到型腔之间的进料通道。其作用是将熔体从喷嘴处平稳地引进模腔，并在熔体充模和固化定型过程中，将注塑压力充分传递到模腔的各个部位，以获得组织致密、外形清晰、表观光洁和尺寸稳定的塑料制品。

浇注系统的设计关系到模具的结构是否简单或复杂及模具加工的复杂程度。浇注系统的浇口形式、数量及浇口位置的确定，决定了模具的结构及模架的规格型号。

浇注系统设计对模具与制品的质量起着决定性作用，所以说浇注系统设计是注塑模具的关键。浇注系统关系到模具的注塑工艺条件是否优化，也决定了注塑的成型周期、制品的产量和成本、外观和内部质量、尺寸精度和成型合格率，其重要性不言而喻。

55. 浇口结构的形式、特点、用途是什么？怎样选用？

注塑模的浇口结构形式较多。按浇口形状、大小、位置不同，分为直浇口、点浇口、潜伏式浇口、侧浇口、搭边浇口、扇形浇口、薄片浇口、盘形浇口、环形浇口、轮辐大浇口、爪形浇口、护耳浇口等12种，其形式、形状、特点如表3-10所示。

直浇口适用于各种塑料的注塑成型，尤其对流动性差的塑料有利。护耳浇口主要用于透明度高和要求无内应力的塑件。

表 3-10　浇口结构形式、形状和特点

序号	形式	形　状	特　点	缺　点
1	直浇口		适用于单型腔，压力损失小，进料速度快，成型较容易，保压补流作用强，模具结构紧凑，制造方便，适合于成型大型、壁厚、黏度高的塑件，非限制性浇口	去除浇口困难，浇口痕迹明显，浇口部位冷凝较迟，塑件易产生较大内应力
2	点浇口（针状浇口）		通常用于三板模的浇注系统，适用于流动性大的塑料（PE、PP、PA、PS、POM、AS、ABS）。浇口长度很短，浇口位置限制小，去除浇口容易，不影响外观，开模时浇口自动切断，有利于自动化操作，浇口附近应力小，适用于面积大、容易变形的塑件	①不适用于成型薄塑件，容易开裂；如要增加浇口处的塑件壁厚，则以圆角过度②压力损失大③三板模模具结构复杂，成型周期长④当排气不良时，容易造成浇口部位塑料的烧焦，产生黑斑或黑点
3	潜伏式浇口（隧道式浇口）（羊角浇口）		进料口设置在塑件内或隐藏处不影响塑件外观，开模时自动切断，流道凝料自动脱落。有点浇口的优点，又有侧浇口的简单（无需采用三板模的模架）的特点	不宜用于PA（强韧塑料）、PS（脆性塑料），容易堵塞浇口。压力损失大
4	侧浇口（边缘浇口）		最简单常用的浇口，一般开在塑件外侧面出进料，浇口截面为矩形，也称标准浇口，加工方便，浇口位置选择灵活，取出方便，痕迹小，特别适用于多型腔的二板式模具。加工方便、分流道较短	塑件易造成熔接痕、缩孔、凹陷等缺陷，注射压力损失较大，对于壳体塑件会排气不良。不适用于流动性差的PC塑料

续表

序号	形式	形　状	特　点	缺　点
5	扇形浇口		成型板状、盒形塑件,浇口沿进料方向逐渐变宽,厚度逐渐减至最薄,使熔体在宽度方向均匀分配,降低内应力,减少翘曲变形,排气良好	浇口清除较难,痕迹明显
6	重叠式浇口(搭边浇口)		与侧浇口相似,具有侧浇口的各种优点。但浇口不是在型腔的侧边而是在型腔(塑件)的一个侧面,可有效防止塑料熔体的喷射流动	同上,如成型不当会在浇口处产生表面凹痕。去除浇口留下明显疤痕
7	薄片浇口(半缝式浇口)		成型大面积的扁平塑件,浇口分配流道与型腔侧边平行,其长度可大于或等于塑件宽度,塑件内应力小,翘曲变形小,排气良好	浇口切除加工量大,痕迹明显
8	盘形浇口(伞形浇口)		用于内孔较大的圆筒形塑件(也可设置分流浇口),无熔接痕产生,排气良好,但去除流道时要切削加工,增加了成本	切除浇口困难
9	环形浇口		设置在与圆筒形型腔同心的外侧,它适用于薄壁长管形塑件,塑件成型均匀,无熔接痕,排气较好	浇口清除困难,外侧有明显痕迹
10	轮辐大浇口		适用范围类似于盘形浇口,带有矩形的内孔塑件也适用,这种浇口切除方便,型芯定位较好	塑件有熔接痕,影响外观
11	爪形浇口		在型芯锥形端面上开设流道	
12	护耳浇口(调整式浇口)(分接式浇口)		在型芯侧面开设护耳槽,经调整方向和速度后再进入型腔,可防止浇口对型腔注料时产生的喷射现象,减少浇口附近的内应力,防止型腔压力过大使流动性差的塑料制品表面留下明显流痕和气痕,如PC、PMMA、HPVC 等,浇口应设置在塑件壁厚处。常用于平板类制品及要求制品变形很少的制品,可消除浇口附近的收缩凹陷	去除浇口难,痕迹大。压力损失大

56. 浇口有什么重要作用？

浇口是浇注系统中非常重要的部分。浇口的位置、形状、数量、尺寸对熔料的流动阻力、流动速度、流动状态都有直接的影响，对于塑件能否注塑成型及其质量起着很大的作用。

① 浇口是浇注系统的最后部分，进入型腔最狭窄的部分，尺寸狭小且短（0.1～2.5mm），目的是使由分流道流进的熔体产生加速，熔料经过浇口时，因剪切及挤压使熔料温度升高。

② 改变料流方向，形成理想的流动状态而充满型腔。

③ 它能很快冷却封闭，防止熔料倒流。

④ 在多型腔模具中，调节浇口的尺寸，可使非平衡布置的型腔达到同时进料的目的，还可以用来控制熔接痕在塑件中的位置，提高成型质量。

⑤ 便于注塑成型后塑件与浇口凝料分离。

57. 怎样选择浇口形式？

如何选择浇口是个综合性的技术和经济问题，在模具设计时应从如下十个方面结合实践经验和模具 CAE 技术的应用予以考虑与权衡：

① 根据制品精度要求和批量多少合理确定型腔数。

② 根据塑料不同，选择不同浇口形式，根据表 3-10 选用。

③ 制品外观要求及塑料性能。

④ 制品形状及尺寸。

⑤ 制品精度要求。

⑥ 制品的后续加工。

⑦ 减少制品中的残余应力。

⑧ 使模具结构设计简单。

⑨ 浇口凝料的消耗。

⑩ 成型周期。

58. 怎样确定浇口的位置？

浇口的开设位置对塑件的质量有直接影响，因此十分重要。浇口开设位置要根据制品的几何形状和要求设置。浇口位置设置最好利用 CAE 分析熔体在流道和型腔中的流动状态，填充、补缩、排气情况，并分析其注射压力、温度、翘曲变形、熔接痕情况。在确定浇口位置时需遵循以下几个原则。

① 浇口的位置不影响塑料外观和使用要求，使浇口整修方便。

② 避免产生喷射现象。浇口设置应注意要使进入模腔或动模芯的塑料折流流入，不会产生喷射现象。

③ 浇口位置在塑件最厚部位。

④ 浇口设置应尽量使熔料的流程最短，流程比最小。

⑤ 平板类塑件尽量不要设置一个浇口，宜采用多点浇口。

⑥ 对于圆环形塑件浇口，浇口位置应与制品按切线方向设计，避免两股料汇合处制品强度差。

⑦ 浇口应设置在有利于排除型腔中的气体的位置。

⑧ 浇口设置要考虑优化熔接痕及所在位置。

⑨ 浇口位置应尽量避免塑件熔体正面冲击小型芯或嵌件。

⑩ 浇口位置设置和数量要防止制品产生弯曲和扭曲变形。

⑪ 避免浇口设计违反单一方向流动原则。

⑫ 避免浇口位置设计错误，如图 3-55 (a) 所示，使型芯移位，制品成型困难。

⑬ 壁厚不均匀的塑件，考虑浇口位置应尽量保持流程一致、压力平衡，避免产生涡流。

⑭ 对于罩形、细长筒形、薄壁形塑件浇口设置，为防止缺料，可设置多个浇点，并设置在筋的对面，如电瓶壳模具，注意进料口位置，避免进料不均，使型芯歪斜或移位。

⑮ 根据制品形状设置浇口形式。

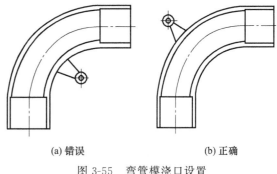

(a) 错误　　　　　　　　(b) 正确

图 3-55　弯管模浇口设置

59. 怎样设计浇口尺寸？

① 浇口长度在 $0.5 \sim 2\text{mm}$ 范围内，浇口厚度一般为 0.25mm、0.5mm、1mm、2mm；浇口具体尺寸一般根据经验确定，取其下限值，然后在试模时逐步修正（修改增大）。对于流动性差的塑料和尺寸较大、壁厚的塑件，其浇口尺寸应取较大值，反之取较小值。浇口太小，会造成制品欠注，浇口过早冻结。在截面积相同的情况下，浇口厚度的大小对料流压力损失和流速的大小，以及成型难易、排气是否畅通都有影响。

② 各种浇口的经验计算公式，见表 3-11～表 3-13。

③ 浇口至模腔的入口处，不应有锋利的刃口，应有圆角，取半径 $R0.4 \sim 0.6\text{mm}$ 或 $0.5 \times 45°$ 的倒角光滑连接，有利于熔料的流动。

④ 浇口截面高度 h 可取制品最小厚度的 $1/3 \sim 2/3$，或 $0.5 \sim 2\text{mm}$。浇口长度应尽量短，这样对减小熔料的流动阻力和增大流速均有利，一般长度可取 $0.7 \sim 2\text{mm}$。

⑤ 浇口的表面粗糙度不大于 $0.4\mu\text{m}$，一般要求同型腔的表面粗糙度一样。

⑥ 侧浇口有关参数的经验计算公式见表 3-13。

表 3-11　浇口经验计算公式

浇口形式	经验数据	经验计算公式	备注
点浇口	$l_1 = 0.5 \sim 0.75$ 有倒角 c 时取 $l = 0.75 \sim 2$ $c = R0.3$ 或 $0.3 \times 45°$ $d = 0.3 \sim 2$ $\alpha = 2° \sim 4°$ $\alpha_1 = 6° \sim 15°$ $L < 2/3 L_0$ $\delta = 0.3$ $D_1 \leqslant D$	$d = nK \sqrt[4]{A}$	K—系数，为塑件壁厚的函数，见表注。为了去浇口方便，可取 $l = 0.5 \sim 2$

浇口形式		经验数据	经验计算公式	备注
直浇口		$D=d_1+(0.5\sim1.0)$ $\alpha=2°\sim6°$ $D\leqslant 2t$ $L<60$ 为佳 $r=1\sim3$		d_1—注射机喷孔直径 α—流动性差的塑料取 $3°\sim6°$ t—塑件厚度
侧浇口		$\alpha=2°\sim6°$ $\alpha_1=2°\sim3°$ $b=1.5\sim5.0$ $h=0.5\sim2.0$ $l=0.5\sim0.75$ $r=1\sim3$ $c=R0.3$ 或 $0.3\times45°$	$h=nt$ $b=\dfrac{n\sqrt{A}}{30}$	n—塑料系数,由塑料性质决定,见表注 l—为了浇口方便,也可取 $l=0.7\sim2.5$
搭接浇口		$l_2=0.5\sim0.75$	$h=nt$ $b=\dfrac{n\sqrt{A}}{30}$ $l_2=h+b/2$	为了去浇口方便,也可取 $l_1=0.7\sim2.0$ 此种浇口对 PVC 不适用
薄片浇口		$l=0.65\sim1.5$ $b=(0.75\sim1.0)B$ $h=0.25\sim0.65$ $c=R0.3$ 或 $0.3\times45°$	$h=0.7nt$	可将浇口宽度与型腔宽度做成一致
扇形浇口		$l=1.3$ $h_2=0.25\sim1.6$ $b=6\sim B/4$ $c=R0.3$ 或 $0.3\times45°$	$h_1=nt$ $h_2=\dfrac{bh_1}{D}$ $b=\dfrac{n\sqrt{A}}{30}$	浇口截面积不能大于流道截面积
圆环形浇口		$l=0.75\sim1.0$	$h=0.7nt$	浇口可置于孔的内侧,也可置于外侧或置于制品的端面上,分流道成圆环布置,其截面为圆形或矩形

续表

浇口形式	经验数据	经验计算公式	备　　注
盘形浇口	$l=0.75\sim1.0$ $h=0.25\sim1.0$	$h=0.7nt$ $h_1=nt$ $l_1=h_1$	浇口长度可取 $0.7\sim2$ 浇口可重叠在端面上
护耳浇口	$L\geqslant1.5D$ $B=D$ $B=(1.5\sim2)h_1$ $h_1=0.9t$ $h=0.7t=0.78h_1$ $l\geqslant15$	$h=nt$ $b=\dfrac{n\sqrt{A}}{30}$	D—流道直径 t—制品厚度
潜伏式浇口	$l=0.7\sim1.3$ $L=2\sim3$ $\alpha=25°\sim45°$ $\beta=15°\sim20°$ L_1 保持最小值	$d=nK\sqrt[4]{A}$	软质塑料 $\alpha=30°\sim45°$ 硬质塑料 $\alpha=25°\sim30°$ L—允许条件下尽量取大值，当 $L<2$ 时采用二次浇口

注：1. 表中公式符号：h—浇口深度，mm；l—浇口长度，mm；b—浇口宽度，mm；d—浇口直径，mm；t—塑件壁厚，mm；A—型腔表面积，mm^2。

2. 塑料系数 n 由塑料性质决定，通常 PE、PS，$n=0.6$；POM、PC、PP，$n=0.7$；PA、PMMA，$n=0.8$；PVC，$n=0.9$。

3. K—系数，K 值适用于 $t=0.75\sim2.5$mm，参见表 3-12。

表 3-12　浇口经验计算系数

t/mm	0.75	1	1.25	1.5	1.75	2	2.25	2.5
K	0.178	0.206	0.23	0.272	0.272	0.294	0.309	0.326

表 3-13　侧浇口有关参数的选用

制品大小	制品质量/g	浇口高度 Y/mm	浇口宽度 X/mm	浇口长度 L/mm
很小	$0\sim5$	$0.25\sim0.5$	$0.75\sim1.5$	$0.5\sim0.8$
小	$5\sim40$	$0.5\sim0.75$	$1.5\sim2$	$0.5\sim0.8$
中	$40\sim200$	$0.75\sim1$	$2\sim3$	$0.8\sim1$
大	>200	$1\sim1.2$	$3\sim4$	$1\sim2$

60. 潜伏浇口有哪两种形式？

① 潜伏浇口又叫羊角浇口和隧道式浇口。

羊角浇口镶块分两种方式：左右镶拼方式如图 3-56 所示；上下镶拼方式如图 3-57 所示。当浇口附近产品复杂、加强筋多或浇口镶块需要增加水路时，浇口镶块镶拼方法必须为上下镶拼方式。羊角浇口的尺寸要求见图 3-58，D 为流道最大内切圆直径（6、8、10）。浇

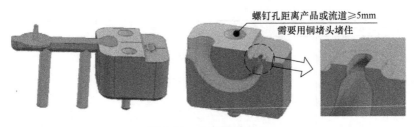

图 3-56　左右镶拼方式

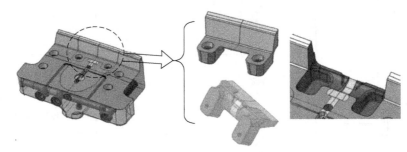

图 3-57　上下镶拼方式

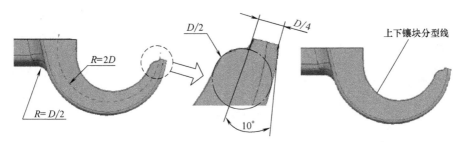

图 3-58　羊角浇口的尺寸要求

口镶件材料为 2343 或同等规格钢材，硬度要求为 46～50HRC＋氮化。浇口镶件都必须从正面安装。

　　② 潜伏浇口的尺寸设计如图 3-59（a），流道的最大内切圆直径 D 为 6、8、10。图 3-59（b）是浇口放大图。

　　③ 潜伏式浇口与塑件的尺寸要求见图 3-60。

　　④ 拉料杆与潜伏式浇口尺寸要求见图 3-61，拉料杆与羊角浇口尺寸要求如图 3-62 所示。

　　⑤ 羊角浇口的尺寸要求（详情）见图 3-63、图 3-64。

　　⑥ 潜伏式浇口与羊角浇口的拉料杆布置要求如图 3-65 所示。

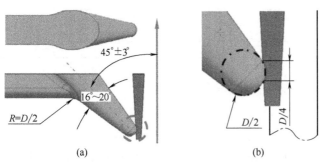

图 3-59　一般潜伏式浇口

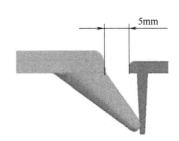

图 3-60　潜伏式浇口与塑件尺寸要求

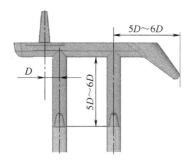

图 3-61 拉料杆与潜伏式浇口尺寸要求

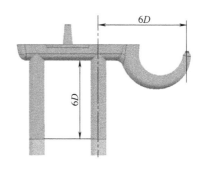

图 3-62 拉料杆与羊角浇口尺寸要求

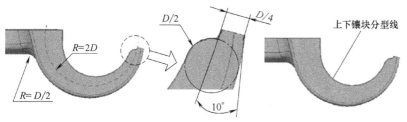

图 3-63 羊角浇口的尺寸要求（详情）

图 3-64 羊角浇口的
尺寸要求

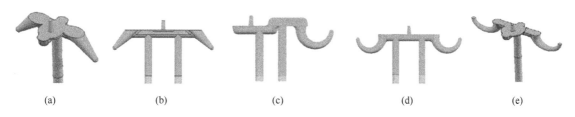

图 3-65 潜伏式浇口与羊角浇口的拉料杆布置要求

61. 多型腔模具的浇注系统的设计原则是什么？

① 模具的设计基准要与制品的设计基准重合。

② 对于一模多腔、相同制品的模具，浇口应从同一位置进料（浇口位置统一原则）。

③ 尽量保证分流道最短、各型腔同时进料。要求分流减小压力损失、减小凝料浪费。

④ 有利于排气，便于加工制造。

⑤ 模具多型腔的流道方式分平衡式和非平衡式两种，型腔的布置应力求对称、平衡，避免模具承受偏载而产生溢料现象，如图 3-66 所示。多型腔的中心距布局应是整数，模具的设计基准最好与制品的设计基准一致，避免加工和测量误差。

62. 浇注系统的相关问题有哪些？

① 主流道和分流道的粗糙度是否可差于型腔？

② 浇口的截面尺寸越小越好？

③ 浇口的位置应使熔体的流程最短，流向变化最少？

④ 浇口的数量越多越好，因为这样可使熔体很快充满型腔？

⑤ 限制性浇口与开放性浇口怎样分类和选用？

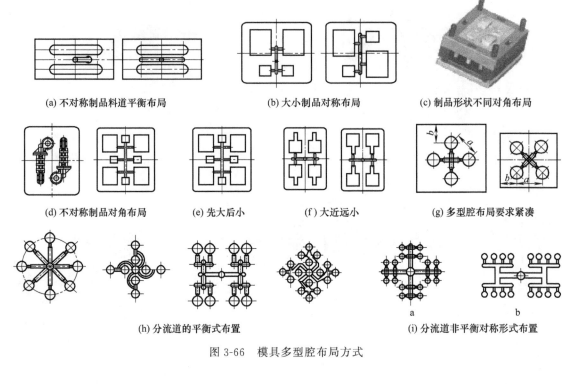

(a) 不对称制品料道平衡布局　　　(b) 大小制品对称布局　　　(c) 制品形状不同对角布局

(d) 不对称制品对角布局　　(e) 先大后小　　(f) 大近远小　　(g) 多型腔布局要求紧凑

(h) 分流道的平衡式布置　　　　　　(i) 分流道非平衡对称形式布置

图 3-66　模具多型腔布局方式

第六节

模 流 分 析

63. CAE 模流分析有哪些重要作用和内容？

利用 CAE 技术，可使经验积累与现场试模相辅相成，累积试模经验，降低生产成本，可迅速培养 CAE 分析专业人员，提高模具设计质量和制品质量。能尽早发现问题，可为模具的设计、改善模具结构提供依据；验证模具结构的合理性，优化了模具设计，缩短模具生产周期。

① 通过 CAE 熔体充模过程的流动模拟，确定合理的浇口数目、合理的流道和位置，减少试模次数，可以实现一次试模成功，实现 T0 量产，降低了模具制造成本，保证了模具质量（如果模具浇注系统的浇口位置设计错误，需要改动，模具就只能烧焊，或者重新加工。模具一般都不允许烧焊，尤其汽车部件表面做皮纹烂花的模具。如烧焊须经客户同意，即使同意了，也增加了工作量，同时延迟了交模时间，增加了金加工和试模的费用）。

② 保压过程模拟分析，能预知多点浇口的注塑压力的平衡情况，模拟熔料充填过程，优化浇注系统设计；可使注塑熔料达到最佳的流动平衡，降低填充压力，使压力均匀分布。能预测保压过程中型腔内熔体的压强、密度和剪切应力分布等，优化注塑方案，帮助注塑人员确定合理的保压压力和保压时间，缩短成型周期，提高生产效率。

③ 通过塑料充模模拟分析，能优化注塑成型工艺参数，预知注塑机所需的注射压力及锁模力。

通过模流分析可以看出，在正常的注射压力、锁模力和模具温度下，熔体流动稳定，塑件质量好，因此模具的使用寿命和产品合格率都能得到充分的保障。

④ 通过翘曲变形模流分析，帮助分析成型制品的翘曲变形与不均衡的残余应力密切相关，是变形的主要原因。

⑤ 利用冷却过程模拟，了解模温及冷却情况，帮助分析制品收缩、凹痕等缺陷是否会产生。在设计冷却水管时，可根据模拟具体情况，考虑如何合理设计冷却系统（冷却管路布置、流速、冷却时间等），提高成型制品的质量。

⑥ 利用模流分析能预知熔体的填充、优化塑件表面熔接痕所处位置、帮助设计者分析（更改塑件壁厚，通过控制浇口开闭时间和注塑成型工艺参数的设置，达到优化和改善熔接痕的目的）。

⑦ 通过模流分析预知熔体在填充过程中产生困气的位置，使设计师可以参考模流分析优化模具的排气系统。

64. 注塑模具模流分析步骤和流程是怎样的？

通常，注塑模 CAE 系统的使用大致上分为前处理、分析求解、后处理三个步骤，注塑模 CAE 系统也由相应的三个模块组成。

① 前处理。设定成型树脂、模具材料、注塑机规格及冷却液种类等；建立有限元法（FEM）模型，将流道、浇口及型腔建成有限元网格；设定成型条件，包括注塑压力、注塑速度、冷却温度等。

② 分析求解。包括充填分析、保压分析、冷却分析及翘曲分析等注塑模 CAE 的计算机模拟系统，如图 3-67 所示。

③ 后处理。各种分析结果的数据显示，包括彩色云纹图、等值线图、ZY 平面图及文字报告、数字显示等。图 3-68 所示为 CAE 软件执行流程图。浇注系统分析见图 3-69。

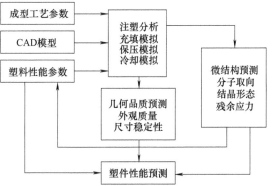

图 3-67　注塑模 CAE 的计算机模拟系统

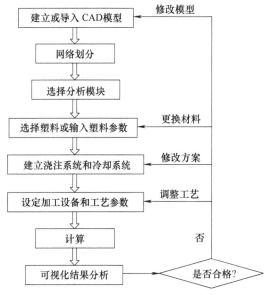

图 3-68　CAE 软件执行流程图

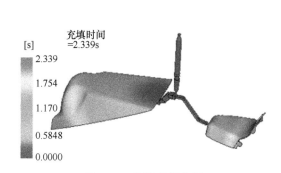

图 3-69　浇注系统分析

65. 塑件的熔接痕是怎样产生的？怎样优化熔接痕？

熔接痕是制品成型缺陷之一，是消灭不了的，只能优化。熔接痕会使塑件的表面质量和力学性能大大降低。

① 塑件熔接痕产生的原因：由于制品有很多成型孔或通槽或多种浇口存在，多股不同的压力与温差的熔料汇集处，形成了拼缝线，就形成了熔接痕。如果有的塑料不干燥或模具内空气受潮、排气不通畅，会使熔接痕更加明显。

② 优化熔接痕方法：优化浇口位置和数量或更改制品壁厚，使熔接痕的位置不在制品明显的部位或在强度较弱的位置；制订最佳成型工艺；应用模流分析技术，避免熔料汇集处设置冷却水通道；优化浇注系统和注塑成型工艺；利用模具机提高模具温度，必要时应用高光亮模具技术。

66. 模流分析报告包含哪些内容？怎样看模流分析报告？

(1) 模流分析报告的条件和内容，最好配上制品图形表达，如图 3-70、图 3-71。

① 制品尺寸：长、宽、高，以 mm 为单位。

② 制品厚度：最厚×最薄。

③ 流道系统。

④ 使用成型塑料的型号品牌。

⑤ 使用软件：Moldflow。

⑥ 问题焦点（预测结合线的位置、制品变形、改善流道平衡、减少熔接痕产生或改变其位置所在，预测成型压力、预测所需的锁模力等）。

⑦ 建议事项：由以上分析结果得知，探讨问题的所在以及改进方式，分析结果说明。

⑧ 通过模流分析，结合工程师的经验进一步修正，最后以试模验证。

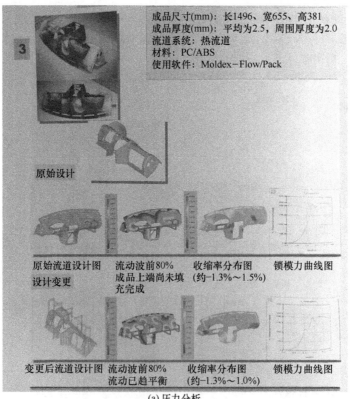

成品尺寸(mm)：长1496、宽655、高381
成品厚度(mm)：平均为2.5，周围厚度为2.0
流道系统：热流道
材料：PC/ABS
使用软件：Moldex-Flow/Pack

原始设计

原始流道设计图　流动波前80%　收缩率分布图　锁模力曲线图
设计变更　　　成品上端尚未填　（约-1.3%～1.5%）
　　　　　　　充完成

变更后流道设计图　流动波前80%　收缩率分布图　锁模力曲线图
　　　　　　　　流动已趋平衡　（约-1.3%～1.0%）

(a) 压力分析

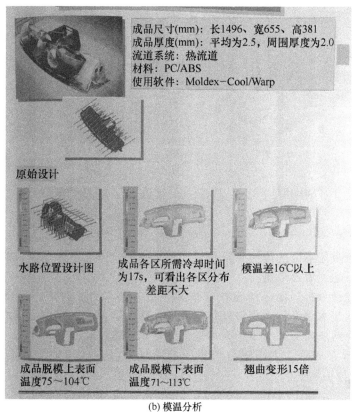

成品尺寸(mm)：长1496、宽655、高381
成品厚度(mm)：平均为2.5，周围厚度为2.0
流道系统：热流道
材料：PC/ABS
使用软件：Moldex-Cool/Warp

原始设计

水路位置设计图

成品各区所需冷却时间为17s，可看出各区分布差距不大

模温差16℃以上

成品脱模上表面温度75~104℃

成品脱模下表面温度71~113℃

翘曲变形15倍

(b) 模温分析

图 3-70　汽车仪表板盖（1）

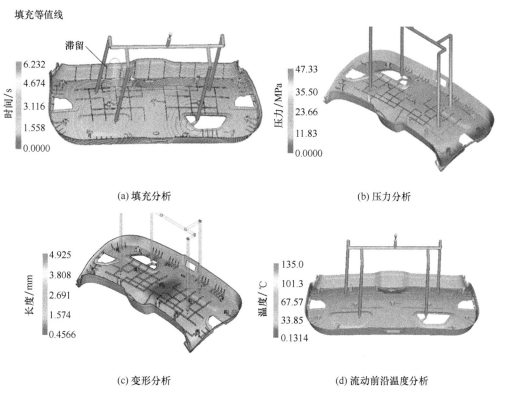

填充等值线

(a) 填充分析

(b) 压力分析

(c) 变形分析

(d) 流动前沿温度分析

图 3-71

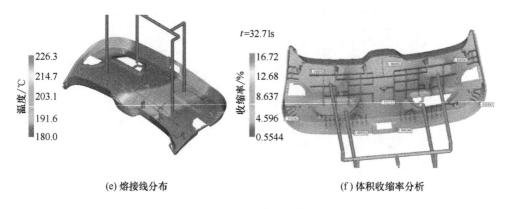

(e) 熔接线分布   (f) 体积收缩率分析

图 3-71　汽车仪表板盖（2）

（2）汽车仪表板盖案例的浇注系统分析，重点提示：流道设计及浇口位置的改变，可降低注塑机的压力，达到流道平衡。

（3）冷却水设计分析：根据模温差分布图［图 3-70（b）］看出，此模温分析均匀，且其变形量不大，此组水路设计无需做任何的改变。其模温差越小代表由模温差所造成产品翘曲变形越小；其冷却所需时间越少，表示此冷却系统效益越佳。

（4）模流分析完成后，用模流分析报告判断标准（表 3-14）与模流分析综合检查表（表 3-15）判断是否达到要求。

表 3-14　模流分析报告判断标准

模流分析检查清单						
项目						
产品名称						
分类	序号	描述	标准	数值	单位	评论
填充	1	V/P 转换点	V/P 转换点通常控制在 95%～99% 之间 原因：如小于 95%，产品在保压时可能打不满；如大于 99%，可能出现飞边		%	
	2	在填充有筋或其他壁厚较薄的制品时检查是否有迟滞现象	当浇口靠近较薄的截面或有筋处，熔料流动会缓慢，出现停顿、迟滞现象 原因：料流通常首先填充较厚处，因为其阻力较小。当料流速度下降，就会快速冷却，停止进一步的流动，制品就会打不满。为了避免迟滞，需考虑更换浇口位置以使料流更加顺畅			
	3	第一阶段注塑压力	通常情况下，应控制在 68.9MPa 或 10000psi[①] 以内，不可超过 103.4MPa 或 15000psi 原因：如果压力超出 68.9MPa 或 10000psi，产品可能出现飞边、残余应力或打不满		MPa 或 psi	
	4	填充过程的等高线图	填充过程应是均匀的，反映在等高线图中即等高线之间需是等距的。最好可提供流速的截面图以便查看 原因：变化的料流前端速度会导致较大的剪切应力，并可能产生跑道现象和烧焦	n/a[②]	n/a	

续表

分类	序号	描述	标准	数值	单位	评论
填充	5	填充末端压力分布及平衡	压力分布应均匀,填充需平衡。 原因:压力分布不均会导致材料收缩不均,较大的残余应力,以及局部过保压或保压不足等情况	n/a	n/a	
	6	流动前沿温差	需控制在16℃或30℉[③]以内 原因:温差大会引起残余应力,导致变形加大		℃或℉	
	7	浇口处剪切速率	浇口处剪切速率不应超出材料许可值 原因:剪切速率超标会导致材料降解		s^{-1}	
	8	填充末端壁上的剪切力	不超出材料许用值 原因:如超出会导致表面缺陷		MPa 或 psi	
	9	熔接线的位置及长度	目标是使熔接线最小化,如可行尽量选择水平熔接而非竖直熔接。同时还要审核熔接线的前沿温度和对冲角度 原因:偏低的前沿温度会导致熔接线的外观很难控制;而且熔接线的强度也较差	n/a	n/a	
	10	气孔	将气体赶到产品边缘排出,避免气孔出现在产品表面 原因:如气泡无法排出会引起此区域烧焦	n/a	n/a	
保压	11	第二阶段压力	不小于80%的注塑压力 原因:导致保压不足引起外观缺陷		MPa 或 psi	
	12	喷嘴处压力/时间曲线	优化设计使在填充和转换点处出现均匀尖点 原因:不均匀的尖点说明产品填充不均衡,会引起残余应力	n/a	n/a	
	13	第二阶段(保压)时间	大于或等于浇口冷却时间 原因:如低于浇口冷却时间,会使产品保压不足引起外观缺陷。如大于浇口冷却时间,多余的时间是无用的		s	
	14	最大锁模力	一般不超过注塑机最大压力的75% 原因:如选择的注塑机较小,产品会出现飞边		t	
	15	顶出时体积收缩	标准值为收缩率[④]的三倍。如模具收缩率为0.8%,体积收缩为0.8%×3=2.4% 原因:如超出标准值会对产品变形产生影响		%	
	16	最大缩印深度	对于中性层标准值为0.1mm;对于Fusion/3D网格,相邻区域差值不大于2% 原因:如超出标准,可能在非皮纹零件上看到缩印		mm	
冷却	17	型腔冷却水流速(确保紊流)	确保供应商的设备可满足所需流速。而且要确定每个回路的流速低于平均流速的5倍 原因:如设备不满足要求,模具可能因冷却不当引起尺寸问题。如有回路流速大于5倍平均流速,冷却效果就不可预估		L/min	
	18	型芯冷却水流速(确保紊流)	确保供应商的设备可满足所需流速。而且要确定每个回路的流速低于平均流速的5倍 原因:如设备不满足要求,模具可能因冷却不当引起尺寸问题。如有回路流速大于5倍平均流速,冷却效果就不可预估		L/min	

分类	序号	描述	标　准	数值	单位	评论
冷却	19	型腔壁温差	不超过16℃或30℉，平均值接近设定值 原因：如超出会导致残余应力不均，引起产品变形		℃或℉	
	20	型芯壁温差	不超过16℃或30℉，平均值接近设定值 原因：如超出会导致残余应力不均，引起产品变形		℃或℉	
	21	型芯型腔温差（标明过热点）	型芯型腔温差不超过11℃或20℉。过热点需优化解决 原因：温差偏大会导致产品变形，增加成型周期。可考虑增加水路，翻水，或提高流速来进行模具优化			
	22	冷却时间	产品的固化应迅速均匀。如产品大部分区域与最终固化区域的时间相差过大，需优化冷却水的设计和产品设计 原因：冷却时间可用来决定浇口何时冷却。如浇口在产品完全填满前冷却，产品就会出现短射；如浇口在产品冷却前冷却，就会出现保压不足的现象			
	23	型腔侧冷却水进出温差	不超过3℃或5℉ 原因：温差偏大说明流动方式、速率及管路的设计需优化，以获得良好的热传导性能		℃或℉	
	24	型芯侧冷却水进出温差	不超过3℃或5℉ 原因：温差偏大说明流动方式、速率及管路的设计需优化，以获得良好的热传导性能		℃或℉	
	25	型腔最小雷诺数	标准值为4000 原因：雷诺数小于4000不能保证紊流。会降低水路的热传导效率			
	26	型芯最小雷诺数	标准值为4000 原因：雷诺数小于4000不能保证紊流。会降低水路的热传导效率			

① 1psi＝6895Pa。

② 表格中n/a为没有或不可用。

③ $t/℃=\dfrac{5}{9}(t/℉-32)$。

④ 序号15中的说明：收缩率最大值不能超过5％，最小值不能小于0，相邻区域不能小于2％～2.5％，这是对无定形材料（PC、ABS）；对于结晶材料（PP、POM）最大值可达8％，相邻区域可达到3％。

表3-15　模流分析综合检查表

Moldflow 分析模块	检验项目	基本要求	结果确认
材料属性	材料牌号	与实际生产一致	
设备属性	注塑机型号	与实际生产一致	
填充时间	填充时间为软件可以设定参数	设定参数是否和以往类似零件接近	
注塑参数设置	成型周期设置，填充速度，保压压力	工艺参数设置表截图已经显示在PPT文件中	
网格质量	网格全局边长	系统设定值的1/2	
	连通区域(不包含冷却水路)	Fusion(双层面网格)＝1；3D(实体网格)＝1；Midplane(中性面网格)＝1	
	自由边(冷却分析会报错)	Fusion(双层面网格)＝0；3D(实体网格)＝0；Midplane(中性面网格)边界可以存在	
	交叉边(冷却分析会报错)	Fusion(双层面网格)＝0；3D(实体网格)＝0；Midplane(中性面网格)T区域可以存在	
	配向不正确的单元	Fusion(双层面网格)＝0；3D(实体网格)＝0；Midplane(中性面网格)＝0	

续表

Moldflow 分析模块	检验项目	基本要求	结果确认
网格质量	相交单元(不包含浇口、冷却水路)	Fusion(双层面网格)＝0;3D(实体网格)＝0; Midplane(中性面网格)＝0	
	完全重叠单元	Fusion(双层面网格)＝0;3D(实体网格)＝0; Midplane(中性面网格)＝0	
	最大纵横比	Fusion(双层面网格)＜10;3D(实体网格)＜50;Midplane(中性面网格)＜10	
	平均纵横比	Fusion(双层面网格)＜3;3D(实体网格);无要求;Midplane(中性面网格)＜3	
	匹配百分比(翘曲分析)	Fusion(双层面网格)＞90％;3D(实体网格):无要求;Midplane(中性面网格):无要求	
	相互百分比(翘曲分析)	Fusion(双层面网格)＞90％;3D(实体网格):无要求;Midplane(中性面网格):无要求	
填充分析	填充时间等值线图(配合动画显示)	填充平衡,各填充路径末端时间相等,等值线的间距均匀	
	V/P 切换点填充百分率	95％～99％	
	V/P 切换点时的压力	最大压力＜注塑机极限压力×70％	
	填充结束时的体积温度	温度均匀、无局部过热、无最高温度接近或超过材料的降解温度	
	料流前沿温差	温差不能超过 10℃	
	第二阶段(保压)压力	大于或等于 80％注射压力	
	第二阶段(保压)时间	大于或等于 100％浇口冷却时间	
	顶出时的体积收缩率	最大值＜5％,0mm 相邻区域差值＜2％,不能为负值	
	冻结层因子	填充、保压阶段,浇口冻结层因子＜1 顶出时,冷流道冻结层因子＞0.5	
	锁模力	最大锁模力＜注塑设备极限锁模力×80％	
	浇口处的剪切速率	＜材料最大允许值	
	浇口、型腔内剪切应力	＜材料最大允许值	
	分子取向(尤其关注背面结构附近)	分子取向过渡均匀,突变处明显标示加速度变化不超过 27mm²/s	
	困气	分布在零件的边界上,其他地方需要排气	
	熔接痕	外观面不允许存在 熔接角度＞75°,熔体前锋温度降＜10℃	
	缩印指数	＜2％	
	缩痕深度 (注意背面存在结构和浇口附近的点)	目标值＜0.1mm	
冷却分析	同一条水路进、出口水路温差	＜3℃	
	冻结时间	冻结时间最大值＜顶出时间设定值	
	型腔表面各位置温差	＜16℃	
	型芯表面各位置温差	＜16℃	
	型腔、型芯之间的温差	＜11℃	
	型腔最小雷诺数	雷诺数至少为 10000	
	型芯最小雷诺数	雷诺数至少为 10000	
翘曲分析	总的变形量	填写最大值	
	X 向最大变形(基准处、匹配处)	＜公差要求＋模具收缩量	
	Y 向最大变形(基准处、匹配处)	＜公差要求＋模具收缩量	
	Z 向最大变形(基准处、匹配处)	＜公差要求＋模具收缩量	
	引起翘曲变形的主要原因:收缩不均,冷却不均,分子取向,角落效应	填写主要因素,并填写控制措施	
编制		审核		认可	

第七节
无流道模具设计

67. 无流道模具有哪五种喷嘴类型？怎样选用？

无流道模具大致可分为五种结构，如表 3-16 所示。

表 3-16　根据塑料品种选用无流道模具类型

无流道模具类型	聚乙烯（PE）	聚丙烯（PP）	聚苯乙烯（PS）	ABS	聚甲醛（POM）	聚氯乙烯（PVC）	聚碳酸酯（PC）
井式喷嘴	可	可	稍困难	稍困难	不可	不可	不可
延伸喷嘴	可	可	可	可	可	不可	不可
绝热流道	可	可	稍困难	稍困难	不可	不可	不可
半绝热流道	可	可	稍困难	稍困难	不可	不可	不可
热流道	可	可	可	可	可	可	可

① 井式喷嘴模具，它是绝热流道注塑模具中最简单的一种，如图 3-72 所示。

② 延伸喷嘴模具。空气绝热的延伸喷嘴模具，如图 3-73、图 3-74（a）所示；塑料层绝热的模具，如图 3-74（b）所示。

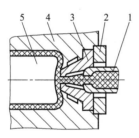

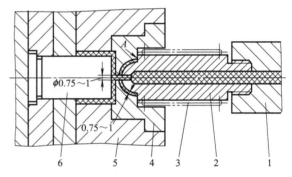

图 3-72　井式喷嘴模具
1—注塑机喷嘴；2—定位圈；3—主流道环；4—定模板；5—型芯

图 3-73　塑料层绝热的延伸喷嘴结构
1—注射机料筒；2—延伸式喷嘴；3—加热器；4—浇口衬套；5—定模；6—型芯；A—环形承压面

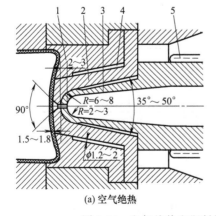

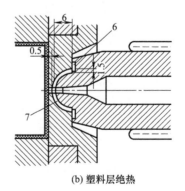

(a) 空气绝热　　　　　　　　(b) 塑料层绝热

图 3-74　空气绝热和塑料层绝热的延伸式喷嘴模具
1—衬套；2—浇口套；3—喷嘴；4—空气隙；5—电加热圈；6—密封圈；7—绝热塑料层

③ 半绝热流道注塑模。外加热半绝热流道注塑模，如图 3-75 所示。内加热半绝热流道注塑模，如图 3-76 所示。

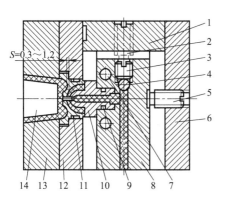

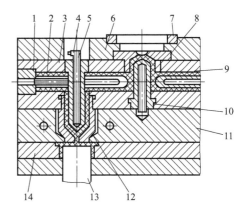

图 3-75　外加热半绝热流道注塑模

1—支架；2—定距螺钉；3—螺塞；4—密封钢球；
5—支承螺钉；6—定模座板；7—加热孔；
8—热流道板；9—胀圈；10—二级喷嘴；11—喷
嘴套；12—定模板；13—型腔板；14—型芯

图 3-76　内加热半绝热流道注塑模

1,5,9—管式加热器；2—分流道鱼雷体；3—热
流道板；4—喷嘴鱼雷体；6—定模座板；7—定位
圈；8—主流道衬套；10—主流道鱼雷体板；11—浇
口板；12—二级喷嘴；13—型腔板；14—定模型腔板

④ 绝热流道注塑模具适用于点浇口多型腔模具，利用固化绝热，如图 3-77 所示。有加热鱼雷棒的绝热流道注塑模具，如图 3-78 所示。

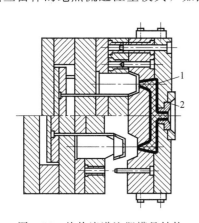

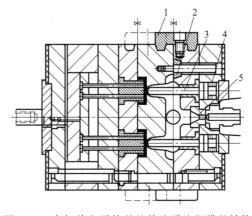

图 3-77　绝热流道注塑模具结构

1—固化绝热层；2—熔融塑料

图 3-78　有加热鱼雷棒的绝热流道注塑模具结构

1—夹紧条；2—挡圈；3—鱼雷棒；4—弹簧；5—主流道杯

⑤ 热流道模具是无流道模具的分支。

68. 无流道模具对成型塑料有什么要求？

要根据塑料品种的不同，选用无流道模具的喷嘴类型。适用于无流道注塑成型的热塑性塑料有聚乙烯、聚丙烯、聚苯乙烯等。因此，无流道凝料注塑成型的塑料有其局限性，但通过对模具结构的改进，其他一些塑料，如聚氯乙烯、ABS、聚碳酸酯、聚甲醛等，也可用无流道注塑成型。具体见表 3-16，列出了部分常用塑料对无流道注塑成型的适应性。

由于热流道模具对塑料要求较高，所用的塑料要满足以下条件。

① 塑料的熔融温度范围较宽，黏度在熔融温度范围内变化较小。在较低的温度下具有较好的流动性，而在较高的温度下具有优良的热稳定性。

② 塑料的黏度或流动性对压力较敏感，即塑料在不施加注射压力时不流动（即能避免流延现象），但稍加注射压力时就可流动。

③ 热变形温度较高，且在较高温度下可快速冷凝，这样可以尽快推出塑件，且推出时不产生变形，以缩短成型周期。

④ 比热容小，塑料能快速冷却固化，又能快速凝固。

⑤ 需要用精料，不能用回料。

69. 什么叫热流道模具？

热流道模具是将浇注系统的塑料加热并始终保持在熔融状态的一种无流道模具，常用于多型腔模具，一般采用点浇口。所谓热流道成型是在传统的二板模或三板模内的主流道与分流道部位设置加热装置，使注塑机喷嘴起至型腔入口为止的熔料，在注塑成型期间始终保持熔融状态，在每次开模时不需要将废料取出，滞留在浇注系统中的熔料可在再一次注射时被注入型腔。理想的热流道注塑系统应形成密度一致的部件，不受所有的流道、飞边和浇口的影响。

70. 热流道模具有哪些优、缺点？

（1）热流道模具的优点

① 减少冷流道凝料体积，降低了注塑成本，省去粉碎冷流道凝料设备，节省人力。

② 简化模具结构，可使三板模成为两板模并采用点浇口进料。因无需二次分型，容易实现自动化操作，有利于多型腔模具的开发。

③ 缩短成型周期，减少注射时间和冷却时间，提高注射机生产效率。注射压力损失小，能降低注射压力和锁模力，降低注塑设备使用成本。

④ 热流道模具的流道比冷流道模具的流道短，减少了熔体在流道内的热量损失，有利于压力传递，从而克服因补料不足而产生的收缩凹痕。应用热流道技术提高了制品成型质量。

⑤ 可直接用浇口成型制品。利用针阀式浇口控制浇口启闭的时间，可改观、消除或转移制件的熔接痕、变形、气穴等外观缺陷。

⑥ 可直接以侧浇口成型单个制品，减少了制品的后续加工。

（2）热流道模具的缺点

① 模具结构复杂，模具费用增高，由于加热装置、温控系统绝热结构及其它因素，成型准备时间长，小批量生产成本高。

② 需要增加设计和维修项目，模具的设计和维修较复杂。

③ 容易引起塑料降解、变色等危险，不适用于某些塑料品种和注射周期长的制品。

④ 由于热流道系统的加入，注射成型的技术难度较高，同时对注塑机设备有较高要求。

⑤ 对塑料要求较高，必须去除塑料中的异物（异物堵塞浇口时，检修麻烦又费时）。

⑥ 更换塑料颜色或树脂需要时间，所以不适合需要常换颜色或树脂的模具，或需要提前同热流道厂商沟通定制专用热流道。

⑦ 技术要求高。对于多型腔模具，采用多点直接热流道模具成型时，技术难度很高。这些技术包括：流道流延、拉丝、堵塞、热流道类型的选定与设计等。这些问题需综合考虑。

71. 热流道系统由哪些零部件组成？

热流道系统的结构如图 3-79、图 3-80 所示。热流道浇注系统主要由热喷嘴、热流道板、

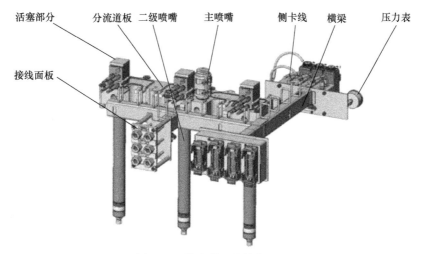

图 3-79　热流道系统结构（1）

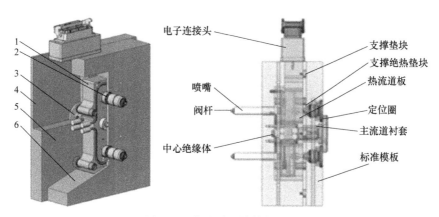

图 3-80　热流道系统结构（2）

1—分流板；2—喷嘴；3—气/油缸；4—主喷嘴；5—隔热板；6—定模固定板

加热元件、温控器等组成。热流道模架结构与二板模大体相同，但型腔进料的方式又和三板模相同，同时兼具二者的优点。

① 喷嘴：将从注塑机料筒来的熔料通过主喷嘴（又叫主流道环）送到分流道内。热流道喷嘴如图 3-81 所示。与热流道板连接的喷嘴称为二级喷嘴。通过分喷嘴将熔体送到模具的型腔或附加的冷流道内。热流道模具按喷嘴结构形式不同有多种形式，类型均大同小异，但各个厂家加工工艺和实施方法有很大区别，这决定了热流道系统的质量和价格的差异。一般有开放式、针阀式和其他几种特殊形式。

② 热流道板：通过热流道板将熔料送入各个单独喷嘴，在熔料传送过程中，尽可能使熔料流均衡（自然平衡和人工平衡）地到达各喷嘴，且不允许塑料降解。常用热流道板的形式有：一字形、H 形、Y 形、X 形，如图 3-82 所示。结构上有外加热流道板和内加热流道板两大类。分流道在两个喷嘴之间分流熔料。有些应用场合，单独喷嘴就可以，不需分流道板。

如图 3-83 所示的标准板式流道板，其流道通常是在流道板的对称轴线上钻出。其结构如下：流道板的中央是主喷嘴 1，相对的一侧是支承垫 3，它承受注射机油压。沿着流道板还有定位销 4。在流道板端面的斜角上设置第二个定位销 5。流道板压入流道板喷嘴对面模具内，压紧在流道板一边的承压圈上。从流道板进入喷嘴流道的传输应沿着圆弧，没有任何死点来滞留熔体。为此，端面堵塞 7 被成型加工，装在流道上，此堵塞制造成足够长度，能

117

图 3-81　热流道喷嘴

图 3-82　热流道分流板

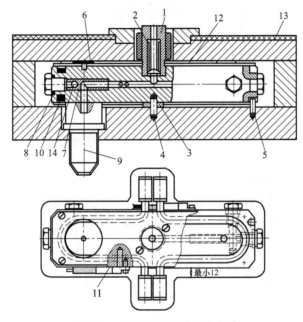

图 3-83　标准板式流道板的布排

1—主喷嘴；2—熔体过滤网套；3—支承垫；4,5—定位销；6—承压圈；7—端面堵塞；
8—金属密封圈；9—二级喷嘴；10—管状加热器；11—热电偶；12—反射铝膜；13—绝缘板；14—销钉

退出流道又能对准喷嘴，有一定尺寸范围可布排。管状加热器 10 或加热棒平行地置于流道旁。热电偶 11 安装在主流道杯与喷嘴之间。流道板可附有外部绝热的反射铝膜 12，反射热辐射。绝缘板 13 防止注射机的床身板的热渗透。

　　③ 加热元件有内热式和外加热式两种，有加热棒（内）和加热圈、加热板（外），见图 3-84。

　　④ 热流道温控器见图 3-85。

图 3-84　热流道加热元件

图 3-85　热流道温控器

72. 热流道模具的结构形式有哪两种? 热流道有哪几种类型?

① 热流道模具的喷嘴结构形式有单点式和多点式,见图 3-86 和图 3-87。

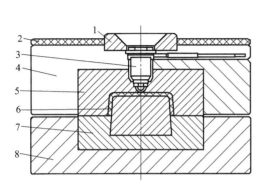

图 3-86　单点式热流道模具
1—定位圈;2—隔热板;3—热喷嘴;
4—定模板;5—凹模;6—制品;
7—凸模;8—动模板

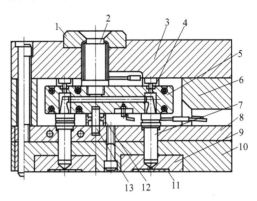

图 3-87　多点式热流道模具
1—定位圈;2——级热喷嘴;3—面板;4—隔热垫片;
5—热流道板;6—撑板;7—二级热喷嘴;8—垫板;
9—凹模;10—定模 A 板;11—制品;
12—中心隔热垫片;13—中心定位销

② 小型模塑生产中,经常需要使用混合系统(热流道与冷流道)。热流道模具的浇注系统类型通常如图 3-88 所示。

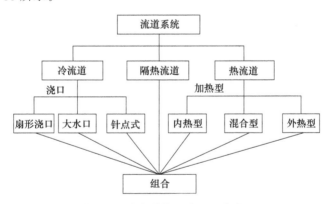

图 3-88　热流道模具浇注系统类型

③ 热流道系统的几种类型如图 3-89 所示。

73. 热流道板、喷嘴采用哪些隔热方法?

如果热流道模具不进行隔热,热量会传递到模板、型腔、定模板,甚至注塑机镶板都会受热。隔热方法如下:
① 隔热板隔热,如图 3-86 所示。
② 流道板利用空气隔热,如图 3-87 所示。

74. 热流道模具的设计要点有哪些?

① 须有 CAE 模流分析报告。
② 要求热流道的熔料平衡充填模具。

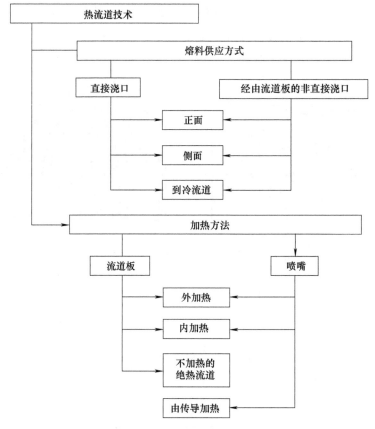

图 3-89　热流道系统的类型

③ 热流道系统必须是热平衡状态，注意热电偶安装要正确。

④ 要考虑流道板的热膨胀，喷嘴会产生中心错位，需要计算调整。

⑤ 要考虑热喷嘴的轴向热膨胀，避免引起喷嘴堵塞、溢料。

⑥ 要防止喷嘴的熔料流延、降解。

⑦ 热流道模具要求绝热性能好。

⑧ 正确选择流道板的流道直径。

⑨ 正确选用热流道品牌、喷嘴型式，确定喷嘴尺寸和浇口的直径。

75. 热流道结构设计有哪些具体要求？

① 料道内不能有死角使熔料滞留。

② 热流道板形状要求。可根据塑件形状做成一字形、H 形、X 形、Y 形等，要求流道板形状尽量对称。流道板在许可强度下尽量减少重量。分流道直径在 6～14mm 之间，根据塑件大小、塑料种类选择分流道直径。

③ 电器元件必须在天侧。

④ 零件便于维修和调换。

⑤ 加热元件和热电偶零件的规格型号选用要与热流道品牌相匹配，并且是标准件。连接系统的设计要求标准化。

⑥ 热流道线架设计要求。必须保证所有的管线得到有效合理的保护，将导线、气管、油管及水管分开设计，用压线板和管夹分开固定，不可以同用管道，因为一旦气管、油管或

者水管发生泄漏，必然导致热流道系统加热出现问题。

⑦ 流道板与喷嘴的连接，要防止泄漏。

⑧ 流道板的密封。大多数流道板与喷嘴之间防泄漏都采用不锈钢制造的密封圈，如果是铜制的密封圈只能单次使用，拆卸后都得更换，避免泄漏。

76. 热流道模具的喷嘴结构形式有哪几种？

喷嘴的分门别类和细目，如图 3-90 所示。

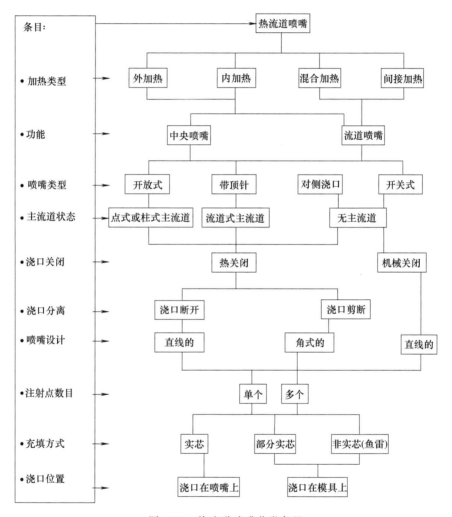

图 3-90 热流道喷嘴分类条目

77. 热流道的浇口形式有哪四种？各有什么特点？

（1）热流道浇口的基本种类，如图 3-91 所示。

① 开放式喷嘴，如图 3-91（a）所示，会遗留浇口的短柱，图 3-91（b）所示更完全敞开。

② 顶针式喷嘴，浇口隐蔽地留下很短的环形痕迹。

③ 侧浇口喷嘴（边缘喷嘴）为开放式或顶针式，但浇口在侧向位置。

④ 开关式喷嘴。

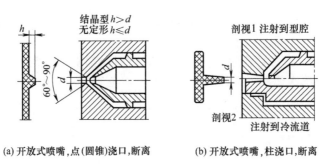

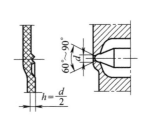

(a) 开放式喷嘴,点(圆锥)浇口,断离　　　　(b) 开放式喷嘴,柱浇口,断离

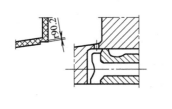

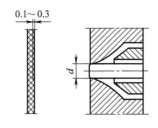

(c) 顶针式喷嘴,圆环浇口,断离,"化妆"型　　(d) 顶针式喷嘴,圆环浇口,"技术"型

(e) 侧浇口喷嘴,点浇口,剪断　　　　　　　(f) 开关式喷嘴,无浇口

图 3-91　喷嘴与浇口基本类型

（2）喷嘴的轴线一般与喷嘴的出口垂直，有的是角度喷嘴与出口平行（角式侧浇口喷嘴）（如图 3-92）。

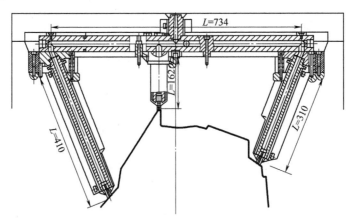

图 3-92　模塑汽车仪表板的模具（热流道系统的喷嘴安置有角度）

（3）喷嘴的数目有单点或多点喷嘴，多的达十多个。

（4）喷嘴的材料：铍铜合金、耐热工具钢 1.2343、钛合金、耐磨蚀高速钢等材料。

（5）汽车后保险杠模的热流道，七点针阀式喷嘴，如图 3-93 所示。

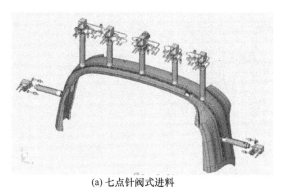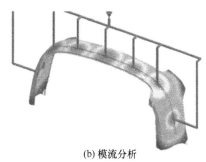

(a) 七点针阀式进料　　　　　　　　　　(b) 模流分析

图 3-93　汽车后保险杠模的热流道

78. 热流道喷嘴有哪些类型？针阀式喷嘴有哪些优点？

（1）热流道喷嘴的类型有下面四种。

① 直浇口喷嘴。直浇口喷嘴（开放式喷嘴）适用于大型塑件单点、多点浇口（并且较长），在不影响塑件外观条件下，允许留有浇口或不剪除浇口（采用较多）。热流道的直浇口喷嘴结构如图 3-94 所示。

② 点浇口喷嘴。制品浇口痕迹小，如图 3-95 所示。

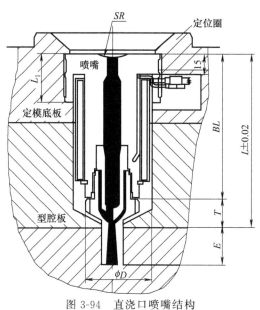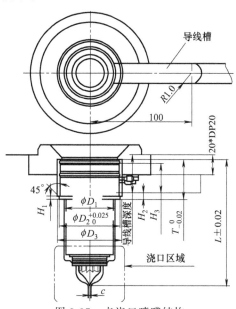

图 3-94　直浇口喷嘴结构　　　　　　　图 3-95　点浇口喷嘴结构

③ 多点开放式喷嘴，如图 3-96～图 3-98 所示。

④ 针阀式喷嘴结构。有气缸、油缸、电磁阀及弹簧四种控制结构，如图 3-99 所示。

（2）针阀式喷嘴技术上较先进，有如下优点。

① 在制品上不留下进浇口残痕，进浇口处痕迹平滑。

② 能使用较大直径的浇口，可使型腔填充加快，并进一步降低注射压力，减小产品变形。

③ 可防止开模时出现牵丝现象及流延现象。

④ 当注塑机螺杆后退时，可有效地防止从模腔中反吸物料。

⑤ 针阀式多点浇口可应用时序控制阀，能有效地控制进料速度以减少或消除制品熔接痕。

⑥ 利用顺序控制阀喷嘴，使熔接痕修正转移到最优位置。

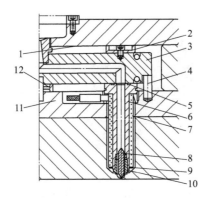

图 3-96　多点开放式喷嘴（1）

1—主喷嘴；2—隔热垫块；3—分流板；4—分流板定位销；5—流道密封圈；6—喷嘴体；7—加热器；
8—分流梭；9—轴用弹性挡圈；10—喷嘴头；11—中心定位销；12—中心垫块

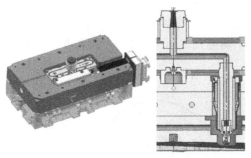

图 3-97　多点开放式喷嘴（2）

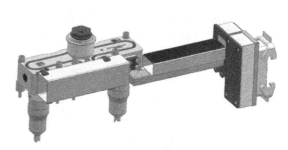

图 3-98　多点开放式部件

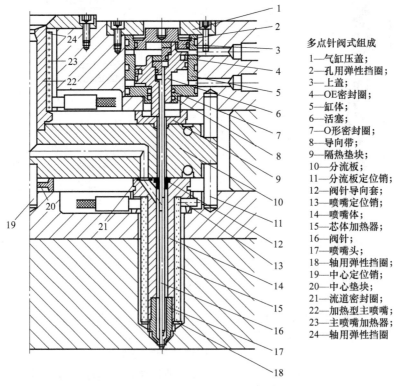

多点针阀式组成

1—气缸压盖；
2—孔用弹性挡圈；
3—上盖；
4—OE密封圈；
5—缸体；
6—活塞；
7—O形密封圈；
8—导向带；
9—隔热垫块；
10—分流板；
11—分流板定位销；
12—阀针导向套；
13—喷嘴定位销；
14—喷嘴体；
15—芯体加热器；
16—阀针；
17—喷嘴头；
18—轴用弹性挡圈；
19—中心定位销；
20—中心垫块；
21—流道密封圈；
22—加热型主喷嘴；
23—主喷嘴加热器；
24—轴用弹性挡圈

图 3-99　TVG 系列针阀式喷嘴系统的基本结构

79. 热流道标准件的常用品牌有哪几种？选用的原则有哪些？

（1）热流道成型技术领域竞争非常激烈，品牌较多，质量与价格相差悬殊，YUDO（目前市场价 1 万元一点）、圣万提（3 万元一点），较好的有 DME、HASCO、HUSKY、Mold Masters、HRS 、other、克朗宁、麦士德、朗力等品牌。

（2）如何选用热流道系统品牌可根据以下情况进行确定。

① 根据客户的合同要求及模塑件选用品牌。

② 根据模具具体使用要求选用有品牌的产品，避免购买最便宜的系统。

③ 根据制品质量要求、批量及模具的价格及成本考虑，对不同的厂商和系统进行比较选用品牌。

④ 需要模具生产厂家提供给热流道供应商热流道系统的有关数据，如塑件的造型、模具结构、浇注系统结构、喷嘴的浇口直径和装配尺寸等内容。供应商根据生产模具厂家的要求订制热流道，绘画结构图让模具生产厂家认可后再制造。

80. 热流道模具常见故障及解决办法是什么？

热流道模具在使用时，由于操作不当特别容易引起故障，这就造成了模塑件的有关疵痕，可能的原因和修理方法如下。

① 热流道系统泄漏的原因和修理方法见表 3-17。

表 3-17　热流道系统泄漏的原因和修理方法

原　因	修　理　方　法
中央支撑垫太高	磨削到位
中央支撑垫压陷到模板中	换新,降低料筒保压压力
支撑垫太低	换新或降低流道板模框
紧固螺钉无有效作用	校核螺钉数目和位置
模具拆装时密封圈没有更新	更新
喷嘴过热	校核/更新热电偶
流道板过热	校核/更新热电偶;校核/修理模具上可能凹陷或变形的承压圈和支撑垫

② 喷嘴的针阀降落并关掉浇口时，在模塑件上遗留了痕迹。如果针阀太热，也会有痕迹，并将材料拖曳出模塑件，具体见表 3-18。

表 3-18　针阀式喷嘴痕迹的起因和诊治

原　因	诊　治
柱销太短或弯曲	校核/更新柱销
浇口损坏	校核柱销长度,如必须取短些;校核浇口与柱销的同轴度,如必须更新
喷嘴里驱动缸的密封件损坏	更新
柱销与浇口接触不适当	增强浇口区的冷却,增加与浇口接触的柱销长度
油/气压力不恰当	适当增加压力,太大的力会损坏浇口
保压时间太长,熔体在浇口区冷却	缩短保压时间

③ 浇口的堵塞。通常浇口堵塞，大多数是浇口内熔体过分冷却的结果。还有在制作或安装期间的错误。表 3-19 说明了一些浇口堵塞的原因。

④ 浇口拉丝或流延是浇口里熔体延时凝固所引起的，见表 3-20。

⑤ 不完整的模塑件是注塑成型时，型腔充填的失效所致，见表 3-21。

表 3-19　浇口堵塞的原因和诊治

原　　因	诊　　治
浇口区太冷	降低浇口区的冷却。对结晶型塑料校核喷嘴类型、确认绝热仓是否足够大
喷嘴末端的冷却太强	减小喷嘴末端与模具的接触面积。对注射到冷流道,在喷嘴表面与模板之间创建绝缘热层
给浇口的热量太少	增大浇口直径,缩短浇口。校核顶针在浇口的位置
浇口堵塞	系统分离时,移除污垢
开关式喷嘴的柱销在闭合位置黏结	检查喷嘴温度

表 3-20　浇口拉丝和流延的原因和诊治

原　　因	诊　　治
浇口区过热	校核/更新喷嘴的热电偶,降低流道板和喷嘴的温度,校验浇口的尺寸和形状。对无定形塑料,改变喷嘴的分流梭或调整喷嘴末端温度
不合适的冷却时间	延长冷却时间,使热流道减压,降低热流道里残余熔体的压力
开关式喷嘴的柱销没有完全闭合	检查喷嘴温度

表 3-21　出现不完整模塑件的原因和诊治

原　　因	诊　　治
材料性能不合适	校核是否已改变了材料。增加注射量。校核螺杆头上止回环。校核注塑机喷嘴与热流道主流道杯的接触。校核注塑机喷嘴退回时,是否有熔体从主流道杯流延。校核热流道系统的防泄漏情况。校核是否有一个浇口被堵塞,需清除
型腔压力不恰当	增加注射压力
低的熔体温度	升高熔体温度。校核热流道系统是否达到设定温度,对某个加热区是否有任何损坏
从注射压力到保压,切换不准确	增加保压压力,移动切换点
排气差	增加排气间隙的数目/尺寸
浇口尺寸	校验所有浇口是否尺寸和几何形状相同
开关式喷嘴的动作	校核

⑥ 在型腔的先期凝固中,冷却期间熔体的自由收缩会造成凹陷,见表 3-22。

表 3-22　凹陷的原因和诊治

原　　因	诊　　治
型腔里熔体的保压不适当	增加注射量。增加保压时间,提高注射速率。校核螺杆头上止回环
型腔里的压力不适当	增加注射压力,增加保压压力,校核重量,有更长的作用时间
熔体温度误差	如果凹陷是在浇口或在厚壁上,检查注塑机料筒和热流道喷嘴温度是否太高,降低熔体温度 如果凹陷是远离浇口或在薄壁上,检查料筒和热流道的喷嘴温度是否太低,升高熔体温度
浇口过早凝固	增加注射速率。检查料筒和热流道,提高熔体温度 减弱浇口区的冷却。增加直径,减少浇口长度
浇口过早闭合	校核开关式喷嘴的闭合时间
模塑件太热	降低熔体温度,降低型腔温度,延长冷却时间
厚的筋条	增加在筋条区域的模具冷却措施。改变制品形状设计。减薄筋条

⑦ 银色或褐色条纹。模塑件上有银色或褐色条纹的原因是熔体的热损伤,分子链变短呈银色,分子链损伤呈褐色,形成银色条纹也会是其他杂质材料,或者加了受潮塑料所致。对于塑件上银色或褐色条纹的更多原因见表 3-23。

⑧ 脱黏。脱黏指模塑的颗粒外层分离,脱黏的一些精确的含义和原因见表 3-24。

表 3-23　银色或褐色条纹的原因和诊治

原　　因	诊　　治
高的熔体温度	降低料筒温度,减小螺杆转速。降低热流道喷嘴和流道板温度。校核/更新热电偶
在加热区过渡时间过长	缩短循环周期。延迟塑化开始时间。减少回料的比例
死点	校核喷嘴、密封件和流道板上熔体可能滞留的位置
过分干燥的粗材料	减少干燥时间/温度
回料	减少回料的比例
熔体降解	采用较高热阻抗的塑料。校核染料和添加剂的热阻抗

表 3-24　脱黏的原因和诊治

原　　因	诊　　治
注射速率太高	降低
高的熔体温度	降低
模具温度低	提高型腔温度
染料无法混合	校核染料的含量和可混性
由其他材料污染	校核颗粒状杂质。校核出现在料筒和热流道中的其他塑料
混合不合适	校核料筒的塑化和熔体的均化能力
粒料受潮	使用干燥粒料。使用加热进料的料斗。减少料斗中一次堆放的塑料量

热流道系统常见故障及解决方法见表 3-25。

表 3-25　热流道系统常见故障及解决办法

异常问题			影 响 因 素	判断方法或处理方式
温度异常及进胶不均	热流道本身原因	感温线及加热器的原因	1. 感温线 J/K 型号混淆	确定感温线型号与温控器设定型号是否一致
			2. 感温线断裂、短路	更换感温线
			3. 感温线的补偿线被压	检查感温线是否被压,更换或修复
			4. 线头松动或接插件松动	重新接好线头或接插件
			5. 感温线未装到位或固定感温线的卡箍后退	重新安装
			6. 漏胶引起感温线感温不准	下模清胶,感温线如有问题,须更换
			7. 感温点选择不对	检查感温点位置是否有影响实际温度
			8. 感温延长线不够长,在接延长线时使用了另一种材质的感温线	更换材质一样的感温延长线
			9. 加热器松动,导致加热效果不好	拆除加热器,拧紧后重新安装
			10. 加热器损坏	更换新的加热器
		温控器原因	11. 温控器表卡或温控器控温不准	更换温控器表卡或温控器
			12. 温控器内部线路或连接线接触不良	检查温控器或连接线
			13. 温控器 J/K 型设置与感温线不一致	将温控器 J/K 型设置与感温线一致
			14. 温控器精度不高	更换精度更高的温控器
	其他方面原因		15. 热流道与模具接触面太多,导致散热太多	确认散热严重的地方,做出改善
			16. 剪切热	喷嘴过长,流道直径较小,需扩大流道直径
			17. 模仁漏水,导致喷嘴达不到设定的温度	把冷却水关掉,维修
			18. 水路太近,冷却太快,水路走的不合理	冷却水关小或关掉,维修

异常问题	影 响 因 素			判断方法或处理方式
漏胶的原因	热流道本身的原因	分流板	1. 堵头配合不好	堵头位置明显漏胶,需重加工
			2. 堵头脱落	重新加工堵头
			3. 分流板破裂	如果是高速注塑机,分流板需热处理
			4. 分流板变形	分流板厚度不足,或垫块设计不合理
			5. 主喷嘴装配不合格	检查主喷嘴配合面是否有问题,装配是否到位
			6. 主喷嘴 R 角与注塑机喷嘴 R 角不匹配	主喷嘴 R 角应大于注塑机喷嘴(≥ 1)
			7. 阀针导向套与阀针配合间隙太大	检查导向套内径与阀针外径是否在公差范围
		主喷嘴	8. 主喷嘴与分流板连接螺丝松动	重新紧固主喷嘴上的螺丝
			9. 主喷嘴连接件松	重新锁紧主喷嘴连接件
			10. 主喷嘴与分流板配合面不平	重新配合
			11. 主喷嘴与定位环配合有间隙	重新配合
		喷嘴芯体	12. 本体破裂	了解注塑机是否是高速成型机,芯体壁厚及是否热处理
			13. 帽头开裂	更换帽头
			14. 感温线孔打穿	检查感温线孔是否有异常
		浇口套(喷嘴头)位置	15. 本体配合面不平整	把喷嘴头拆下来,检查配合面是否有异常
			16. 导流梭的配合面不平整	检查导流梭端面是否有变形或其他异常
			17. 导流梭台阶变薄了	测量导流梭高度是否与图纸要求相符
			18. 导流梭开裂	更换导流梭
			19. 喷嘴头(浇口套)没拧紧	喷嘴头装配后是否与芯体留有装配间隙,否则需重加工
			20. 导流梭变形	更换导流梭
			21. 导流梭同心度不够	更换导流梭
			22. 本体沉孔太深	检测到沉孔尺寸有问题,需做非标导流梭或喷嘴头
			23. 喷嘴头(浇口套)短了	重新加工喷嘴头
			24. 喷嘴头开裂	更换喷嘴头
			25. 喷嘴头封胶面变形或损坏	更换喷嘴头
			26. 螺纹不标准	重新加工螺纹
		分流板与喷嘴配合处漏胶	27. 中心隔热垫高或低	检查中心隔热垫高度与喷嘴帽高出装配面的高度是否一致
			28. 定位销高了,把分流板抬高	检查销钉孔深度是否符合设计要求,重新加工钉孔
			29. 多点情况喷嘴帽不同面	检查喷嘴帽位的开孔高度是否在设计公差范围
			30. 阀针导向套变形	测量导向套内孔、高度等尺寸是否符合设计要求
			31. 分流板隔热垫块高度不一致	更换隔热垫块,确保一致
	模具方面		32. 水套开裂	更换水套
			33. 开孔不符合图纸要求	重新加工模具,确保开孔符合图纸要求
			34. 分流板型腔板太高	测量分流板型腔板的高度,超差时需要重新加工
			35. 倒装模的喷嘴支撑板变形	增加支撑柱
			36. 模具盖板硬度不够,上垫块凹进模板	将盖板降面或做硬度较高的镶件
			37. 法兰与主喷嘴配合间隙太大	重做法兰,确保符合设计要求

异常问题	影 响 因 素		判断方法或处理方式
喷嘴不出胶	热流道本身原因	1. 分流梭断	更换分流梭
		2. 喷嘴太长或太短	检测喷嘴及开孔,对不符合设计要求的进行加工或维修
		3. 浇口太小	扩大浇口
		4. 大水口断胶点太靠前	重做喷嘴头,将断胶点往后移
		5. 主喷嘴入料口冷料	若是热敏性(结晶型)材料,主喷嘴增加加热器,或减短入料口距离
		6. 分流梭偏心,碰到模具	检查模具开孔及喷嘴是否符合要求,有问题的进行处理
		7. 加热器松动,加热效果不好	取出加热器,拧紧后再装上
		8. 浇口处冷料	检查加热器是否后退,提高前模温度,减少配合面
			检查储料槽开孔是否到位
			防止出料口流延
		9. 喷嘴头顶到模仁	确认喷嘴头与模具尺寸加工有误的地方
		10. 膨胀量不对,喷嘴头顶到模仁	将模仁孔弧面降低
		11. 导流梭顶到浇口	按图纸加工到位
	模具及成型工艺原因	12. 开孔原因造成的分流梭堵住浇口	检查开孔各主要尺寸是否符合要求,否则重新加工到位
		13. 温度高,喷嘴热膨胀,把出料口堵死	加热到足够温度后不出料,从型腔面能够看到导流梭高出
		14. 温度高引起炭化	降低热嘴温度,改变热电偶感温位置,或重新分配加热功率
		15. 喷嘴温度太低或未加热	升高热嘴温度,或增加温控点
		16. 杂质、杂料	清理热流道及注塑炮筒内杂料、杂质,并确保原料的清洁
		17. 阀针没后退	检查针阀导向套有无变形
		18. 注塑机喷嘴没对准	重新核对喷嘴位置
		19. 模具漏水	关闭模具冷却水应急生产,或下模维修
		20. 温控器点不够,或某点未升温	增加温控点数
		21. 漏胶引起热流道故障	检查喷嘴与定模的密封情况,更换密封圈
		22. 注塑压力太小	增加一级注射压力及速度
阀针封不到位	热流道本身原因	1. 单点针阀里面漏胶	找到漏胶原因,并作相应处理
		2. 活塞气缸漏气	更换活塞密封圈
		3. 导向套、导流梭、浇口不同心引起	检查三开孔是否符合要求
		4. 阀针太短	检查开孔及阀针是否符合设计要求,对有问题的进行更改
		5. 阀针封胶面(浇口位置)太长	减小配合面,降低阀针运动阻力
		6. 活塞里面固定螺丝松动	重新安装阀针,保证适度的松紧
		7. 浇口处阀针设计不合理	根据不同情况采用直端或锥度封胶,且加工符合要求
		8. 浇口相对于壁厚太大了	减少浇口直径
		9. 活塞顶到分流板垫片	加工活塞或垫片
		10. 电磁阀坏	漏气,杂质堵气路,电信号没接好等
		11. 润滑油太多,时间长引起固化	清理气缸内部沉积物,保证活塞运动顺畅

异常问题	影响因素			判断方法或处理方式
阀针封不到位	模具或注塑方面原因		12. 漏胶后,塑胶顶住了活塞	参照漏胶点找原因并处理,清胶
			13. 模板内气路不通,有杂质	清理模板气路,确保气路顺畅
			14. 冷却水太近,浇口处冷却过快	关闭模具冷却水应急生产,或重开水路,远离浇口
			15. 气压不够	气泵压力不够,气路太长,管路太细,压力损失过大等
			16. 喷嘴温度过低	提高喷嘴温度
			17. 信号线接错了	重新接信号线
			18. 气缸积水太多	清理气缸积水,确保进气质量
			19. 模具内气路漏气	找到漏气点堵住
			20. 保压时间太长	缩短保压时间
			21. 时间控制器没有调好,延迟时间太长	缩短延迟时间
			22. 出料口有杂物造成的卡针	清理杂物,并确保原料清洁
			23. 模具出料口的角度加工有误	按图纸加工
喷嘴流涎或拉丝	成型工艺的原因		1. 选型不对	重新选型
			2. 背压太高	调低熔胶背压
			3. 松退(抽胶)行程太短	增加松退行程
			4. 喷嘴温度太高	降低喷嘴温度
			5. 冷却时间不足	延长冷却时间或改善浇口冷却
			6. 模温过高	降低模温
	喷嘴结构的因素		7. 感温点太靠后	感温前移
			8. 导流梭磨损	更换导流梭
			9. 浇口太大	更换导流梭或喷嘴头,减小浇口
影响产品质量的各种要素	注塑机及其工艺	压力	1. 压力大导致尺寸大、顶白、飞边	备注:影响塑胶制品质量的因素很多,解决任何一个问题,都需要综合考虑各方面要素,主要包括注塑机及工艺要素:压力、速度、温度(料温,模温)等;原料特性及干燥程度;模具方面因素:结构(顶出、壁厚等)、冷却、排气等;热流道及温度控制器;车间环境及供料系统;车间配套设施,包括电压、气压、冷却水等
			2. 压力小导致尺寸小、缺料、气泡	
		速度	3. 速度快导致困气、飞边、尺寸小、熔接痕	
			4. 速度慢导致波浪纹、流痕	
		温度	5. 温度高导致变色、困气	
			6. 温度低导致缩水、飞边、气泡、熔合线	
	原料及干燥		7. 黑点、杂色、混色、困气、气泡、炭化	
	模具	结构	8. 缩水、顶白、飞边、应力光影、冷料	
		冷却	9. 缩水、变形、冷料	
		排气	10. 困气、熔接痕、发白	
	热流道及温控系统	热流道	11. 不出料,缺料(充填不足),缩水,冷料痕	
			12. 杂色	
		温度控制器	13. 不出料,冷料	
			14. 杂色	
浇口处高起	热流道本身原因		1. 浇口温度过低	提高温度
			2. 浇口偏大	修改浇口或加长导流梭
			3. 导流梭与定模的高低位置、同心度有误差	调整导流梭同定模的高低位置、同心度
			4. 阀针是锥度封胶	改直针
			5. 气缸内压力太小、行程太多	增加气压或油压
			6. 温控箱控温精度差	更换精度高的温控箱
			7. J/K感温线混淆	温控箱设置一致
	模具及成型工艺原因		8. 模温过低	提高模温
			9. 模具浇口处冷却水没有接	增接冷却水
			10. 模具浇口与料道处未加工到位	按照图样重新加工
			11. 工艺冷却背压	改善工艺

续表

异常问题	影 响 因 素		判断方法或处理方式
浇口发黄	热流道本身原因	1. 喷嘴温度过高	降低温度
		2. 感温线、加热器本身质量故障	更换加热器或感温线
		3. 浇口太小	加大浇口
		4. 导流梭针点过高	按图检查尺寸
		5. 流道光泽度不够	流体抛光
		6. 加热分布和感温点位置不合理	调整加热感温系统
		7. 系统流道有死角	重新加工
		8. 热流道系统温度过高	降低温度
		9. 浇口周围没有走冷却水	增加冷却水
		10. 导流梭或喷嘴头变形,塑料长时间残存在变形的地方	更换导流梭或喷嘴头
		11. 系统流道过大,存料过多	调整流道大小
	模具及成型工艺原因	12. 模具浇口太小,兜部不到位	按图加工到位
		13. 模温过高	降低模温
		14. 模具浇口处温度过高	接冷却水
		15. 料筒温度过高	降低温度
		16. 料筒螺杆有磨损,有塑料长时间残存	换螺杆
		17. 产品太大,出料口直径太小,剪切热过高	加大出料口
		18. 注塑压力过大,速度过快	调整工艺

第八节

注塑模具温度控制系统

81. 冷却系统有什么重要作用?

模具温控系统与浇注系统同等重要,也是模具设计的关键之一。冷却系统的作用如下。

(1) 利用模温控制系统能满足不同塑料制品的成型温度和模温需求(常用塑料料筒温度和模具温度,如表 3-26 所示)。

表 3-26　常用塑料料筒温度和模具温度

塑料名称	ABS	AS	HIPS	PC	PE	PP
料筒温度	210~240	180~270	190~260	280~320	180~250	240~280
模具温度	6~80	55~75	40~70	80~120	50~70	40~60
塑料名称	PVC	POM	PMMA	PA6	PS	TPU
料筒温度	150~200	210~230	220~270	250~310	210~240	130~180
模具温度	40~50	60~80	30~40	40~90	40~90	40 左右

(2) 控制模具温度有利于提高塑件表面质量、制品精度。

① 消除制品外观缺陷。避免动模型芯、型腔表面温度过高,合模处产生飞边,脱模困难、塑件厚处易出现缩陷。

② 避免模具型腔表面温度差较大、温度的波动对制品的收缩率产生影响,稳定制品形位尺寸精度,防止制品脱模后翘曲变形、应力开裂。

③ 避免温度过低、制品轮廓不清晰、银丝、流纹等缺陷。

④ 改善塑件的力学性能。

(3) 缩短成型周期。缩短模塑周期就是提高模塑效率。对于注射模塑,注射时间约占成型周期的 5%,冷却时间约占 80%,推出 (脱模) 时间约占 15%。可见,缩短模塑周期关键在于缩短冷却硬化时间,而缩短冷却时间,可通过调节塑料和模具的温差来进行。因而在保证制品质量和能改善成型性能的前提下,适当降低模具温度有利于缩短冷却时间,提高生产效率。

82. 模具温度控制系统有哪些设计原则?

冷却系统设计原则是:正确设计冷却水回路 (分区域设计),使冷却水回路加工简单,模具快速、均匀冷却,制品收缩均匀。具体的要求如下:

(1) 温度均衡原则。

① 靠近浇口套附近、浇口部位,应按由内 (离浇口近处) 向外 (离浇口远处) 冷却的回路布置。

② 要控制水道进出口处冷却水的温差,考虑进出口的温差、流量压力降 (计算管道直径和长度)。降低冷却水出入口处的温度差 (一般模具为 5℃、精密模具为 2℃)。

③ 注意凹模和型芯的冷却平衡,设计人员要特别注意型芯的冷却效果,应保证塑件充分冷却且收缩均匀。

(2) 区别对待原则。在制品熔接的部位避免设置冷却管道,制品薄壁处要考虑加热,壁厚处加强冷却,重点考虑动模温度控制 (因型芯温度要求比型腔温度低)。如模具温度要求较高 (80℃以上) 时,模具需要加热装置。

(3) 方便加工原则。尽可能采用直通式水道,长度不可太长,特殊情况下采用隔片水道、喷流水道或螺旋水道。

(4) 满足成型工艺需要原则。要求有充足、均匀、平衡、效果好的冷却水回路 (紊流状态)。

(5) 冷却水回路布置要安全可靠,不得渗水、漏水。进出水管接头应设置在非操作侧或模具的下方。

83. 冷却水道的直径与位置有什么要求?

(1) 正确合理选用冷却水管直径,尽量使流速达到紊流状态。冷却水孔的直径太大会导致冷却水的流速减缓,出现层流状态。冷却水直径一般为 6mm、8~12mm (6mm、8mm、10mm、12mm、13mm、16mm)。可根据模具大小来确定管径大小,如表 3-27。根据制品壁厚确定冷却管道直径大小,如表 3-28 所示。

表 3-27　根据模具大小确定冷却管道直径

模宽/mm	冷却管道直径/mm	模宽/mm	冷却管道直径/mm
200 以下	5	400~500	8~10
200~300	6	500~700	10~13
300~400	6~8	700~1000	16

表 3-28　根据制品壁厚确定冷却管道直径

平均胶厚/mm	冷却管道直径/mm	平均胶厚/mm	冷却管道直径/mm
1.5	5~8	4	10~12
2	6~10	6	10~13

（2）正确确定冷却水道位置。冷却水道的中心距为（3～5）d。冷却水道至型腔表面距离不宜太近或太远，一般在（1.5～2.5）d，如图3-100所示。冷却水道至成型面各处应呈相同的距离，如图3-101所示。塑件壁厚不同，冷却水道距型腔表面距离也不同，如图3-102所示。冷却水道钻头底部距型腔壁最小为19mm，如图3-103所示。

（3）水道孔与螺纹孔相互之间的最小边距为6.35mm（1/4in），如图3-104。

（4）水道孔与其他孔或壁之间的推荐最小距离（X）分别是：孔和边缘的距离为6mm，如图3-105（a）所示；交叉孔与其它孔壁的最小距离（水道外壁距顶杆外壁）为5mm，如图3-105（b）所示；螺纹孔和壁的边缘为4mm，如图3-105（c）所示。

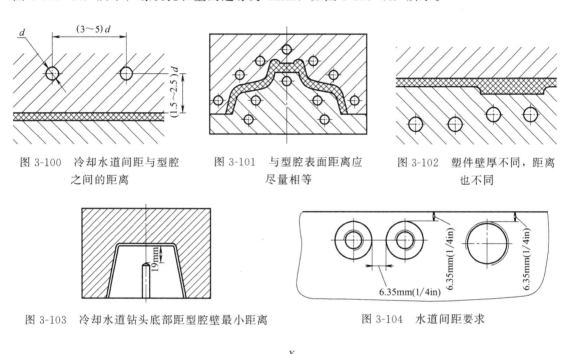

图 3-100　冷却水道间距与型腔之间的距离　　　　图 3-101　与型腔表面距离应尽量相等　　　　图 3-102　塑件壁厚不同，距离也不同

图 3-103　冷却水道钻头底部距型腔壁最小距离　　　　图 3-104　水道间距要求

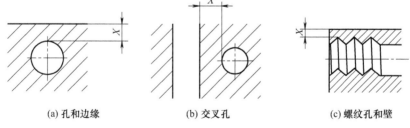

(a) 孔和边缘　　　　(b) 交叉孔　　　　(c) 螺纹孔和壁

图 3-105　钻孔与其他孔或壁之间的推荐距离

84. 模具的冷却系统设计要注意哪些问题？

模具的冷却系统设计也是模具设计的关键之一，要注意以下问题。

（1）普通模具可采用快冷方式，以获得较短的成型周期；精密模具可采用缓冷方式，并考虑应用模温机。

（2）尽量少采用密封圈的冷却水路设计，水管最好是双路直通的，便于阻塞时修理。注意密封处和水嘴管道漏水、渗水，密封槽尺寸公差应符合要求。

（3）使用成型PE等材料时，因其成型收缩大，冷却管路宜沿收缩方向设置，避免塑件发生变形。水道最好按型腔的排布方向，纵向排布。

（4）当模具仅设一个入水接口和一个出水接口时，应将水冷却管道串联连接，若采用并联连接，各回路的流动阻力不同，很难形成相同的冷却条件。当需要用并联连接时，应在每个回路中设置水量调节装置及流量计。

（5）冷却水管路设置要求排列有序、整齐，转角处管子不得瘪形。

（6）须有进出水管标记：①在动模板、定模板的冷却水，进出口附近位置，用英文标上进"IN"、出"OUT"标记；②水路进行分组编号；③进水管用蓝色标记，出水管用红色标记。

（7）冷却系统设计应该考虑的细节：

① 在注塑成型生产过程中，要求型芯和型腔的温度均匀，特别是要重视型芯的冷却效果。

② 要充分考虑模具关键区域的冷却效果，如塑料制品内尖角、浇口、流道周围、壁厚部分。

③ 镶件、滑块、斜顶也应该充分冷却。

④ 冷却水管的接口处应该标准化。水管接头最好沉入模板外形内，避免管接头吊运时撞坏。

⑤ 模具设计好后，要检查冷却水道与制品表面、顶杆、螺钉的最小边距为 3～5mm，防止孔与孔破边，产生漏水。要检查冷却水道同其它孔有无干涉。

（8）冷却水回路设置，水道内不允许有死水（不会流动的水，水道长度不能超过 30mm）存在，冷却效果不好，模具容易生锈不好清理，应用"HASCO"标准的标准件堵塞水道，应用止水塞，如图 3-106 所示。也可用堵头改变冷却水的流动方向。

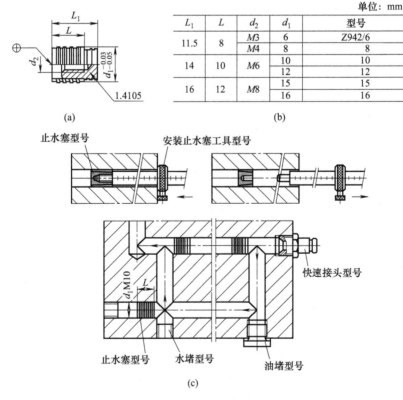

L_1	L	d_2	d_1	型号
11.5	8	$M3$	6	Z942/6
		$M4$	8	8
14	10	$M6$	10	10
			12	12
16	12	$M8$	15	15
			16	16

单位：mm

(a)   (b)

图 3-106　止水塞

（9）斜面冷却水孔的设计。斜面孔设计规范：如斜面上打孔，一定要先在斜面上做个平面，如图 3-107 所示。

（10）动、定模的镶块与动、定模芯的冷却水路要分开，不能串联在一起。

（11）多组冷却水要有水路集成块（分配器）。

（12）冷却回路效果不好时，用传热棒（片）导热式水道和采用铍铜镶块，散热效果好些。

图 3-107　斜面孔设计

85. 冷却水的回路布局形式有哪两种？

（1）冷却通道布局形式有串联、并联两种。冷却水路设计最好是串联设计，不需要太大流量就会形成紊流，如图 3-108 所示。最好不要并联设计，如图 3-109 所示。否则水路流向会抄捷径。若因模具排位需要，冷却水路必须并联时，同一个并联回路的水道截面不能相等，如图 3-110（a）所示。同一个串联回路的水道截面积相等。

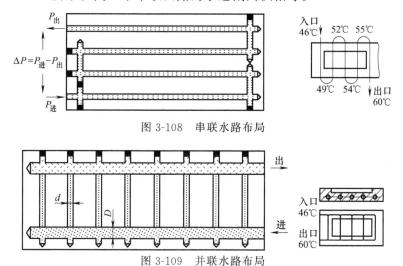

图 3-108　串联水路布局

图 3-109　并联水路布局

（2）冷却水回路布局形式有平衡式和非平衡式两种，如图 3-110 所示。平衡式布局比非平衡式效果好，制品质量好。

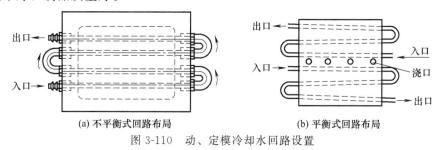

（a）不平衡式回路布局　　　　　（b）平衡式回路布局

图 3-110　动、定模冷却水回路设置

86. 常用冷却水的回路设置有哪些类型？

根据塑件形状结构的不同和模具浇注系统的不同，按照冷却系统的设计原则和要求，采用不同的动、定模冷却水回路设置。常用的冷却水回路设置有下面六种类型。

① 直通式冷却水回路。用于结构简单的模具，如图 3-111 所示。

② 螺旋式冷却水回路。常用于高型芯的模具结构，冷却效果较好，如图 3-112 所示。

③ 隔片式冷却水回路。常用于深腔模具、大型模具，直径一般在 12～25mm 之间，水井深度要适当，如图 3-113 所示。

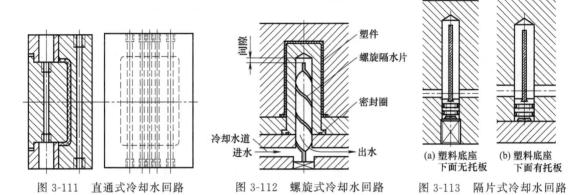

图 3-111　直通式冷却水回路　　图 3-112　螺旋式冷却水回路　　图 3-113　隔片式冷却水回路

④ 喷流式冷却水回路。常用于动模型芯，在型芯中间设置冷却水管，冷却水从水管中向四周喷出，如图 3-114 所示。

⑤ 对于细长的型芯，如果不能采用加工冷却水孔，或加冷却水孔后会严重减弱型芯强度时，可以用传热棒或传热片冷却。在细长的型芯上镶上铍铜材料将熔体传给型芯的热量传递出去，一端连接冷却水，如图 3-115 所示。

⑥ 局部镶块或整体型芯应用铍铜制作。

采用以上冷却水回路效果不好的情况下，为了提高冷却效果，缩短成型周期，应用导热性好的材料铍铜制作型芯整体或局部镶块，并通冷却水，图 3-116 所示。

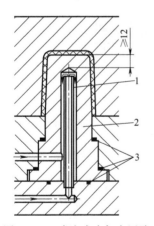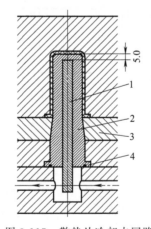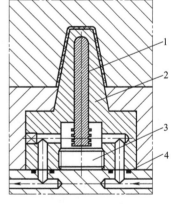

图 3-114　喷流式冷却水回路　　图 3-115　散热片冷却水回路　　图 3-116　铍铜冷却水回路
1—喷管；2—型芯；3—密封圈　　1—散热片；2—型芯；3—推板；4—密封圈　　1—热交换棒；2—型芯；3—水塞；4—密封圈

87. 定模冷却水通道形式有哪几种？

① 模板的平面回路。外部连接的直通管道布置，如图 3-117。用水管接头和橡塑管将模内管道连接成单路或多路循环。模板上多型腔的冷却水回路设计如图 3-118。

② 深腔的定模多层式冷却通道，如图 3-119 所示。矩形嵌入定模回路如图 3-120 所示。圆柱嵌入式冷却回路如图 3-121 所示。

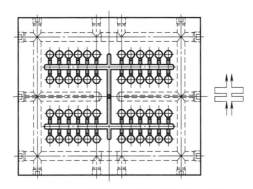

图 3-117　模板上多型腔的冷却水回路

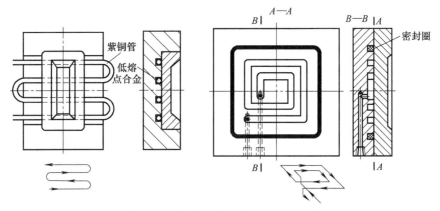

图 3-118　模板上多型腔的冷却水回路

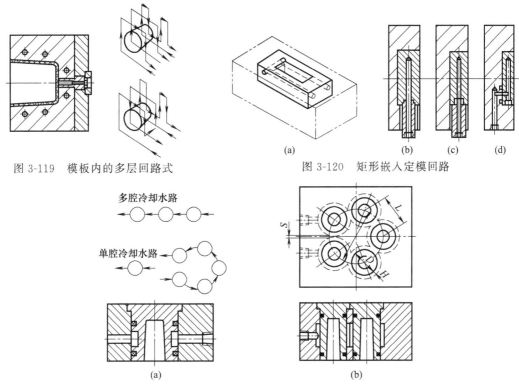

图 3-119　模板内的多层回路式

图 3-120　矩形嵌入定模回路

图 3-121　圆柱嵌入式的冷却回路

88. 动模冷却水通道形式有哪几种？

① 中等高度的型芯的冷却水回路，对圆柱型芯可采用如图 3-122 所示的环形布置，通过横沟和挡板构成冷却回路并设置防漏橡胶圈。

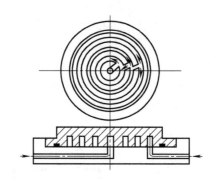

图 3-122 中等高度的型芯的冷却水回路

② 单小直径或多个单小直径并联冷却的喷流式冷却回路，如图 3-123 所示。
③ 多型芯冷却水回路中，在多型芯上用导流板串联冷却形式，如图 3-124 所示。
④ 在多型芯上用冷却水管并联的形式，如图 3-125 所示。

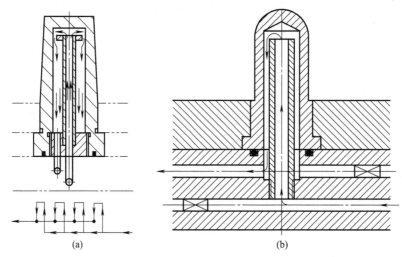

(a)　　　　　　　　　　　　　　　(b)

图 3-123 喷流式冷却回路

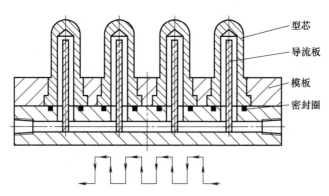

图 3-124 在多型芯上用导流板串联冷却形式

⑤ 螺旋式冷却回路，如图 3-126 所示。

⑥ 高筒形冷却回路，如图 3-127 所示。

⑦ 隔板冷却回路，如图 3-128 所示。

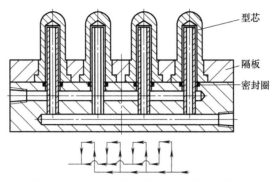

图 3-125　在多型芯上用冷却水管并联形式

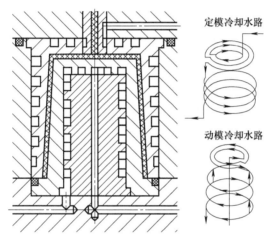

图 3-126　螺旋式冷却回路

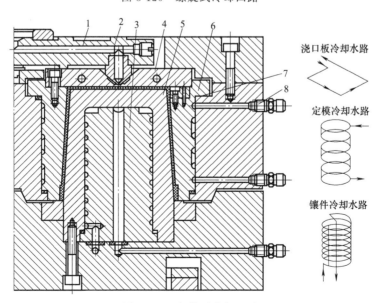

图 3-127　高筒形冷却回路

1—定位圈；2—浇口套；3—定模；4—推杆；5—镶件；6—型芯；7—喷水嘴；8—接头

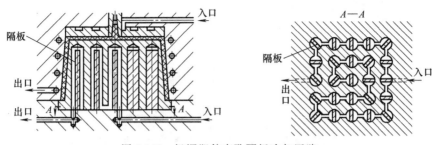

图 3-128　极深塑件直孔隔板冷却回路

89. 模具的冷却水的回路铭牌有哪些要求？

① 所有模具必须钉有冷却水回路铭牌。并在图纸上标出和模具上打上钢印，用英文进"IN"、出"OUT"表示（进行编组标志顺序，动模分组用阿拉伯数字 1、2、3、4……表示，如"1IN""1OUT""2IN""2OUT"；定模分组用 A、B、C、D……英文字母表示，如"AIN""AOUT""BIN""BOUT"），字体用 3.5 字高。

② 铭牌厚度为 1.5mm，当模具＜250T 时，铭牌外形尺寸为 90mm×60mm；当模具＞250T 时，铭牌外形尺寸为 110mm×80mm。

③ 白字，黄底，国内模具用中文。

④ 铭牌内容：水路走向和塑件外形如图 3-129 所示。

⑤ 铭牌用铆钉或螺纹固定在垫铁或动定模板的反操作侧。

⑥ 典型的冷却系统回路铭牌见图 3-130。

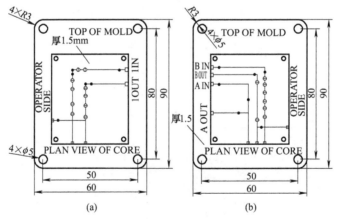

(a)　　　　　　　　　　(b)

图 3-129　冷却水回路铭牌

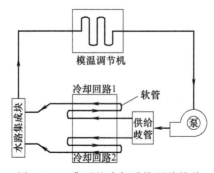

图 3-130　典型的冷却系统回路铭牌

90. O形密封圈有哪三种密封方法？

O形密封圈的密封有三种方法：圆柱面密封、平面密封（有外压和内压两种，如图 3-131 所示）、四点密封法（如图 3-132 所示）。

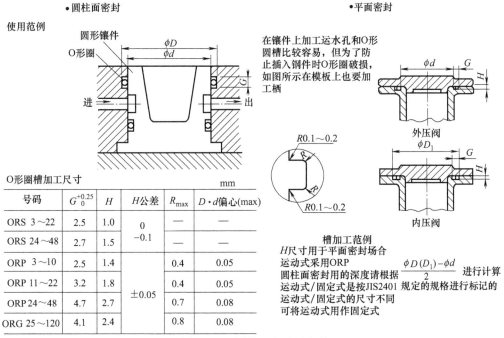

•圆柱面密封

使用范例

•平面密封

在镶件上加工运水孔和O形圆槽比较容易，但为了防止插入钢件时O形圈破损，如图所示在模板上也要加工栖

O形圈槽加工尺寸　　　　　　　　　mm

号码	$G^{+0.25}_{0}$	H	H公差	R_{max}	$D \cdot d$偏心(max)
ORS 3～22	2.5	1.0	0 -0.1	—	—
ORS 24～48	2.7	1.5		—	—
ORP 3～10	2.5	1.4		0.4	0.05
ORP 11～22	3.2	1.8	±0.05	0.4	0.05
ORP 24～48	4.7	2.7		0.7	0.08
ORG 25～120	4.1	2.4		0.8	0.08

槽加工范例
H尺寸用于平面密封场合
运动式采用ORP
圆柱面密封用的深度请根据 $\frac{\phi D(D_1) - \phi d}{2}$ 进行计算
运动式/固定式是按JIS2401 规定的规格进行标记的
运动式/固定式的尺寸不同
可将运动式用作固定式

图 3-131 圆柱面和平面密封

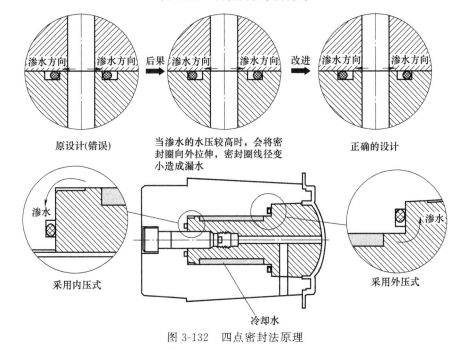

渗水方向　渗水方向　后果　渗水方向　渗水方向　改进　渗水方向　渗水方向

原设计(错误)　　当渗水的水压较高时，会将密封圈向外拉伸，密封圈线径变小造成漏水　　正确的设计

渗水　　采用内压式　　冷却水　　采用外压式　　渗水

图 3-132 四点密封法原理

91. 常用的水管接头规格型号有哪几种？

常见的冷却水水管接头又称喉嘴，材料为黄铜或结构钢，水管接头螺纹的标准件主要包括以下几种：M 细牙、管螺纹 PT、NPT、G、R 等。

① PT 圆锥管螺纹是 55°密封圆锥管螺纹，锥度 1∶16（国内叫法为 ZG，俗称管锥，国标标注为 Rc。米制螺纹用螺距来表示，美英制螺纹用每英寸内的螺纹牙数来表示，这是它们最大的区别，米制螺纹是 60°等边牙型，英制螺纹是等腰 55°牙型，美制螺纹 60°。米制螺纹用米制单位，美英制螺纹用英制单位）。

② TNP 圆锥管螺纹，是属于美国标准的 60°密封圆锥管螺纹。

③ G 是 55°非密封管螺纹的圆柱螺纹。

④ 密封管螺纹为 R。

第九节

排 气 系 统

92. 注塑模具内的气体是从哪里来的？

① 进料系统和模具的型腔中存在着空气。

② 塑料中含有水分，在高温下蒸发而成的气体。

③ 塑料中的某些添加剂在高温下挥发或化学反应产生的气体。

93. 排气有什么重要作用？模具内聚积的气体有什么危害性？

（1）注塑模具如果没有排气设置，就会出现制品成型困难、表面灼伤和出现流痕和熔接痕等现象，致使制品出现缺陷，质量得不到保证。因此，模具的排气是注塑模具设计中不可忽视的大问题，特别是大型模具和制品质量要求高的模具。

（2）注塑模具内聚积的气体会产生如下的危害性。

① 增加充模阻力，导致制品表面棱边不清晰、棱角模糊。

② 使制品内部产生很高的内应力，表面出现明显的流动痕、气痕和熔接痕（如图 3-133 所示），塑件性能降低。产生气泡、疏松，甚至注射不满、熔接不牢、剥层等表面质量缺陷。

③ 在注塑时由于气体被压缩，型腔产生瞬时高温，使熔体分解变色，甚至产生斑点、局部炭化、烧焦，如图 3-134 所示。

④ 由于排气不良，降低了充模速度，增加了成型周期；如果增大注射压力，会使局部产生飞边；困气地方产生成型阻力，致使组织疏松、强度下降。有了适当的排气，注射速度可以提高，充填和保压可达良好状态，不须过度增加料筒和喷嘴的温度。

⑤ 排气槽没有开设和排气不充分、不合理，进入型腔的熔体过早地被封闭，型腔内的气体就不能顺利排出，制品成型困难，如图 3-135 所示。

⑥ 塑件脱模困难，塑件产生变形，如高、薄的桶形塑件。

图 3-133　气痕和熔接痕

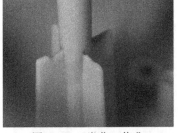
图 3-134　炭化、烧焦

图 3-135　制品成型困难

94. 排气槽的设计原则和要点是什么？

① 注塑模具的排气要求保证迅速、完全、彻底，排气槽的平面布局要求合理。排气速度要与充模速度相适应。尽可能开大排气间隙，但不能大到塑料可以进入排气间隙，形成溢料。

② 排气槽尽量设置在塑件较厚的成型部位和熔料流经汇合处或料流的末端和流道、冷料穴的末端位置。如果料流源于两点以上或从浇口分流后重新熔接在一起，预期会夹入空气的位置必须设置排气间隙（孔）。

③ 排气槽应尽量开设在分型面上，并开设在定模（凹模）一侧的分型面上，这样，便于加工排气间隙（特殊情况可考虑开设在动模一侧）。

④ 排气槽的排气方向不能开在操作侧，防止烫伤操作人员，应开设在上方、下方和反操作侧。

⑤ 注意排气槽的表面粗糙度，应低于 $0.8\mu m$，避免料槽堵塞，并能容易及时清理排气槽的表面黏附物。

95. 注塑模具的排气途径和方法有哪些？

① 分型面开设排气槽，如图 3-136 所示。

② 排气杆、顶杆、间隙排气，如图 3-137 所示。排气杆的标准设计是在排气槽以下的孔径部分，用手轻轻推入配合（在直径方向上有 $0.005 \sim 0.008$mm 的间隙）来保证排气孔与孔壁同心（均匀分布）。

③ 推管间隙排气如图 3-138 所示。

④ 动、定模采用镶块结构排气，如图 3-139 所示。

⑤ 利用浇道系统料道末端开设排气槽或冷料穴排气，如图 3-140 所示。

⑥ 设置排气阀强制性排气，如图 3-141 所示。

⑦ 在排气困难的情况下，镶块采用"排气钢"，利用排气钢的气孔排气，如图 3-142 所示。

⑧ 利用型芯排气如图 3-143 所示。

⑨ 利用模腔底部的排气如图 3-144 所示。

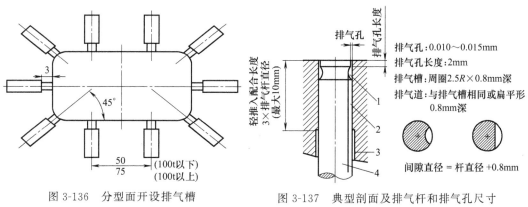

图 3-136　分型面开设排气槽

图 3-137　典型剖面及排气杆和排气孔尺寸
1—排气槽；2—排气道；3—间隙直径；4—排气杆

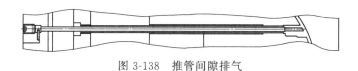

图 3-138　推管间隙排气

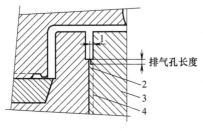

图 3-139　加强肋的镶件排气
1—排气槽；2—排气道；3—间隙直径；4—排气杆

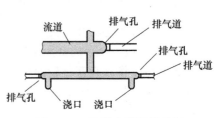

图 3-140　流道末端开设排气

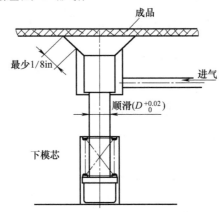

图 3-141　设置排气阀强制性排气

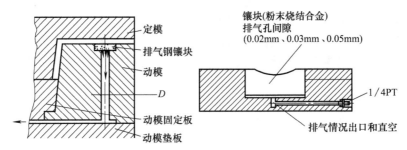

图 3-142　利用排气钢的气孔排气

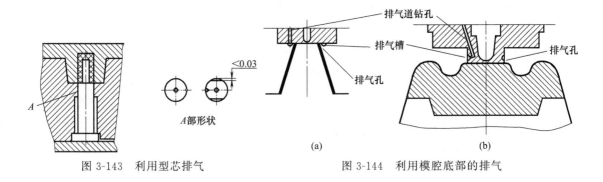

图 3-143　利用型芯排气　　　　图 3-144　利用模腔底部的排气

96. 排气槽的开设有什么要求？

（1）分型面设置等高垫铁（平面接触块），使等高垫块的平面与动、定模的封胶面一样高，间隙值不得大于塑料的溢边值（0.02～0.04mm），如图 3-145 所示。设置等高垫块的目的是减少封胶面的接触面积，提高封胶面的接触精度，便于加工和维修。

（2）分型面的排气槽的开设要求：

① 布局，如图 3-146，排气槽的间距为 50（锁模力 1000kN 以下）～75mm（锁模力 1000kN 以上）。

② 在塑件两边的交角处，开设排气槽，角度为 45°，如图 3-146 所示。

③ 排气槽的深度不得大于塑料溢边值（不允许塑料熔体泄漏），见表 3-29。

④ 排气槽的长度通常为 3～5mm，宽度 3～5mm，如图 3-147 所示。

⑤ 二级排气槽（放气通道）通大气，一般深度为 0.50～0.80mm，如图 3-147 所示。

⑥ 排气道横截面积至少要大于通向排气槽的所有排气孔横截面积之和。

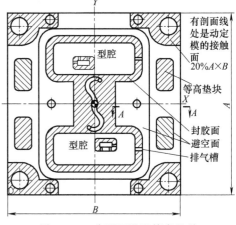

图 3-145 分型面设置等高垫铁

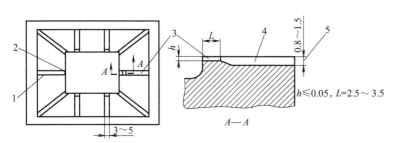

图 3-146 排气槽的平面布局（$h \leqslant 0.05$，$L = 2.5 \sim 3.5$）
1—分流道；2—浇口；3—排气槽；4—导向沟；5—分型面

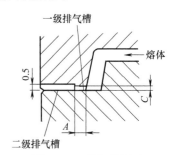

图 3-147 排气槽尺寸

表 3-29 常用塑料排气槽深度

树脂名称	排气槽深度/mm	树脂名称	排气槽深度/mm
PE	0.02	PA(含玻璃纤维)	0.03～0.04
PP	0.02	PA	0.02
PS	0.02	PC(含玻璃纤维)	0.05～0.07
ABS	0.03	PC	0.04
SAN	0.03	PBT(含玻璃纤维)	0.03～0.04
ASA	0.03	PBT	0.02
POM	0.02	PMMA	0.04

第十节

侧向分型与抽芯机构

97. 什么叫侧向分型和侧向抽芯机构？

当制品的内外形有凹凸结构，不能用通常办法（垂直于分型面的开模方向）直接顶开，需要转变为侧向运动，在制品推出之前完成侧向抽芯动作，才能让制品顺利脱模。这种机构叫侧向分型和侧向抽芯机构。

98. 侧向抽芯机构怎样分类？

（1）根据侧向抽芯机构的动力源不同，注射模的侧向抽芯机构主要分为手动抽芯、机动抽芯、液压油缸（或气动）拉动滑块抽芯三大类。

（2）根据侧向抽芯机构所处的位置不同，可分为定模或动模的内侧抽芯机构或外侧抽芯机构。

（3）根据侧向抽芯机构的特点可分为以下七大类。①斜顶杆侧向抽芯机构。②滑块用油缸抽芯机构。③斜滑块加T形块的侧向抽芯机构，如图3-148所示。④滑块弯销式内侧抽芯机构，如图3-149（a）所示。⑤滑块弯销式外侧抽芯机构，如图3-149（b）所示。⑥斜导柱滑块抽芯机构。⑦浮块抽芯机构。

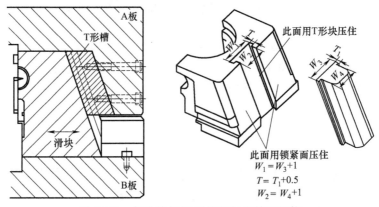

图3-148　斜滑块加T形块的侧向抽芯机构

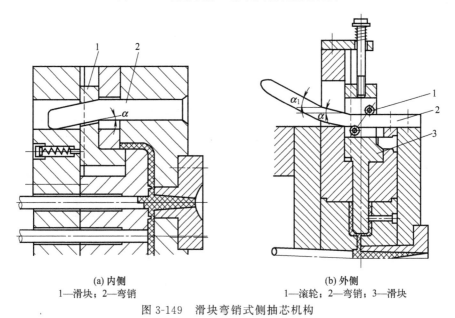

(a) 内侧
1—滑块；2—弯销

(b) 外侧
1—滚轮；2—弯销；3—滑块

图3-149　滑块弯销式侧抽芯机构

99. 斜导柱滑块抽芯机构的原理是怎样的？

斜导柱滑块抽芯机构是主要依靠注塑机上的开模力，通过传递给传统零件实现分型与抽芯的机构。也就是说开模时斜导柱与滑块产生相对运动，滑块在斜导柱的作用下一边沿开模方向运动，另一边沿侧向运动，其中侧向的运动使模具的侧向成型零件脱离塑件内、外侧的凹凸抽芯结构。动模处的斜导柱滑块外侧抽芯是最常用的抽芯机构，抽芯动作瞬间完成，适用自动化注塑成型，效率较高；斜导柱滑块抽芯机构的特点是结构紧凑、动作安全可靠、加工方便、侧抽芯距比较大，因此是当前注塑模具最常用的侧向分型与抽芯机构，如图 3-150 所示。

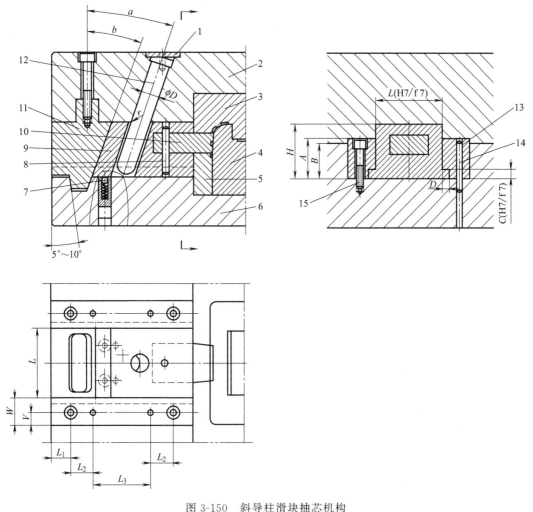

图 3-150　斜导柱滑块抽芯机构

1—斜导柱压块；2—定模 A 板；3—定模镶件；4—动模型芯；
5—动模镶件；6—动模 B 板；7—定位珠；8,14—定位销；9—滑块；10—侧向抽芯；
11—楔紧块；12—斜导柱；13—滑块压块；15—螺钉

100. 斜导柱滑块抽芯机构由哪些零件组成？

斜导柱滑块抽芯机构有五个功能部分（动力、锁紧、成型、定位、导滑），由以下零件组成：斜导柱、楔紧块、导套、导套压板、内六角螺钉（在定模）、滑块、导滑槽、滑块压板及定位销、定位装置、耐磨块、导向条及弹簧、限位挡块等（在动模），如图 3-151 所示。

101. 斜导柱滑块抽芯机构的设计原则有哪些？

① 斜导柱滑块抽芯应优先考虑滑块设置在动模处，尽量避免定模抽芯，斜导柱固定在定模处。如果定模抽芯会使模具结构更复杂，必须设置定向定距分型装置。开模前必须先抽

147

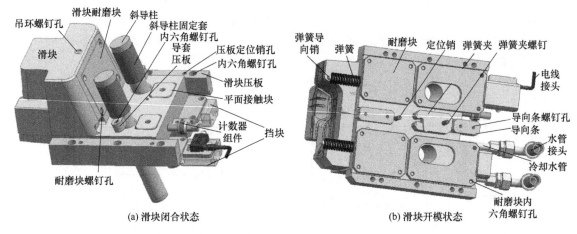

图 3-151 斜导柱滑块抽芯机构的组成

出侧向型芯。

② 正确选择设计基准（成型处的封胶面和滑块的基准面）。

③ 滑块的活动配合长度应至少为滑块高度的 1.5 倍。但是在汽车部件的模具中很难做到这一点，所以大都应用了液压抽芯机构。

④ 滑块抽芯距必须大于成型凸凹部分 3～5mm。

⑤ 滑块完成抽芯动作以后，留在滑槽内的长度应大于整个滑槽长度的 2/3，避免滑块在开始复位时产生倾斜而损坏模具。

⑥ 斜导柱的夹角最大不得超过 23°（最好为 12°～18°），斜导柱与模板配合为 H8/m6。斜导柱的长度与直径关系为 $L/d>1$，斜导柱与滑块的斜导柱孔的配合间隙为 0.5～1mm。

⑦ 滑块与导滑槽和压板的配合为 H7/f7。

⑧ 楔紧块的楔角要大于斜导柱角度 2°～3°，避免抽芯动作发生干涉。

⑨ 滑块抽出后必须有定位装置。滑块的侧面要求有弹簧，弹簧最好使用导向销。这样弹簧不易折断，注意导向销有足够的固定长度。

⑩ 滑块成型部分粗糙度在 0.8μm 以下，配合面粗糙度在 1.6μm 以下，非配合面粗糙度在 3.2～1.6μm 之间。

102. 斜导柱滑块抽芯机构类型有哪些？

斜导柱滑块抽芯机构的结构类型如下所述，可根据塑件的结构形状特征选用。

① 斜导柱在定模边，驱动八个拼合滑块在动模的分型机构，如图 3-152 所示。

② 斜导柱、滑块同在定模的抽芯机构。需要三开模抽芯，适用于顺序脱模结构件。开模时由于摆钩 6 的连接作用，使 A—A 面先分型，同时滑块 2 完成抽芯动作，最后 C—C 面（动、定模分型面）开模，如图 3-153 所示。

③ 斜导柱、滑块同在动模的抽芯机构。开模时，在顶杆的作用下，同时完成脱模和两个抽芯动作，如图 3-154 所示。

④ 斜导柱在动模、滑块在定模的抽芯机构，如图 3-155 所示。在弹簧的作用下，先在 A 面分开。滑块 10 抽芯，在限位钉 11 的作用下，B 面分开。最后由顶杆顶出塑件。

⑤ 斜导柱、滑块同在动模，滑块内侧的抽芯机构。在弹簧 4 的作用下，先由 A—A 分型，完成内侧抽芯动作。然后 B—B 分型，C—C 面推板顶出塑件，如图 3-156 所示。

⑥ 同一滑块多向抽芯机构，如图 3-157 所示。

⑦ 定模内侧抽芯（滑块加斜导柱），如图 3-158 所示，是两次分型、制品内形在定模、外形在动模的不同于常规设计的模具结构。定模盖板 7 与定模板 9 在弹簧 2 的作用下先松动，使楔紧块与滑块有间隙，然后滑块在定模的斜导柱作用下，使滑块内侧抽芯。

⑧ 动模内侧抽芯，斜导柱与楔紧块都在动模处，滑块在推板处，如图 3-159 所示。

⑨ 多滑块分级抽芯。当塑件与侧抽芯有较大的接触面积时，由于塑件对侧抽芯的包紧力和黏附力较大，在侧向抽芯过程中塑件会被侧抽芯拉出变形甚至断裂，必须多滑块分级抽芯，如图 3-160。

⑩ 多向组合抽芯。当制品抽芯处形状较为复杂，一次抽芯时制品会发生变形或不能达到抽芯的目的，就要如图 3-161 所示，分二次抽芯。小滑块 7 在楔紧块的斜面作用下先向下抽芯，然后如图 3-161（b）所示，斜导柱继续抽芯，滑块 8 带动小滑块，完成了侧抽芯，最后完成了抽芯动作。

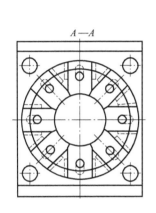
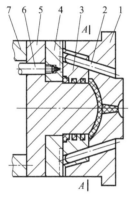

图 3-152 斜导柱分型机构
1—定模模套；2—斜销；3—滑块；4—推件板；
5—型芯；6—推杆；7—支架

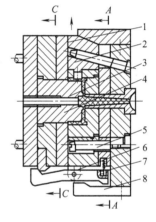

图 3-153 斜导柱、滑块同在定模的抽芯机构
1—推件板；2—滑块；3—推杆；4—型芯；
5—定距螺钉；6—摆钩；7—弹簧；8—压块

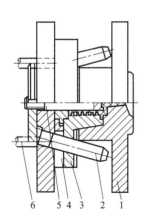

图 3-154 斜导柱和滑块同在动模的抽芯机构
1—座板；2—斜销；3—滑块；
4—动模推件板；5—型芯；6—顶杆

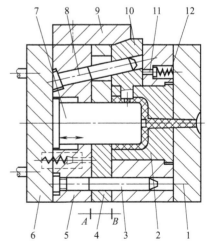

图 3-155 斜导柱在动模、滑块在定模的抽芯机构
1—定模座板；2—凹模；3—导柱；4—推件板；
5—型芯固定板；6—支承板；7—型芯；8—斜销；
9—楔紧块；10—滑块；11—限位钉；12—弹簧

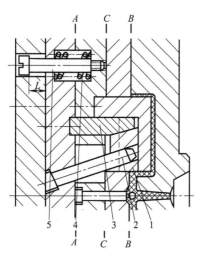

图 3-156　动模顺序分型内侧抽芯机构

1—滑块；2—斜销；3—楔紧块；4—弹簧；5—限位钉

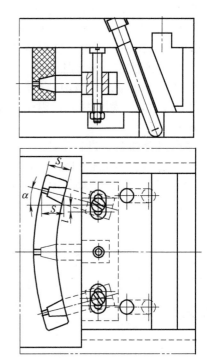

图 3-157　多向抽芯机构

$L \geqslant \sin\alpha$，$S = S_1 \cos\alpha$

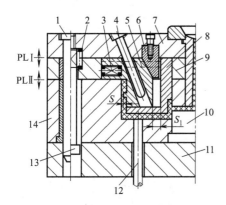

图 3-158　定模内侧抽芯

1—导柱；2,3—弹簧；4—斜导柱；5—滑块；6—楔紧块；
7—定模盖板；8—定模镶件；9—定模板；10—动模镶件；
11—动模垫板；12—推杆；13—小拉杆；14—动模板

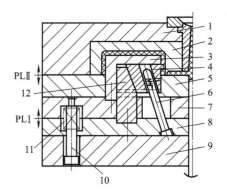

图 3-159　动模内侧抽芯

1—定模 A 板；2—定模型芯；3—动模型芯；4—滑块；
5—推板；6—斜导柱；7—动模 B 板；8—斜导柱固定板；
9—托板；10—限位钉；11—弹簧；12—楔紧块

103. 斜导柱滑块抽芯机构有哪些具体要求？

① 10kg 以上的大型滑块，需要打上吊环孔。

② 塑件要求高的大中型滑块，需要冷却装置，条件受到限制的成型部分用铍青铜材料。

③ 复杂、大型滑块需考虑加工工艺需要、热处理方便及成本，把滑块做成组合结构，详见表 3-30。

④ 滑块成型件的分型面尽量做成平碰线，封闭宽度至少为 8mm，不要做成直线合模线。

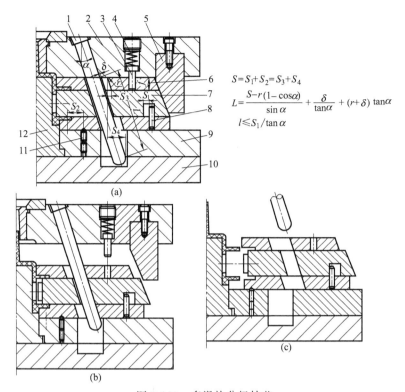

$$S = S_1 + S_2 = S_3 + S_4$$

$$L = \frac{S - r(1 - \cos\alpha)}{\sin\alpha} + \frac{\delta}{\tan\alpha} + (r + \delta)\tan\alpha$$

$$l \leqslant S_1 / \tan\alpha$$

图 3-160　多滑块分级抽芯

1—斜导柱；2—定模 A 板；3—延时销；4—弹簧；5—楔紧块；6—大滑块；7—小滑块；
8—小滑块挡销；9—动模 B 板；10—托板；11—定位珠；12—动模型芯

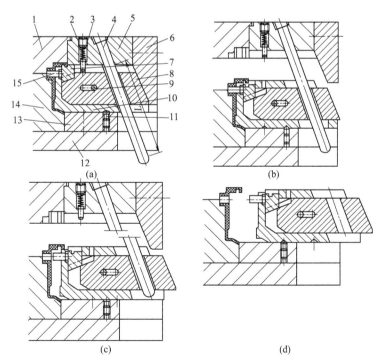

图 3-161　多向组合抽芯及其抽芯过程

1—定模镶件；2—弹簧；3—延时销；4—斜导柱；5—定模 A 板；6—楔紧块；7—小滑块；8—滑块；
9—挡销；10—大滑块；11—定位珠；12—托板；13—动模 B 板；14—动模型芯；15—侧抽芯

151

⑤ 滑块成型部分深度较长、面积较大，应计算抽拔力是否大于包紧力。

⑥ 设计滑块时应考虑滑块的重心，以便滑块移动畅顺。调整方法：降低斜导柱孔的位置；调整压板槽的高低位置，如图 3-162（a）所示，重心偏高。

⑦ 若把滑块的导柱孔加大，或斜导柱孔的入口处倒角加大，会产生滑块延迟开合的功能。若把滑块的斜导柱孔单边加大，如图 3-163（b）所示，也获得同样效果。

⑧ 滑块成型部分有顶杆时，如发生干涉时要做先复位机构。国外客户订单的模具，需要经客户认可。

⑨ 滑块顶部与斜面交角处及楔紧块斜面入口处均为倒角或圆角。

⑩ 图 3-164 所示的是斜导柱滑块的典型规范结构，动、定模与滑块相对运动处都有斜度设计，防止动、定模与滑块相对运动时碰撞损坏。

⑪ 斜导柱长度要求不能太短或太长，斜导柱伸入滑块的长度必须超过滑块高度的 2/3（即外 $L_1 > 2L/3$），如图 3-165（a）所示。斜导柱最长不得超过模板外形。

⑫ 滑块和侧抽芯的成型部分可设计成连接方式，便于制造和维修，节约成本，如表 3-30 所示。

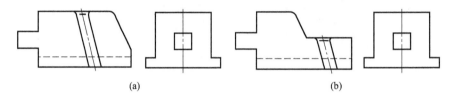

(a)   (b)

图 3-162　斜导柱滑块设计（1）

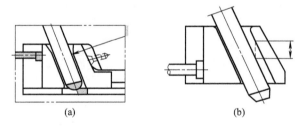

(a)   (b)

图 3-163　斜导柱滑块设计（2）

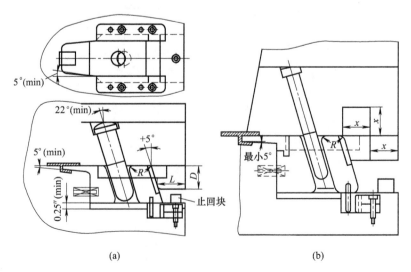

(a)   (b)

图 3-164　斜导柱滑块典型规范结构

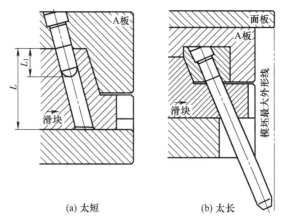

(a) 太短　　　　　　　　(b) 太长

图 3-165　斜导柱长度要求

表 3-30　滑块和侧抽芯的连接方式

简　图	说　明	简　图	说　明
	滑块采用整体式结构,一般适用于型芯较大、较好加工、强度较好的场合		采用销钉固定,用于侧抽芯不大、非圆形的场合
	嵌入式镶拼方式,侧抽芯较大、较复杂,分体加工较容易制作		采用螺钉固定,用于型芯成圆形且型芯较小的场合
	标准的镶拼方式,采用螺钉固定形式,用于型芯呈方形或扁平结构且型芯不大的场合,$A > B = 5 \sim 8mm$,$C = 3 \sim 5mm$		压板式镶拼方式,采用压板固定,适用于固定多个型芯

104. 斜导柱常见固定方式有哪几种?

斜导柱常见固定方式见表 3-31。

表 3-31　斜导柱常见固定方式

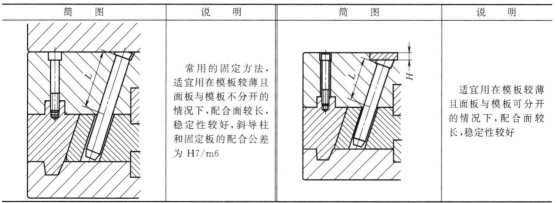

简　图	说　明	简　图	说　明
	常用的固定方法,适宜用在模板较薄且面板与模板不分开的情况下,配合面较长,稳定性较好,斜导柱和固定板的配合公差为 H7/m6		适宜用在模板较薄且面板与模板可分开的情况下,配合面较长,稳定性较好

153

续表

简 图	说 明	简 图	说 明
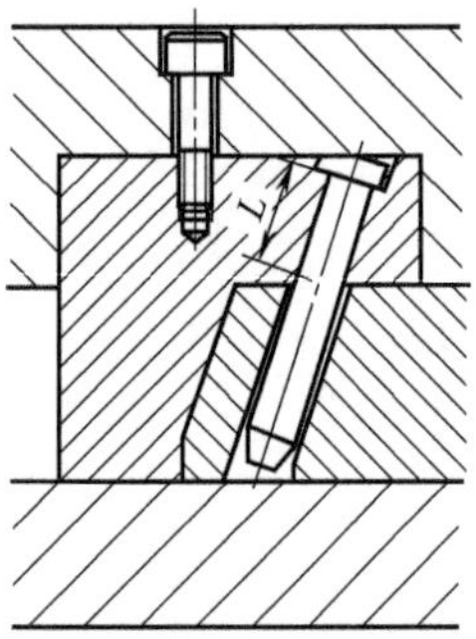	适宜用在模板厚、模具空间大的情况下,且二板模、三板模均可使用,配合长度 $L \geqslant (1.5 \sim 5)D$($D$ 为斜导柱直径),稳定性较好	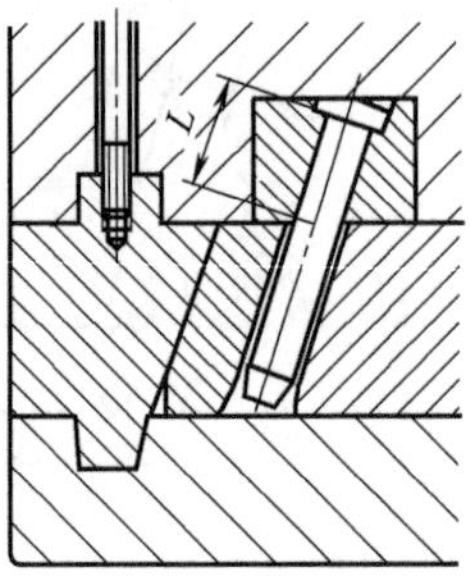	适宜用在模板较厚的情况下,二板模、三板模均可使用,配合面 $L \geqslant (1.5 \sim 5)D$($D$ 为斜导柱直径)。这种装配稳定性不好,加工困难
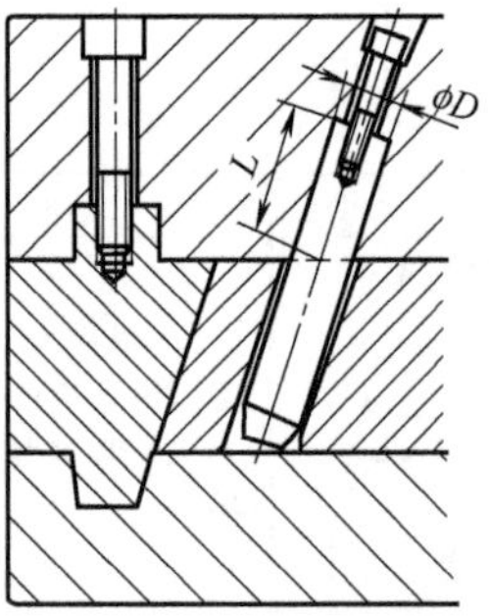	适宜用在模板较厚的情况下,且二板模、三板模均可使用,配合面 $L \geqslant (1.5 \sim 5)D$($D$ 为斜导柱直径)。这种装配稳定性不好,加工困难	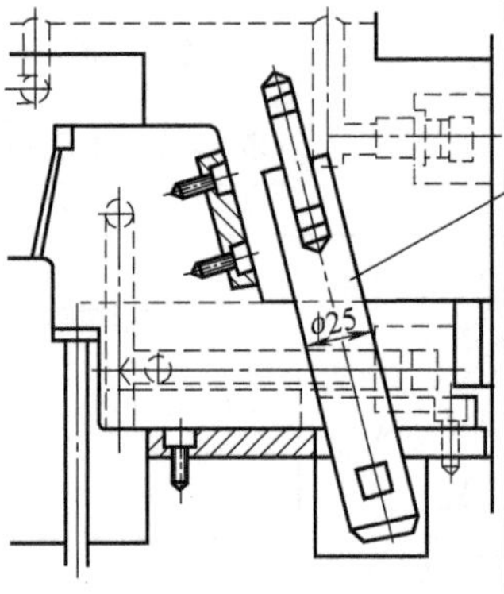	斜导柱内螺纹安装结构

105. 楔紧块的结构形式有哪些?

① 楔紧块的结构形式,见表 3-32,楔紧块的斜面与滑块的耐磨块斜面为无间隙接触配合(楔面的高度 h 要大于或等于滑块高度 H 的 2/3)。

② 楔紧块与模板的配合为过渡配合 H7/k6(H7/n6)。

表 3-32　楔紧块的结构形式及其装配简图

简 图	说 明	简 图	说 明
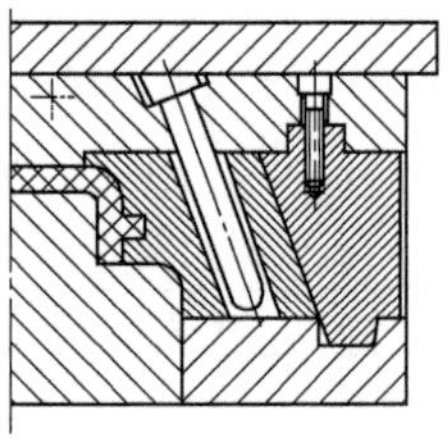	常规结构,采用嵌入式锁紧方式,刚性好,适用于锁紧力较大的场合	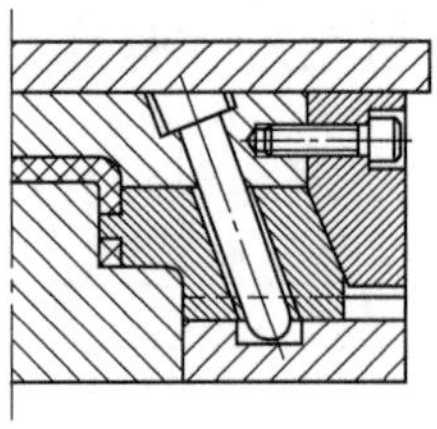	侧抽芯对模具长、宽尺寸影响较小,但锁紧力较小,适用于抽芯距离不大、滑块宽度不大的小型模具
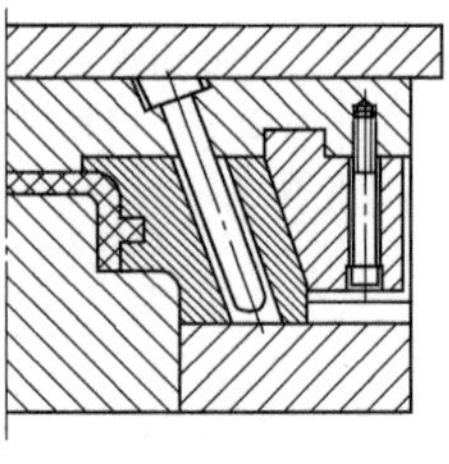	滑块采用镶拼式锁紧方式,通常可用标准件,可查标准零件表,结构强度好,适用于较宽的滑块	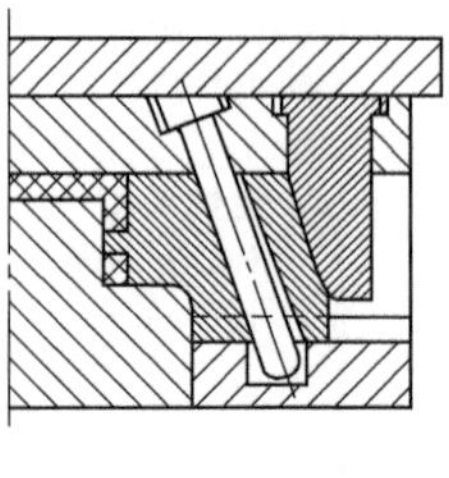	采用嵌入式锁紧方式,适用于较宽的滑块

续表

简　图	说　明	简　图	说　明
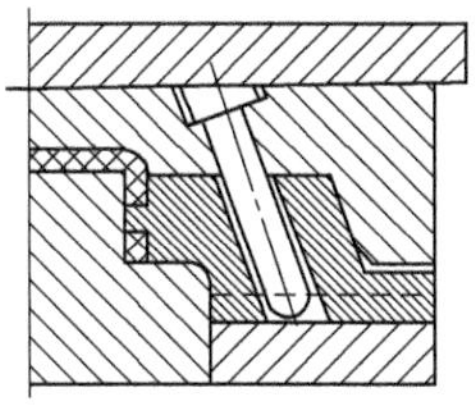	滑块采用整体式锁紧方式,结构刚性好,但加工困难,适用于小型模具	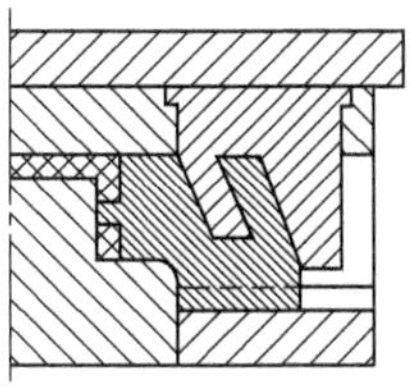	采用拨动兼止动,稳定性较差,一般用在滑块空间较小的情况下
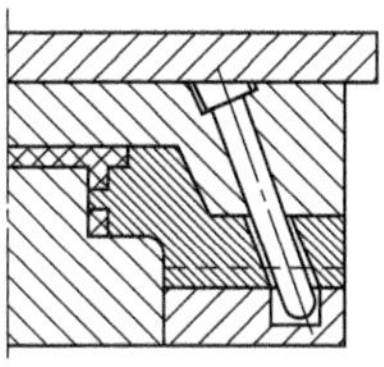	滑块采用整体式锁紧方式,结构刚性更好,但加工困难,抽芯距小,适用于小型模具	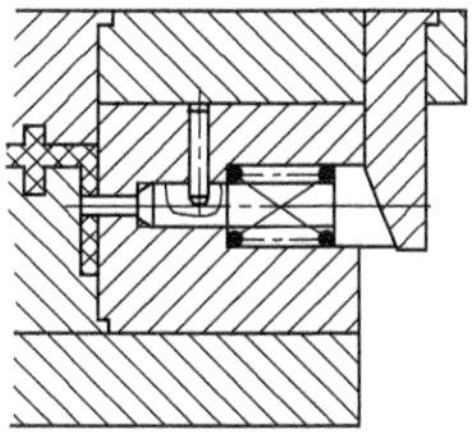	侧抽芯对模具长宽尺寸影响较小,适用于抽芯距离不大、包紧力较小、滑块宽度不大的小型模具
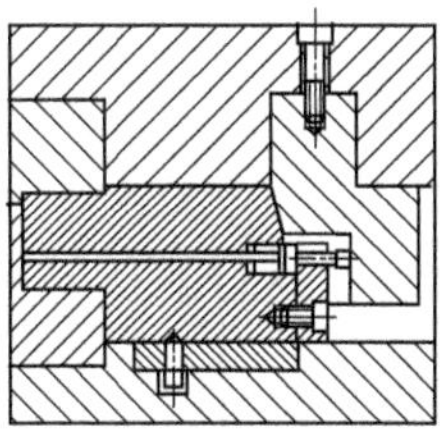	当塑件对滑块或侧抽芯有较大的黏附力(如接触面积较大)或包紧力(如侧面有深孔或深槽等)时,抽芯时易将塑件拉变形。此时要在滑块中增加推杆,在抽芯初期由推杆推住塑件,使塑件不致变形	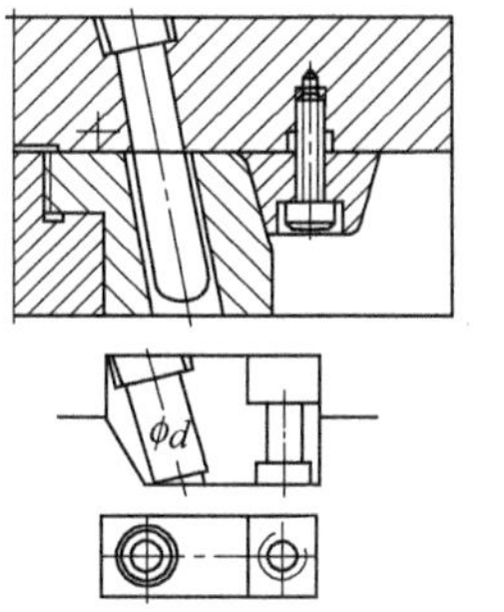	楔紧块嵌入模板,并用内六角螺钉固定,适用于制品投影面积不大的情况 采用楔紧块与斜导柱固定块在一起的标准件

106. 滑块的导滑部分有哪些结构形式?装配要求是怎样的?

① 常用滑块与导滑槽的配合形式、装配要求,见表 3-33,配合面为 H7/f6,非配合面的间隙为 0.5～1mm。

② 滑块宽度超过 160～200mm 时需在中间加导向条。

③ 每件滑块压条必须用 2～3 个螺钉和 2 个定位销,如图 3-166 (a) 所示。当滑块压板长度较短、内六角螺钉与定位销空间位置不够时,可采用嵌入式压条,就不需要定位销,如图 3-166 (b) 所示。

表 3-33　滑块的导滑部分配合形式和装配要求

简　图	说　明	简　图	说　明
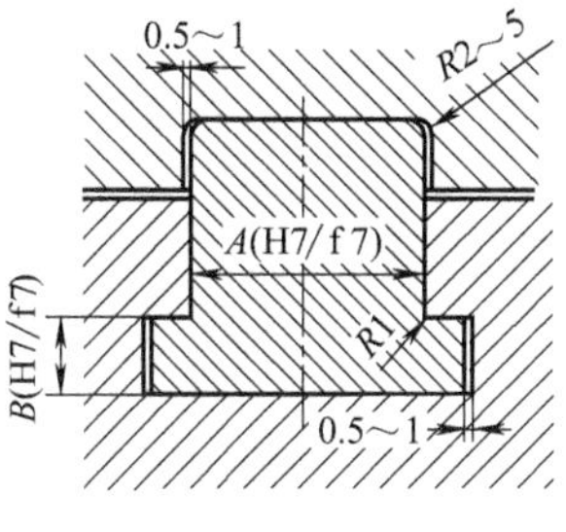	采用整体式加工困难,一般用在模具较小的场合	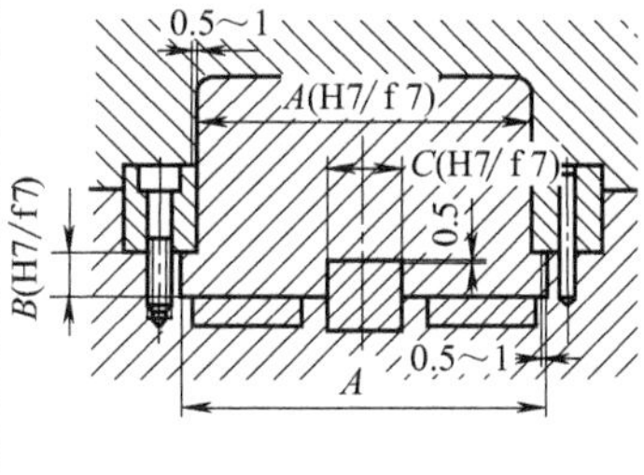	滑块长度 A 超过 160～200mm 时,中间须加导向条

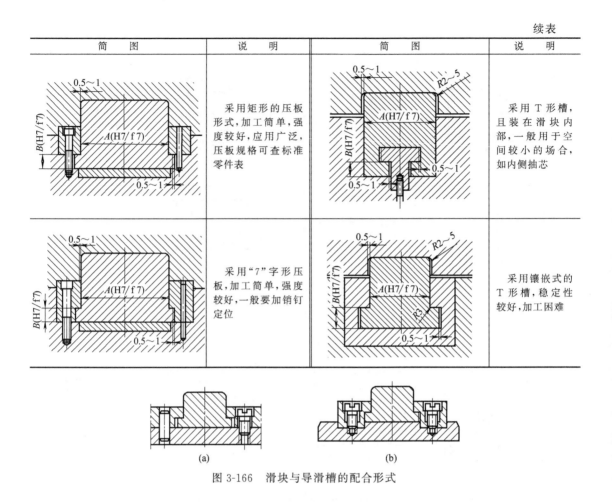

简　图	说　明	简　图	说　明
	采用矩形的压板形式,加工简单,强度较好,应用广泛,压板规格可查标准零件表		采用 T 形槽,且装在滑块内部,一般用于空间较小的场合,如内侧抽芯
	采用"7"字形压板,加工简单,强度较好,一般要加销钉定位		采用镶嵌式的 T 形槽,稳定性较好,加工困难

图 3-166　滑块与导滑槽的配合形式

107. 滑块的定位基准怎样确定? 有哪些定位装置?

滑块的定位面就是滑块的设计基准,也是尺寸标注基准。大型模具的大滑块最好设置在水平两侧方向,如果滑块位置在天侧,推荐用液压缸抽芯装置或用外拉式弹簧,最好采用DME 滑块定位装置。

(1) 合模时滑块定位的一般要求如下:

① 不能用制品的成型面直接作为滑块的定位基准面,如图 3-167 (a) 所示。

② 定位最好设计成台阶面定位,图 3-167 所示滑块的定位面都很好。

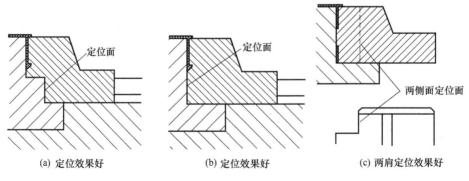

(a) 定位效果好　　　　(b) 定位效果好　　　　(c) 两肩定位效果好

图 3-167　滑块的定位面 (1)

③ 当滑块用台阶作为定位基准面时，定位面斜度要求单边 5°以上。图 3-168（a）所示定位不好，平面应设计成有一定斜度，如图 3-168（b）所示。

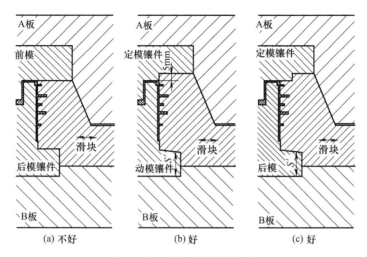

图 3-168 滑块的定位面 (2)

（2）滑块的定位装置有三大类，具体见表 3-34。

① 碰珠弹簧装置适用于小模具，滑块重量在 3kg。

② 弹簧外拉式定位结构。斜导柱的滑块机构位置最好设置在模具的下方、左右的水平位置，如在向上位置要用弹簧装置或液压缸结构抽芯，防止闭模时滑块跌落。

③ 滑块的定位夹装置，其定位可靠，适用于中大型模具。常见滑块的定位方式有标准件弹簧夹和弹簧。使用弹簧固定滑块的方法有以下几种：滑块内侧加压缩弹簧、滑块外侧加压缩弹簧、模具外形加支架、挡块外侧加压缩弹簧。

表 3-34 常见滑块的定位装置

简　图	说　明	简　图	说　明
	利用弹簧及滚珠定位，一般用于滑块较小或抽芯距较长的场合，多用于两侧向抽芯		利用"弹簧＋销钉（螺钉）"定位，弹簧强度为滑块重量的 1.5～2 倍，常用于向下和侧向抽芯
	利用"弹簧＋螺钉"定位，弹簧强度为滑块重量的 1.5～2 倍，常用于向下和侧向抽芯		侧抽芯定位夹只适用于侧向抽芯和向下抽芯；根据侧抽芯重量选择侧抽芯夹

续表

简　图	说　明	简　图	说　明
	利用弹簧螺钉和挡块定位,弹簧强度为滑块重量的 1.5～2 倍,适用于向上抽芯		SUPERIOR 侧抽芯锁只适用于侧向抽芯和向下抽芯 SLK-8A 适合 8lb 以下或 3～6kg 滑块;SLK-25K 适合 25lb 或 11kg 以下滑块
	利用"弹簧＋挡块"定位,弹簧的强度为滑块重量的 1.5～2 倍,适用于滑块较大、向下和侧向抽芯		滑块内侧加压缩弹簧
	滑块外侧加压缩弹簧		模具外形加支架,滑块侧面加压缩弹簧和挡块装置

108. 滑块的压板和耐磨块的油槽有什么要求？

压板和耐磨块都需开设油槽（含有石墨的不需开设油槽），油槽要按照以下要求开设。

① 所有滑动表面，其中一件零件必须有油槽，适用于压板、滑块底部、斜顶杆或耐磨块。

② 油槽形状为 S 形、X 形、圆形，截面形状应圆滑、去除棱角，油槽为 0.50mm 深、2～2.5mm 宽，油槽转角处必须是圆角，圆角最小半径为 0.2mm，如图 3-169 所示。

③ 压板油槽数量不能太多，最好不要超过 3 个。

④ 油槽平面不得有毛刺，油槽要求封闭，不能漏油。

⑤ 油槽开设的位置应与压板外形的最小距离为 2mm，如图 3-169 所示。

⑥ 耐磨块油槽的设计，圆形加工方便，但摩擦力较大，最好设计成 X 形或 S 形，如图 3-170 所示。

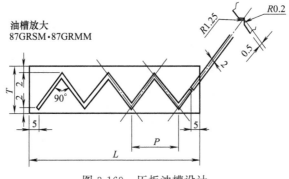

图 3-169　压板油槽设计

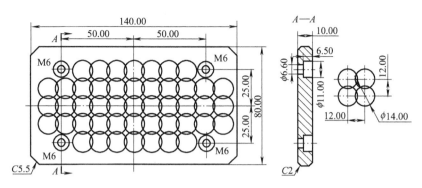

图 3-170　耐磨块油槽

109. 斜导柱滑块抽芯机构中，在怎样的情况下要采用先复位机构？

当模具闭合时，如果顶杆顶出的最高位置高于滑块的底面时，顶杆与滑块就会发生干涉。在这种情况下，如仍用常用的复位杆复位，滑块先于顶杆复位，致使活动的侧型芯与顶杆碰撞而损坏，如图 3-171 所示。解决办法是采用先复位机构，如图 3-172 所示，就不会发生干涉。常用的先复位机构有如下三种。

① 连杆式先复位机构，如图 3-173 所示。

② 摆杆先行复位机构，如图 3-174 所示。

③ 三角滑块先复位机构，如图 3-175 所示。

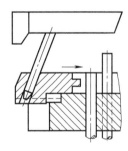

图 3-171　滑块与顶杆发生干涉

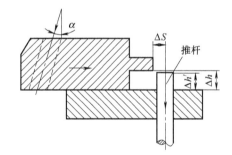

图 3-172　滑块与顶杆不发生干涉

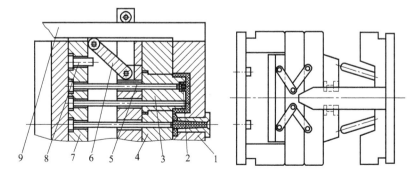

图 3-173　连杆式先复位机构

1—固定模板；2—镶件；3—型芯；4—移动模板；

5—顶杆；6—杠杆；7—顶板；8—复位杆；9—楔板

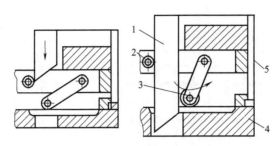

图 3-174　摆杆先行复位机构

1—楔形杆；2—滚轮；3—滚轮摆杆；4—推板；5—推杆

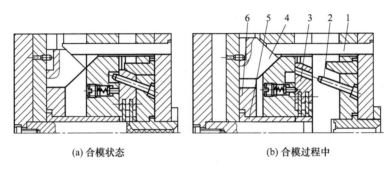

(a) 合模状态　　　　　　　　　　(b) 合模过程中

图 3-175　三角滑块先复位机构

1—楔形杆；2—斜导柱；3—侧型芯滑块；4—三角滑块；5—推管；6—推管固定板

110. 油缸抽芯机构有什么特点？设计要注意哪三个问题？

当制品形状侧凹凸较为特殊，采用机动抽芯较为困难时，需要考虑用液压缸带动滑块抽芯的机构。油缸抽芯机构有如下特点：使模具结构简单些。但液压缸要有独立的向前和向后的复位动作，需要短暂的停顿过程。因此，需要浪费一些时间，比斜导柱滑块生产效率差一些。

设计时要注意以下三个问题：

① 如果滑块成型部分的投影面织大，则不能直接用油缸锁模，否则会产生让模，需要用锁紧块。

② 防止滑块与动、定模发生干涉，如图 3-176 所示。

③ 防止油缸与注塑机发生干涉，如图 3-177 所示。

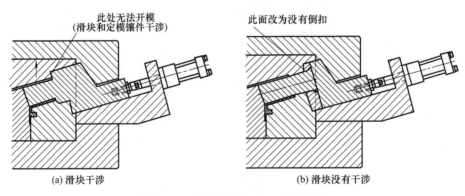

(a) 滑块干涉　　　　　　　　　　(b) 滑块没有干涉

图 3-176　防止滑块与动、定模干涉

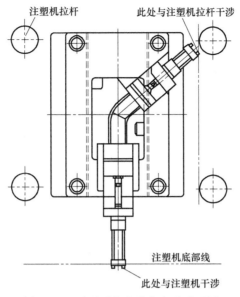

图 3-177　防止油缸与注塑机发生干涉

111. 大型滑块设计有哪些具体要求？

① 需要考虑冷却和排气。
② 要考虑组合结构，不要设计成整体。
③ 滑块布局考虑在左右两侧位置。
④ 抽芯动力考虑油缸抽芯。

112. 浮块抽芯机构适用于什么场合？设计要点是什么？

① 由于空间受到限制，不能用油缸和斜导柱抽芯机构的，而且位置又在定模处、抽芯距离长、抽芯力又较大的，就需要浮块抽芯机构，简化模具结构。
② 模具开模时，做成浮块的抽芯零件利用压缩弹簧的力和自重，沿着斜导轨完成抽芯动作。模具闭合时，强制浮块复位。
③ 设计要点：抽芯机构的运动零件应有足够的导滑长度，大型滑块应采取减少摩擦的措施。
④ 浮块抽芯机构，如图 3-178 所示，如汽车仪表板模具，定模有时需要浮块抽芯机构。

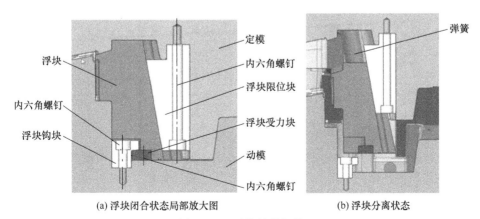

(a) 浮块闭合状态局部放大图　　　　　　(b) 浮块分离状态

图 3-178　浮块抽芯机构

113. 滑块弯销式侧向分型抽芯机构的特点与设计要点是什么？

（1）弯销抽芯机构的原理

其原理和斜导柱抽芯机构的原理基本相同，只是在结构上用弯销代替斜导柱，见图3-179。这种抽芯机构的特点是：

① 由于弯销既可以抽芯，又可以压紧滑块，不再需要锁紧块。

② 倾斜角度大，抽芯距大于斜导柱抽芯距，脱模力也较大。

③ 必要时，弯销还可由不同斜度的几段组成，先以小的斜度获得较大的抽芯力，再以大的斜度段来获得较大的抽芯距，从而可以根据需要来控制抽芯力和抽芯距。

（2）设计要点

在设计弯销抽芯机构时，应使弯销和滑块孔之间的间隙 a 稍大一些，避免锁模时相碰撞。一般间隙在 $0.5\sim0.8$mm 左右。弯销和支承板的强度，应根据脱模力的大小，或作用在型芯上的熔体压力来确定。在图3-179的弯销抽芯机构中：$\alpha=15°\sim25°$（α 为弯销倾斜角度）；$\beta=5°\sim10°$（β 为反锁角度）；$H_1>1.5W$（H_1 为配合长度）；$S=T+(2\sim3)$mm（S 为滑块需要水平运动的距离；T 为成品倒钩）；$S=H\sin\alpha-\delta/\cos\alpha$（$\delta$ 为弯销与滑块间的间隙，一般为 $0.5\sim0.8$mm；H 为弯销在滑块内的垂直距离）。

（3）动模型芯内侧抽芯。如图3-180所示。

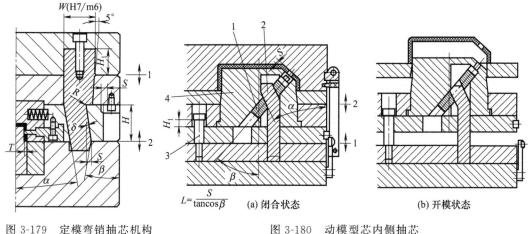

$$L=\frac{S}{\tan\alpha\cos\beta}$$

（a）闭合状态　　　　　　（b）开模状态

图3-179　定模弯销抽芯机构　　　　　图3-180　动模型芯内侧抽芯
1—滑块；2—弯销；3—限位钉；4—动模型芯

第十一节

斜 顶 机 构

---

114. 在什么情况下应用斜顶机构？

斜顶杆机构也是常见的侧向抽芯机构之一，在塑件内侧面存在凹槽或凸起，或外侧倒扣，并且在使用斜导柱滑块抽芯机构有困难的情况（制品周围抽芯机构的空间比较小）下，采用斜顶杆机构。但斜顶杆加工复杂，工作量大，磨损后维修麻烦。因此，为了结构设计简单和制造方便，能用斜导柱滑块抽芯的不用斜顶杆，能用斜顶杆的不用内滑块。

115. 斜顶杆的抽芯原理是什么？斜顶杆的基本结构和类型是怎样的？

① 制品在顶出的过程中，斜顶做侧向运动，分解成垂直和侧向两个方向的运动，其中的侧向运动即实现侧向抽芯，同时也有顶出制品的作用。

② 斜顶机构分五大功能组件，如表 3-35 所示。

表 3-35　斜顶机构五大功能组件

组件名称	功　能	组　件	图　示
成型组件	成型制品上的侧孔、凹凸台阶，一般与顶出元件做成整体	型块	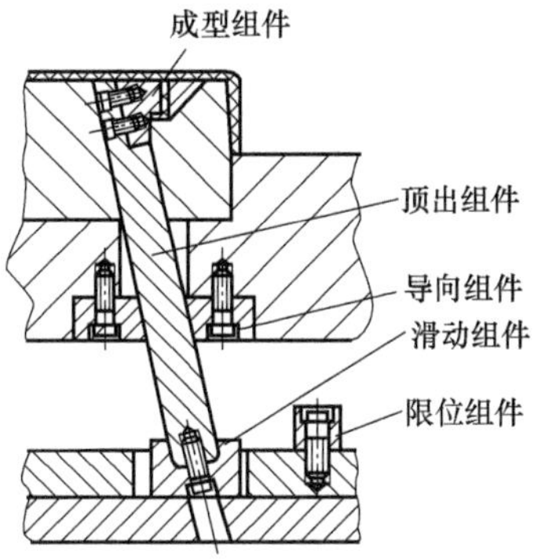 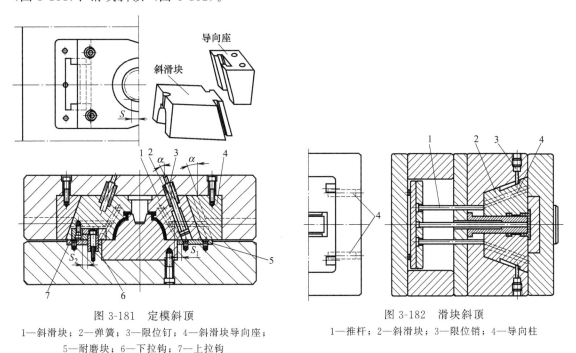
顶出组件	连接并带动型块在斜顶槽内运动	斜顶	
滑动组件	使顶出元件超前、同步或者滞后注塑机推出动作	斜顶滑块、滑座等	
导向组件	主要起导向作用，同时也有耐磨作用	导向块	
限位组件	使顶出元件在顶出后，停留在所要求的位置上	限位块	

③ 斜顶机构以斜顶所处的位置划分为以下三类：动模斜顶（表 3-35 图示）、定模斜顶（图 3-181）、滑块斜顶（图 3-182）。

图 3-181　定模斜顶

1—斜滑块；2—弹簧；3—限位钉；4—斜滑块导向座；
5—耐磨块；6—下拉钩；7—上拉钩

图 3-182　滑块斜顶

1—推杆；2—斜滑块；3—限位销；4—导向柱

116. 怎样设计斜顶杆抽芯的成型结构？

斜顶的分型抽芯处最好有台阶，这样就有了基准，便于加工和测量，其具体结构的优、缺点，见表 3-36。

表 3-36　斜顶杆抽芯成型结构的选用及优缺点比较

简　图	说　明	简　图	说　明
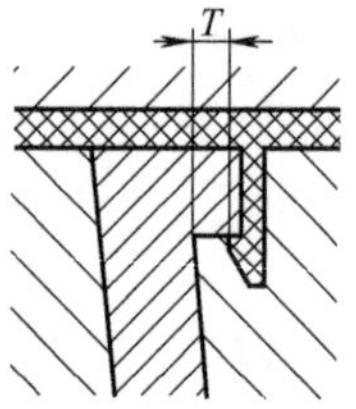	优点:结构简单,加工方便,塑件不容易变形 缺点:碰穿处容易产生飞边	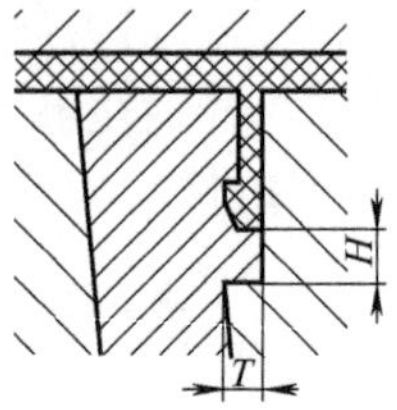	缺点:侧向抽芯塑件容易变形,有夹线和飞边
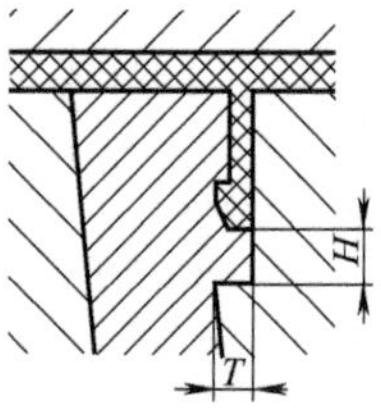	优点:加工方便,飞边少 缺点:塑件容易变形,断裂,尽量不用	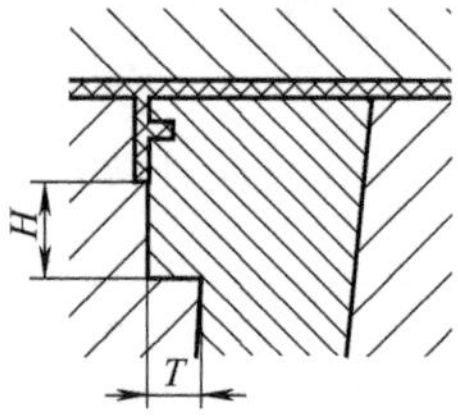	优点:结构简单,加工方便,飞边少 缺点:当加强筋过高时,容易发生塑性变形,甚至断裂
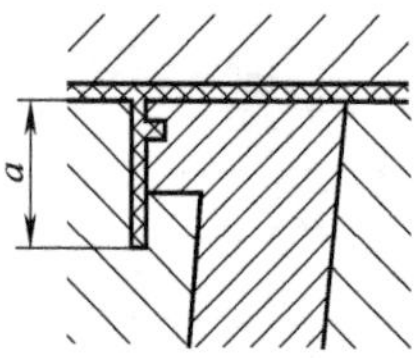	适用于加强筋的高度 a 比较大的场合 优点:结构简单,加工方便,不容易变形 缺点:夹线处容易起级	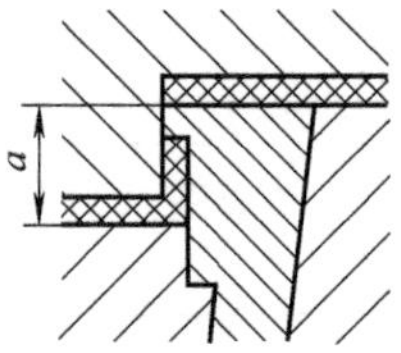	适用于 a 值比较小的场合 优点:结构简单,加工方便
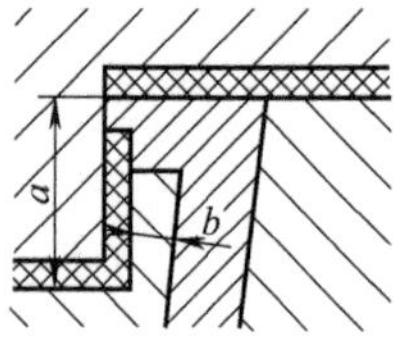	适用于 a 值比较大时 优点:结构简单,加工方便 缺点:夹缝处容易起级 注意:$b=3\sim5$mm	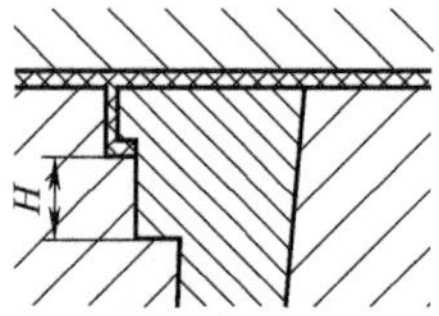	优点:结构简单,加工方便,无夹线 $H=5\sim8$mm
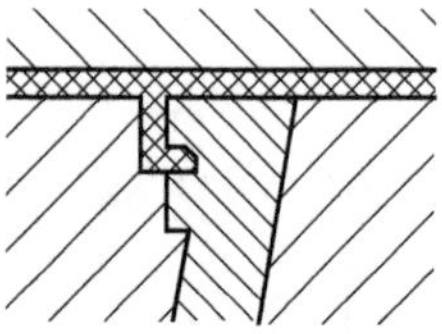	优点:结构简单,加工方便 缺点:容易产生起级,尽量不用	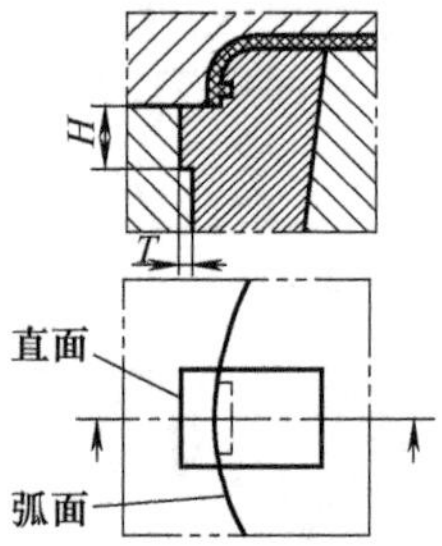 直面 弧面	当斜顶腰部形状为弧面时,斜顶前端设计为直面 优点:容易加工,合模效果好

117. 斜顶杆结构设计有什么具体要求?

斜顶杆的结构设计,如图 3-183 所示。

① 斜顶块顶出方向的斜面与斜顶杆的中心线夹角 α 为 3°～5°。斜顶块角度大于斜顶杆角度 3°～5°,避免干涉(同斜导柱滑块机构的楔紧块大于斜导柱角度一样的道理)。

② 斜顶杆角度一般在 5°～15°之间,通常应用角度为 8°～12°。斜顶抽芯距一般大于制品抽芯距 3mm,斜顶的角度大于 17°,采用双斜顶机构。

③ 斜顶杆与动模芯的配合公差为 H7/f6,如果为高型芯时,斜顶杆同型芯的接触面太大需要避空(减少摩擦面积),在动模板上加导向块,提高运行的稳定性,如图 3-184 所示。

④ 动模固定板需要拆装斜顶杆的工艺孔。

⑤ 斜顶杆的顶出机构需要有限位块。

⑥ 斜顶杆需要导套导向，导套长为直径的 1.5～2 倍。

⑦ 斜顶的滑块槽最薄为 0.38in。

⑧ 斜顶杆直径为 1in，优先选用。内六角沉孔与斜顶杆斜度一致。

⑨ 塑件壁下的斜顶平面低于动模型芯表面 0.001～0.003in。

⑩ 内六角螺钉尽可能>1/2in。

⑪ 斜顶杆嵌入斜顶块至少 0.25in。

⑫ 斜顶杆与导套要有 0.001in 间隙动配合。

⑬ 滑脚 A 面需有间隙。

⑭ 斜顶杆的材料用 P20。

⑮ 斜顶杆一般不采用复位弹簧，除非得到客户认可。

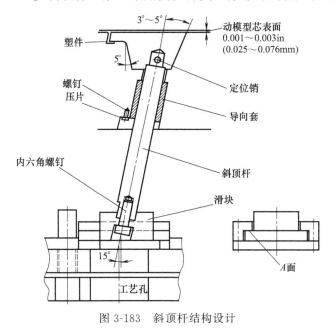

图 3-183　斜顶杆结构设计

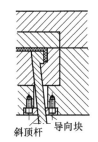

图 3-184　斜顶杆应用导向块

118. 斜顶杆结构设计要注意哪些问题？

① 设计斜顶机构时需要考虑与其它零件或制品的内形是否会发生干涉，如图 3-185～图 3-187 所示。

② 整体斜顶杆的设计基准选择靠近制品成型处，如图 3-188 所示。须做成 6～10mm 的直身位，并做 2～3mm 台阶，并作为基准，便于加工和测量、装配，同时避免注塑时斜顶杆受压移动，并保证内侧凹凸的精度。

③ 抽芯距不一致的多斜顶机构结构设计。要求斜顶杆设计成不同的角度，使顶出行程走完后，最好使倒钩部分同时脱离，避免制品受力不均而变形。同时斜顶杆的角度的设计数据应是整数。

④ 斜顶有斜顶机构顶出时，如果制品会随斜顶横向移动，就需要考虑防止制品横向移动结构。否则会损坏塑件的其他结构，脱模困难，如图 3-189（b）所示，图 3-189（a）做了直顶块，图 3-189（b）设计了直顶杆深入制品 0.2mm。

⑤ 斜顶杆导向的导套结构，两头有导向套，用压板和固定螺钉压住，如图 3-190（a）、（b）。中间用支持套与斜顶杆避空，减小摩擦力，如图 3-190（c）、（d）所示，两导套的同轴度要保证。

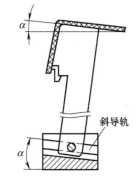

图 3-185　斜顶发生干涉（1）

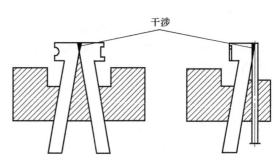

图 3-186　斜顶发生干涉（2）

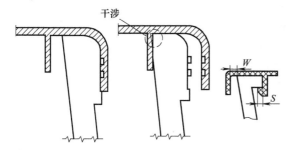

图 3-187　斜顶发生干涉（3）

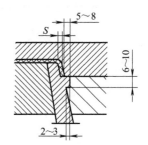

图 3-188　斜顶杆的定位基准

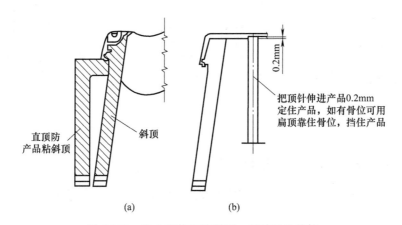

(a)　　　　　　　　　(b)

图 3-189　防止塑件跟着斜顶一起移动的结构

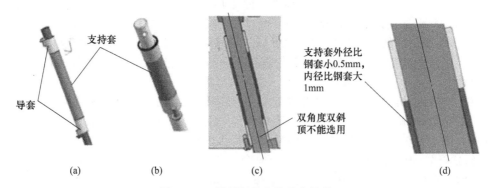

(a)　　　　(b)　　　　(c)　　　　　　　　(d)

图 3-190　斜顶杆导向的导套结构

⑥ 斜顶杆表面粗糙度在 1.6μm 以下，成型部分在 0.8μm 以下。

⑦ 斜顶杆的顶面比动模芯顶面低 0.05mm，以免顶出时擦伤制品表面。

⑧ 斜顶零件绘图时，须用三视图表达，合理标注有关装配要求的尺寸。

⑨ 斜顶杆机构的倾斜角度和顶出距离成反比，如果抽芯距离较大，可采用加大顶出距离来减小斜顶杆的倾斜角度，使斜顶杆顶出平稳可靠，磨损小。

⑩ 斜顶一般不采用复位弹簧，除非得到客户认可。

119. 斜顶杆滑动组件结构类型有哪几种？怎样选用？

① 斜顶杆滚轮结构，如图 3-191 所示。

② 斜顶杆滑块式结构设计要求，如图 3-192 所示。

③ 斜顶杆采用圆销摇摆滑座结构，如图 3-193 所示。

④ 斜顶杆旋转耳座滑槽抽芯装置，如图 3-194 所示。此标准件常用于汽车部件模具的标准。

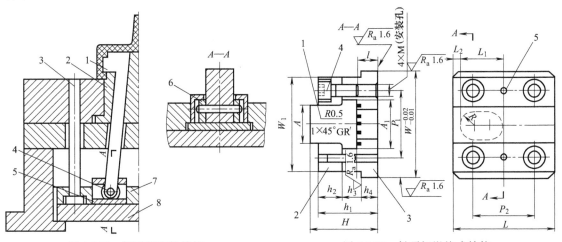

图 3-191　斜顶杆滚轮结构
1—斜顶杆；2—型芯；3—复位杆；4—小轴；
5—支架；6—滚轮；7—顶杆固定板；8—顶板

图 3-192　斜顶杆滑块式结构
1—滑块；2—压板；3—滑座；4—内六角螺钉；5—定位销

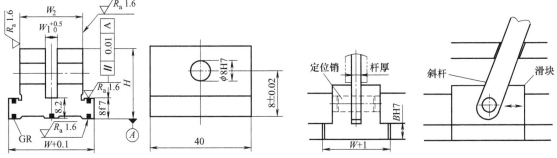

图 3-193　斜顶杆采用圆销摇摆滑座结构

图 3-194　斜顶杆旋转耳座滑槽抽芯装置

⑤ 斜顶杆摇摆斜滑槽的标准件。SCAA 类型斜顶滑座的标准件常用于汽车部件模具，单杆斜顶机构，如图 3-195 所示。单杆斜顶机构与极限角度要求如下：上坡时，上坡角度最大不可超过 10°，且上坡斜度与顶杆斜度之和不可大于 17°。如果斜顶机构斜度超过单杆斜顶规定的极限角度时必须采用双杆斜顶机构。注意斜顶杆装配位置调整好后，需要把长的锁紧螺母与调整螺母锁紧，避免松动。

⑥ 斜顶滑座，如图 3-196 所示。

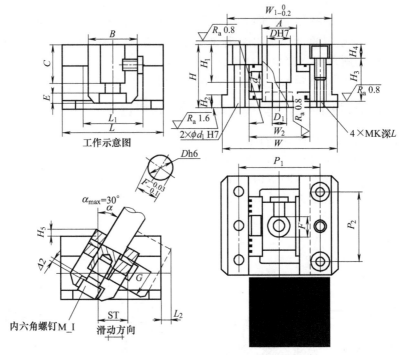

图 3-195 斜顶杆摇摆斜滑槽的标准件

类型
SCAA

标准行程参考
$\phi12$ 18mm
$\phi16$ 22mm
$\phi20$ 28mm
$\phi25$ 32mm
$\phi30$ 38mm
$\phi35$ 38mm
$\phi40$ 38mm

图 3-196 斜顶滑座

120. 斜顶杆机构的油槽有什么具体要求？

斜顶杆的油槽要求按照规范开制，如图 3-197 所示。

① 油槽形状设计：S 形或 X 形较好，数量最多两个，环形次之。

② 油槽开设位置：要求按图开设，不能把斜顶杆全部开设。

③ 斜顶杆油槽尺寸：不允许开破边、毛刺。

121. 斜顶块的设计有什么具体要求？

斜顶块的设计具体要求如下：

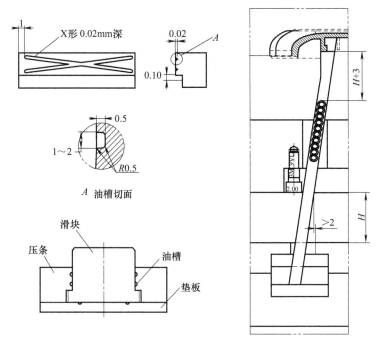

图 3-197 斜顶杆的油槽要求

① 大型斜顶块采用组合结构：斜顶杆［形状有两种（长方形四周圆角为圆弧或圆形的）］、导滑部分、滑脚部分。

② 遵循斜顶块的设计基准，考虑斜顶块的制造工艺。

③ 大型的斜顶块需要设置冷却水，如果不能设置冷却水，顶块材料就需采用铍铜。

④ 大的斜顶块需要两根导向杆固定。

⑤ 斜顶块的斜面必须大于 5°。

⑥ 斜顶块材料用 P20、T8A、H13、40Cr、718H、2738 等，要求调质处理（表面氮化硬度，要求氮化硬度为 48～52HRC 以上，比母体模芯或导向块材料硬度高 3～5HRC 以上）。

⑦ 斜顶块要有设计基准。至少相互垂直的两面都有基准，便于加工和装配，如图 3-198 所示。

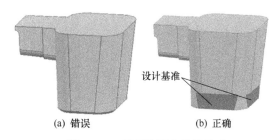

图 3-198 斜顶块要有设计基准

⑧ 斜顶块的顶面比动模芯顶面低 0.05mm，以免顶出时擦伤制品表面。

⑨ 大型的斜顶块需要设置冷却水路，如果冷却效果不好，斜顶块要应用铍铜，用有韧性的水软管连接，需要有连接的空间，如图 3-199、图 3-200 所示。

⑩ 大型的斜顶块需要双导轨（或三导轨），要注意导轨的位置，要求顶出时顶块平衡、畅通。

⑪ 斜顶块与斜顶杆连接方法：用台阶结构、内六角螺钉、定位销，如图 3-201 所示。

⑫ 斜顶杆与滑座的连接方法如图 3-202 所示。

⑬ 成型面积较大的斜顶块要求尽可能开设排气。

⑭ 设计时考虑采用斜顶块标准件。

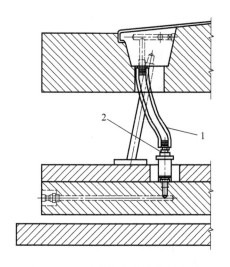

图 3-199　斜顶块水路用软管连接
1—软管；2—管接头

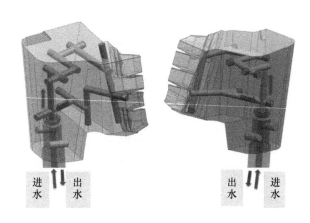

图 3-200　斜顶块设置冷却水路

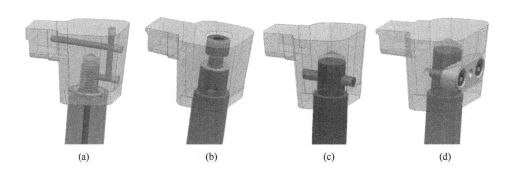

图 3-201　斜顶块与斜顶杆连接方法

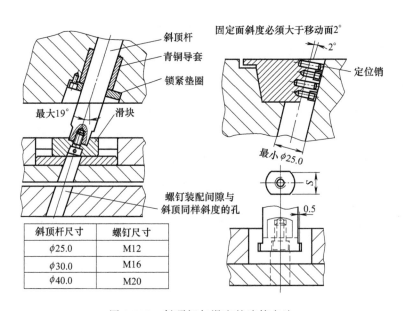

斜顶杆尺寸	螺钉尺寸
$\phi 25.0$	M12
$\phi 30.0$	M16
$\phi 40.0$	M20

图 3-202　斜顶杆与滑座的连接方法

第十二节

脱 模 机 构

122. 脱模机构有哪几类？

（1）按动力来源分类，分为手动脱模机构、机动脱模机构、液压脱模机构、气动顶出结构。

（2）按模具结构和脱模零件分类。

① 顶杆顶出塑件，是顶出机构中最简单、最常用的一种形式，应用广泛，常用圆形截面推杆。

② 顶板顶出结构，适用于薄壁容器、壳体，以及不允许存在推出痕迹的塑件。

③ 顶管顶出结构，适用于薄壁圆筒形塑件。

④ 顶块顶出结构，利用成型零件顶出，适用于齿轮类或一些带有凸缘的制品，可防止塑件变形。

（3）按机构顶出动作的特点，分为一次顶出结构、二次顶出结构、顺序顶出结构、双脱模顶出结构、转动脱模结构、缓顶顶出结构。

（4）带螺纹塑件的脱模机构，详见本章第130问"螺纹自动脱模机构有哪些传动方式？"。

（5）脱模机构混合分类，如图 3-203 所示。由于塑件品种、尺寸大小及形状不同，脱模机构的种类很多，不便进行统一标准划分，混合分类较为实用和直观。因此在生产实践中用综合顶出结构等。

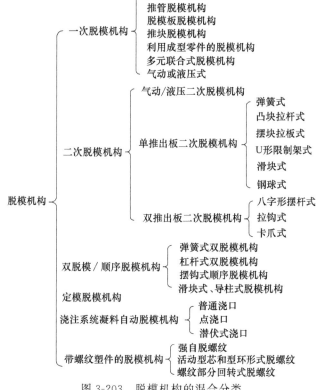

图 3-203　脱模机构的混合分类

123. 脱模机构的设计原则有哪些？

① 方便加工原则。尽量使塑件滞留在动模侧，以借助动模脱模装置，这样模具结构较为简单。

② 保证制品的质量、美观原则。保证塑件良好的外观，推出位置尽量选择在塑件内位，透明件要求看不见顶杆痕迹。

③ 脱模机构简单、安全可靠原则。顶出机构的作用力应均衡作用于制品，保证塑件不粘模，顺利脱模，不会造成制品损伤、变形、开裂和顶高、顶白现象；顶出机构动作灵活，零件有足够的机械强度、刚性、硬度及耐磨性。为了提高塑件顶出的稳定性和可靠性，顶杆固定板宜增加导柱、导套的设计。

④ 要求正确分析塑件对动模和型腔的黏附力、包紧力的大小和部位，正确选择

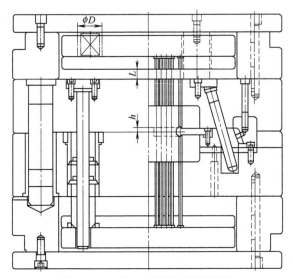

图 3-204　动、定模都有脱模机构

合理的推出方式和推出部位。碰到特殊塑件，如果不能绝对保证制品留在任一侧时，就需动、定模都要有脱模机构，如图 3-204 所示。

124. 顶杆布置有哪些原则？

(1) 顶出给力平稳原则

顶杆应尽可能地对称，均匀地分布，顶杆布置考虑脱模力的平衡、平稳。

(2) 顶杆位置和顶出效果最佳原则

① 顶杆位置选择在塑件能承受力较大的部位，如筋部、凸缘、壳体壁等处。

② 顶杆数量最小，顶杆直径宁大勿小（有时为了避免制品顶高顶白，宁多勿小，制品顶出安全可靠）。

③ 顶杆应布置在制品包紧力最大的地方。

④ 确保塑件能被平行顶出，确保脱模方便、取件容易。

(3) 保证制品质量原则

顶杆设置位置不能影响制品美观。制品顶出后，不变形不损坏，尽量避免产生附加侧力矩，以防顶出后制品翘曲变形。

(4) 顶杆应设在排气困难的位置

如果顶出时在模芯和制品间产生真空，应重点考虑排气问题。

125. 顶杆有哪些结构类型？有哪些具体要求？

(1) 顶杆的类型。形状有圆形、方形、矩形，有整体的和组合的，如图 3-205 所示。

(2) 顶杆设计要求。

① 头部不平的顶杆，尾部要有止旋装置。

② 所有顶杆尾部台阶背面与顶杆固定板标记有相应的数字编号。

③ 顶杆粗糙度为 $0.8\mu m$ 以内，顶杆孔表面粗糙度为 $0.8\mu m$ 以下。

④ 顶杆材料为 H13、SKS3、38CrMoA1，顶杆热处理硬度为 54~62HRC。表面氮化后

硬度为 65～72HRC。

⑤ 顶杆的配合要求 H7/f7，如图 3-206 所示。

（3）顶杆孔布局要注意螺钉、冷却水孔等的空间位置，避免发生干涉。

（4）必要时可采用延时顶出机构，详见本章第 128 问。

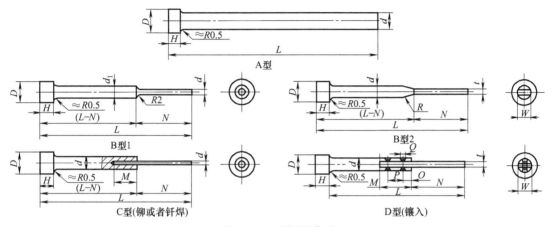

图 3-205　顶杆的类型

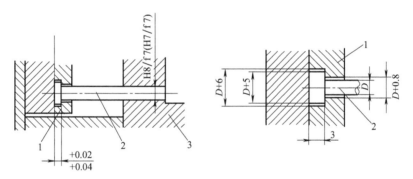

图 3-206　顶杆装配要求
1—顶杆固定板；2—顶杆；3—型腔板

126. 顶管结构有什么规范要求？

（1）顶管结构如图 3-207 所示，顶管顶出制品成本高且制造复杂。当塑件的柱脚高于 15mm 左右时，或者塑件为管状，没有空间位置设计顶杆时，需要设置顶管推出制品，使塑件受力均匀，脱模平稳。

（2）顶管结构规范要求如下。

① 顶管壁厚应大于 1.5mm，细小的顶管可以做成阶梯顶管，细部长度为配合长度加顶出行程，再加上 3～5mm 安全余量。

② 表面粗糙度为 0.8μm，国产顶管材料：65Mn、60SiMn 或 H13。硬度为 48～53HRC。

③顶管内径与型芯配合间隙为 H8/f8，直径大的 H7/f7 顶管与型芯配合长度为顶出行程加 3～5mm，顶管与模板的配合长度为顶管外径的 1.5～2 倍。

④ 顶管的具体要求如图 3-208 所示。

⑤ 顶管的订购尺寸不宜过长，公制为 $L+(5～10mm)$，英制为 $L_1+(3/16～1/2in)$。

⑥ 选用顶管时应优先采用标准规格，顶管外径必须小于所顶圆柱的外径，保证：$D_1 \geqslant d_1$；$D_2 > d_2$，d_1、d_2 为加收缩率后的塑件尺寸。

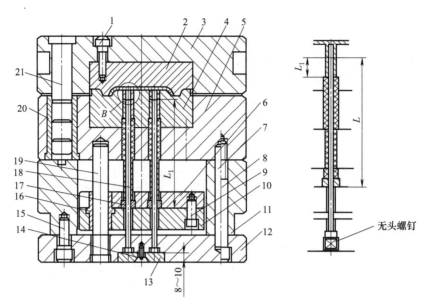

图 3-207　顶管推出机构

1—顶杆；2—定模镶芯；3—定模板；4—动模镶芯；5—动模板；6—顶板；7—定位销；8,9,14,15—内六角螺钉；
10—顶板；11—垫板；12—定模底板；13—空心顶管盖板；16—顶板导套；
17—空心顶管；18—空心顶杆；19—顶板导柱；20—导套；21—导柱

⑦ 顶管型芯与顶管要有足够的导向配合长度，通常为 10～20mm。

⑧ 一般所配顶管型芯的长度比顶管长度长 50mm，如不能满足要求，需特别注明顶管型芯的长度。

⑨ 顶管规格型号表示方法：$D_2 \times D_1 \times L$（×所配顶管型芯长度）。当顶管型芯长度要求比顶管长度大 50mm 以上时，采购时需注明括号内顶管型芯的长度。

⑩ 顶管的壁厚必须≥0.75mm。布置顶管时，顶管型芯（又叫司筒针）固定位置不能与注塑机顶管孔发生干涉。

⑪ 顶管要避开 K.O. 孔，顶管型芯压块到 K.O. 孔的距离 L 必须≥3mm，见图 3-209。

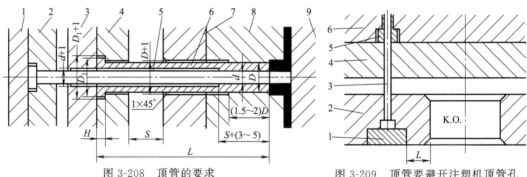

图 3-208　顶管的要求

1—定模底板；2—顶杆板；3—顶杆垫板；4—顶杆固定板顶管；
5—顶管型芯；6—顶管；7—动模垫板；8—动模；9—定模板

图 3-209　顶管要避开注塑机顶管孔

1—压块；2—模具底板；3—顶管型芯；
4—顶杆底板；5—顶管；6—顶杆固定板

⑫ 当顶管直径≤3mm，且长度 L＞100mm 时，需采用有托顶管。有托顶管是为了增加顶管强度，尺寸根据实际情况确定。顶管型芯可参照标准有托顶杆，N 值确定可参照图 3-210。备料时需附装配图，如图 3-210 所示，总长往往取整数。有托顶管装配简图见图 3-211。

⑬ 顶管内径（顶管型芯）应大于塑件孔径，顶管外径应小于塑件搭子外径。为防止塑件自攻螺钉柱反面有凹痕，须减小孔底部的壁厚，顶管成型端的形状应根据自攻螺柱口部形状的不同而不同。

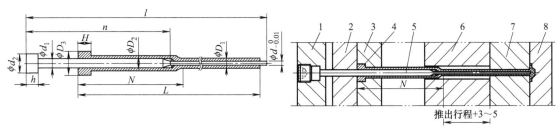

图 3-210　顶管的要求

图 3-211　有托顶管装配简图
1—模具底板；2—顶杆底板；3—顶杆固定板；4—顶管；
5—顶管型芯；6—动模板；7—动模镶件；8—定模镶件

127. 顶板顶出设计要点和注意事项有哪些？

顶出机构有两大类，顶板顶出机构和顶杆相比，推板（圈、杆）更适用于顶出机构。顶出时推动塑件的面积相对较大，顶出力均匀分布。另外，顶出痕迹通常不易发觉，不需要设置复位装置。

（1）顶板顶出设计要点

① 顶板与型芯的配合面必须有 3°～8° 的锥面配合，这样可减少运动摩擦，并起到辅助定位作用，有利于防止脱模板偏心而溢料。

② 顶板内孔应比型芯成型部分大 0.20～0.25mm，以防止它们之间产生摩擦、移位或卡死现象，如图 3-206 所示，这样可以避免顶板顶出时刮伤型芯的成型面。

③ 当型芯锥面采用线切割加工时，注意线切割与型芯顶部应有 0.1mm 的间隙，见图 3-212 中的 S，以避免型芯线切割加工时切割线与型芯顶部干涉。

④ 顶板与复位杆通过螺钉连接，并增加防松介子防松。

⑤ 模架订购时，注意顶板与导柱配合孔须安装直导套，顶板材料选择应和定模镶件的材料相同。

⑥ 顶板脱模后，须保证塑件不滞留在顶板上。

⑦ 导柱必须设计在动模侧，而且顶板在顶出过程中不能脱离导柱，即 N 必须大于 M。

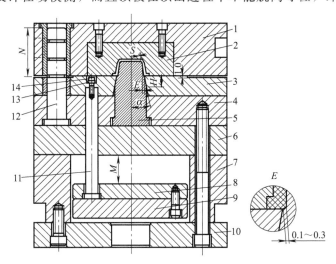

图 3-212　脱模板顶出机构
1—定模 A 板；2—定模镶件；3—顶板；4—动模 B；5—动模型芯；6—托板；7—方铁；8—顶杆固定板；
9—顶杆底板；10—模具底板；11—复位杆；12—导柱；13—弹簧垫片；14—螺钉

（2）设计时要注意的事项

① 顶板与型芯的配合间隙，以塑件不溢料为准，顶块配合关系为 H7/f7 或 H8/f8。

② 当顶板脱出无通孔的大型深壳体类制品时，应在型芯上设计一个进气装置，进气阀可与顶板连接，如图 3-213 所示。

③ 顶板复位后，顶杆固定板与动模座板之间应有 2～3mm（s）间隙，如图 3-214 所示。

④ 塑件外形较简单，但内部有较多的孔时，塑件成型收缩后，留于型芯上。型腔须设在动模内，动模采用推块完成脱模，且模具结构简单，如图 3-215 所示。

⑤ 当多型腔模具采用顶板时，顶板应设置衬套，如图 3-216 所示。

⑥ 顶板顶杆端面应低于脱模板下底面约 1mm，以避免模具闭合不紧密。

⑦ 顶板除了顶杆顶动外，也可用定距分型机构拉动。

⑧ 顶板导向。必须沿模具轴向对脱模板导向，在保证顶板锐利的边缘不会刮伤模芯的情况下，斜座能正确进入接合处。可通过不同方法进行导向。一种方法是使用模具导柱进行导向，适用于整块顶板或者带脱模圈脱模杆的结构，如图 3-216 所示。另一种方法是对顶板使用独立导销。这通常适用于三板式模具，或者由顶杆托板驱动的顶板或脱模圈。导柱 LP1 定位模具，如图 3-217 所示，并且对第三板（模腔板）和流道顶出板起导向作用。导销 LP2 和导套定位顶板，且保护模芯。这里的问题和顶板由模具导柱导向时相似。需要使用浮动推圈，否则，斜面配合将干涉导套的定位。

⑨ 顶板（脱模圈）顶出的材料要求不一样，硬度也不一样，避免顶出时咬伤。固定脱模圈是模板中的淬硬镶件。优点是脱模圈磨损量小于脱模板，而且损坏后易于更换。缺点是整个推板中的锥度定位可能和导柱或导销定位发生干涉，如图 3-218 所示。

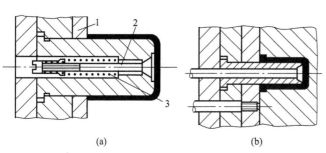

(a)　　　　　　　　(b)

图 3-213　进气阀连接在顶板上的进气装置
1—脱模板；2—阀杆；3—弹簧

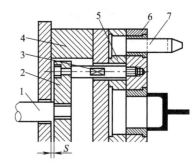

图 3-214　顶杆固定板与动模座板之间的间隙 S
1—注塑机顶柱；2—顶杆固定板；3—顶杆；4—垫块；
5—型芯固定板；6—脱模板；7—导柱

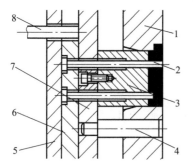

图 3-215　顶块顶出机构
1—动模型板；2—型芯；3—顶块；4—复位杆；
5—垫板；6—型芯固定板；7—顶板；8—顶杆

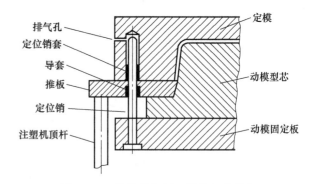

图 3-216　模具导柱用于脱模板的导向

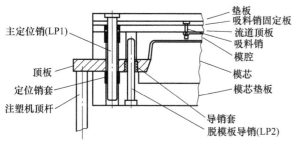

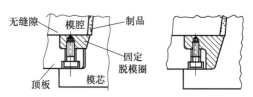

图 3-217　在三板式模具中使用独立导销进行脱模板导向

图 3-218　固定的脱模圈设计

128. 在什么情况下需要两次顶出和延时顶出？如何实现延时顶出？

（1）在使用一次顶出装置较难完成产品顶出，或希望产品成型后自动脱模时，使用二次顶出装置，如图 3-219 所示。

① 合模状态。顶板顶出前的起始位置，通止块处于打开状态，卡住复位顶管，此时二次顶出装置起到定距限位的作用。

② 一次顶出。当推板开始顶出时，带动顶板 2 顶出。在卸料推板完成一次顶出的同时，复位顶管中的通止块正好通过了复位推杆，推杆停止运动。

③ 二次顶出顶板 1 继续运动时，通止块处于闭合状态，复位顶杆进入衬套中，顶板 1 上的顶出零件进行二次顶出工作，$A-B$ 所得的距离为二次顶出量。

④ 复位。待顶板 1 完全退回原位［如图 3-219 中的（a）合模状态］，顶板 2 才开始复位动作，否则将导致运动不良。

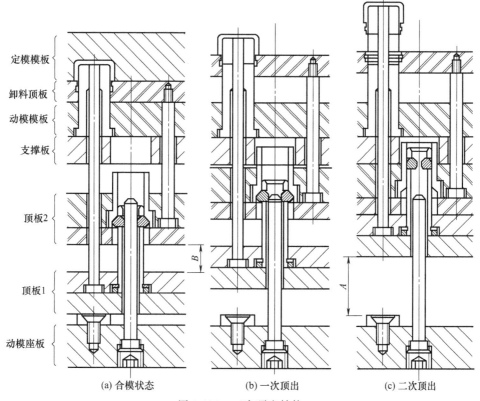

图 3-219　二次顶出结构

（2）延时（缓顶装置）机构。由于结构形状比较特殊，一次顶出塑件时，塑件容易损坏，这种情况下采用延时顶出，如图 3-220 所示结构。图 3-221 所示的结构中，1 号板顶出由注塑机顶出，2 号板用肩型螺栓带动顶出。

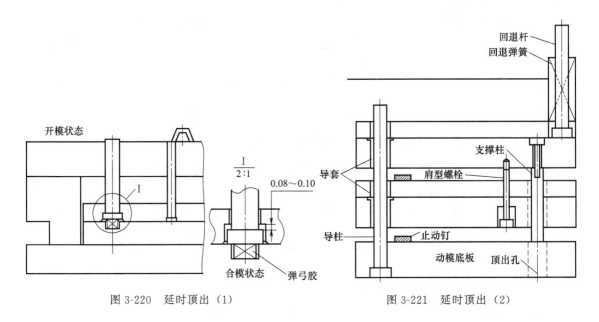

图 3-220 延时顶出（1）　　　　　　　图 3-221 延时顶出（2）

129. 螺纹脱模机构有哪些类型？

塑料制品螺纹分外螺纹和内螺纹两种，根据客户要求和制品的批量、产品的质量精度要求，采用手动推出或机动推出的脱模机构。

① 精度不高的外螺纹一般用哈夫块成型，采用侧向抽芯机构，见图 3-222。

② 内螺纹强行推出机构。

③ 内外螺纹自动脱模推出机构。

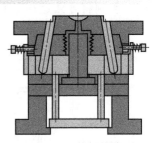

图 3-222 外螺纹成型

130. 螺纹自动脱模机构有哪些传动方式？

（1）推板推出自动脱螺纹机构，如图 3-223 所示。螺纹型芯转动时，由弹簧弹起推板同步推出制品。此模具结构是型芯垂直方向静止。齿条 8 带动齿轮 6，齿轮 5 再带动齿轮 10，齿轮 10 带动螺纹型芯 4 实现内螺纹脱模。螺纹型芯 4 在转动的同时，推板 13 在弹簧 12 的作用下弹起推动制品脱离模具。设计此种结构时应重点掌握的设计要点如下。

① 产品应增加防滑槽。为防止在螺纹型芯旋转过程中制品会随着螺纹型芯一起旋转，制品端面必须开设防滑、止转的凹槽，如图 3-224 所示。

② 用来弹推板的弹簧硬度不能太大，质量也不能太轻。如果硬度太大，液压马达还未启动时，弹簧就已经弹起，会将产品的螺牙拉坏；如果太轻，在液压马达启动时，弹簧则无法弹起推板，导致螺纹无法脱出。据经验通常使用 4 个弹簧即可，且弹簧直径在 25～30mm 之间。理论上，弹簧弹力应大于推板重力的 1.2 倍，小于 1.5 倍，但在实际工作中，不需计算，通常是通过实践经验来定的。

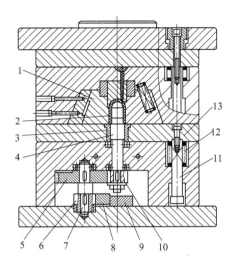

图 3-223　推板推出自动脱螺纹机构

1—斜滑块；2—制品；3—镶套；4—螺纹型芯；5—传动齿轮1；6,10—传动齿轮；7—齿轮轴；
8—齿条；9—挡块；11—拉杆；12—弹簧；13—推板

③ 此种结构不需行程开关。对于液压马达的转数不需要精确控制，通常，液压马达运动周期可由注塑机的时间控制系统来控制。当制品被完全推出后，用时间来控制液压马达停止，所以，此种结构根本不需行程开关。

④ 由于螺纹型芯上下方向不可活动，因此，螺纹型芯的固定必须安全可靠。

⑤ 对于本例结构，还应重点关注螺纹型芯的固定方式。在设计时要考虑型芯轴向稳定，有时需考虑径向定位，可考虑轴承组合结构，保证型芯转动旋转自如。

（2）油马达/电机传统＋链轮＋链条。动力来源于马达。用变速马达带动齿轮，齿轮再带动螺纹型芯，实现内螺纹推出，如图 3-225 所示。

（3）液压缸＋齿条传动。依靠油缸给齿条以往复运动，通过齿轮使螺纹型芯旋转，实现内螺纹推出，见图 3-226。

（4）锥度齿轮＋齿条。动力源是齿条或者注射机的开模力。这种结构利用开模时的直线运动，通过齿条或丝杠的传动，使螺纹型芯做回转运动而脱离制品，螺纹型芯可以一边回转一边移动脱离制品，也可以只做回转运动脱离制品，还可以通过大升角的丝杠螺母使螺纹型芯回转而脱离制品，见图 3-227。

图 3-224　瓶盖端面设有防滑槽

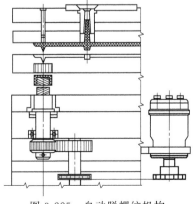

图 3-225　自动脱螺纹机构

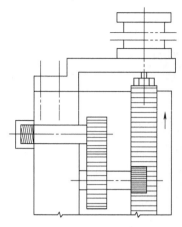

图 3-226　油缸齿条自动脱螺纹机构

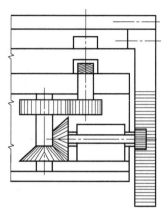

图 3-227　锥度齿轮＋齿条脱螺纹机构

（5）HASCO 标准螺旋杆脱模机构。动力源于注射机的开模力。此种结构的模具，螺纹型芯旋转同时自动后退，如图 3-228 所示。其螺旋杆和螺旋套均进口德国 HASCO 公司制造的标准件。

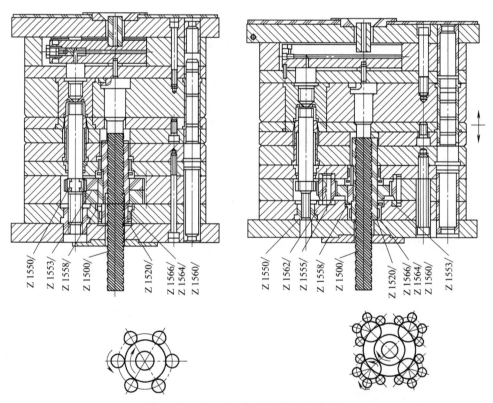

图 3-228　HASCO 标准螺旋杆脱模机构

131. 螺纹自动脱模机构的设计有哪些要点？

① 确定螺纹型芯转动圈数。

$$U=L/P+US$$

式中，U 为螺纹型芯转动圈数；US 为安全系数，为保证完全旋出螺纹所加余量，一般取 0.25～1；L 为螺纹牙长；P 为螺纹牙距。

② 应用齿轮传动机构的要确定直齿圆柱齿轮的模数、齿数、压力角、传动比及转速，如图 3-229 所示。

③ 螺纹型芯垂直方向始终保持往复运动状态，螺纹型芯旋转同时自动后退机构，如图 3-229 所示。齿条 10 带动齿轮轴 14，齿轮轴 14 带动传动齿轮 15，传动齿轮 15 带动螺纹型芯 9，螺纹型芯 9 一边转动，一边在螺纹导管 11 的螺纹导向下做轴向运动，实现内螺纹脱模。

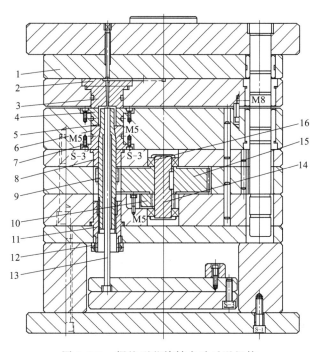

图 3-229　螺纹型芯旋转自动后退机构

1—流道推板；2—压板；3—定模镶件；4—动模镶件 1；5—动模镶件 2；6,7—密封圈；8—镶套；
9—螺纹型芯；10—齿条；11—螺纹导管；12—螺母；13—推杆；14—齿轮轴；15—传动齿轮；16—轴承

<hr>

第十三节
模具钢材选用和热处理

132. 塑料模具钢有哪些钢材种类？用途怎样？

塑料模钢材种类较多，各种钢材性能简介如下。

（1）**碳素结构钢**

为通用型塑料模具钢。生产批量较小，尺寸精度和表面粗糙度无特殊要求，采用的碳素结构钢，如 15、20、40、45、50、55、SM50、SM 钢。其中应用最广泛的为优质碳素结构钢 45。

（2）**碳素工具钢**

加工性能好，价格便宜，但淬透性和热硬性差，热处理变形大，承载能力较低。热处理后具有较高的表面硬度值和较好的耐磨性。但韧性低，不适用于承受冲击载荷的工具。如钢号 T8、T8A、T10、T10A、T12A 可用作钳工锉刀材料。YCS3、YK30 钢材是高级油淬碳素工具钢，用作模具钢可改善通常碳素工具钢易碎裂的性质，从而达到延长工具寿命的目的。

（3）合金结构钢

① 40Cr 钢。调质处理后具有较高的强度、良好的塑性和韧性以及高的疲劳强度，该钢适合于碳氮共渗，其加工性能好，但焊接性较差，适用于中大型模具，其硬度优于 45 碳素结构钢。

② P20（3Cr2Mo）钢。属中碳低合金钢，是调质钢，其加工性能好，表面粗糙度小，具有较长的使用寿命。应用于复杂精密的大型塑料模具。

（4）合金工具钢

在碳素工具钢的基础上，加入适量的铬、钨、锰、硅、钒等合金元素，制成了各种合金工具钢，其具有淬透性高、淬火变形小、回火性能好、硬度高等优点，适宜制造精度要求高、形状复杂、截面尺寸较大的模具，如 Cr12 用于冷冲模。

合金工具钢有低、中、高三种类型。采用中、高合金工具钢的实际上是耐磨性好的塑料模具，生产强化工程塑料制品，4Cr5MoSiV1、Cr12MoV、Cr12Mo1V1 等钢，变形小、淬透性好，并经淬火、回火后使用。为了提高耐磨性，可进行表面处理。

（5）渗碳型塑料模具钢

采用冷挤压反印法制造模具型腔，可以采用合金渗碳钢，冷挤压后需要进行渗碳，然后进行淬火和低温回火。这种模具表面具有高的硬度和耐磨性，含碳量一般在 0.1%～1.2% 左右，而芯部具有很好的韧性，而且模具互换性好。

渗碳型塑料模具钢常见的牌号：常用的有 20Cr、12CrNi2、12CrNi3、20CrMnTi、20Cr2Ni4 等。渗碳型塑料模具钢具有良好的硬度和耐磨性能。模具芯部有很好的韧性，大大提高了模具寿命。

（6）耐蚀型塑料模具钢

用于制造腐蚀性较强的塑料成型模具（如聚氯乙烯、氟化塑料及阻燃塑料），包括低碳镍铬型耐蚀钢 1Cr17N12、中碳高铬型耐蚀钢（代表性钢种 4Cr13）、高碳高铬型耐蚀钢 9Cr18Mo。国外主要钢种有 BOHLER 的 M300、M310、M314 等，美国 CRUCIBLE 公司的 420MOD，瑞典的 STAVAXV，欧洲的 2083。

我国的耐蚀塑料模具钢主要使用 PCR、2Cr13、3Cr13、4Cr13、4Cr13Mo、PCr18、PCr18MoV，近些年来引进了 3Cr17Mo，开发了 5Cr17MoV 钢，该钢具有良好的综合使用性能。

（7）高镜面塑料模具钢

应用于对精度和表面粗糙度要求很低的塑料制品，如 PMS、3Cr2Mo、3Cr2NiMnMo、4Cr5MoSiV1、Cr12Mo1V1、25CrNi3MoAl 等；或马氏体时效钢，如 18Ni（250）、18Ni（300）及低镍马氏体时效钢 06Ni6CrMoVTiAl 等。

PMS（10Ni3CuAlVS）镜面塑料模具钢，适用于透明制品，通常选用粗糙度小、光亮度高、变形小、精度高的做塑料镜片的模具。

（8）预硬化易切削塑料模具钢（钢号后"H"代表预硬钢）

一般在 30～40HRC，不需再热处理可直接加工动、定模，热处理到 28～40HRC，在预淬硬的条件下供货，用户可直接加工使用，如 P20（3Cr2Mo），BOHLER 的 M200，TEW 的 1.2311、1.2312、1.2344，瑞典 718（3Cr2MnNiMo）、618H、718H 等钢，蒂森 GS738、GS312、SNiCaS、2738H，日本 FDS5、NAK80、SKD61，美国的 H13 等。

国外开发的易切削塑料模具钢主要是 S 系，如日立金属的 HPM2 和大同特殊钢的 PDS5

等。我国研制了一些含硫易切削预硬化塑料模具钢，如 5NiSCa、8Cr2MnWMoVS、P20BSCa 等。

（9）无磁塑料模具钢

压制磁性塑料的模具，如 18-8 不锈钢，其型腔经氮化处理后使用，或采用 Mn13 型耐磨奥氏体钢，如无磁塑料模具钢 7Mn15Cr2Al3V2WMo 等。

（10）非调质型预硬塑料模具钢

硬度一般为 30～40HRC，如国内 25CrMnVTiSCaRE（代号 FT）、2Cr2MnMoVS 和 2Mn2CrVCaS。

（11）时效硬化塑料模具钢

常用的钢材，在热处理时，通过时效处理，使模具硬度升到 40HRC 以上。时效处理变形小，可以在加工后进行时效处理，如大同特殊钢的 NAK55、NAK80，BOHLER 的 M261，日立金属的 HPM1、HPM50 等。这类钢成本高，目前国内外应用较多的就是 10Ni3MnCuAl 钢。

（12）整体淬火高硬度塑料模具钢

如 Cr12、Cr12MoV、SKD11、SKD12、SKD61 等，如日立金属的 HPM31、FDAC，高周波的 KD21 和大同特殊钢的 PD613、DH2F 等钢种。

（13）高可焊性塑料模具钢

国外发展一些专用钢种，焊前可不预热，焊后可不后热，尤其是日本大同特殊钢公司开发的 PXZ 和 PX5 钢。

（14）铍青铜

种类有 PCR、AMPCO940 等。

133. 塑料模具钢有哪些性能要求？

塑料模具钢的性能有如下具体要求：

① 机械加工性能优良，易切削，适用于深孔、窄缝等难加工和三维较复杂形面的雕刻加工。

② 抛光性能优良，没有气孔等内部缺陷，显微组织均匀且有一定的使用硬度（能达到镜面光泽，钢材必须具有≥38HRC 的硬度，最好为 40～46HRC，而达到 55HRC 为最佳）。

③ 良好的表面腐蚀加工性，要求钢材质地细而均匀，适于花纹腐蚀加工。

④ 耐磨损有韧性，可以在热多变负荷的作用下长期工作。对于有腐蚀性物质产生的塑料模，必须考虑钢材耐腐蚀性，如聚氯乙烯要求钢材具有抗腐蚀性。

⑤ 电火花加工性好，放电加工后表面的硬化层要浅，以便于抛光。

⑥ 耐摩擦、焊接性能好，焊后硬度不发生变化，且不开裂变形等。

⑦ 热处理性能好，具有良好的淬透性和很少的变形，易于渗氮等。

⑧ 膨胀系数小，热传导效率高，防止变形，提高冷却效果。

⑨ 尺寸稳定性好。

⑩ 价格比较合理，市场容易买到，供货期短。钢材需要轧钢厂的质保单，避免不是正规企业生产的钢材，质量不能保证，钢材加工中途发现内部疏松、气孔、裂纹、粗糙度差、组织不均等，严重的模具甚至报废，影响交模期。

134. 钢材中有哪些微量元素？其作用是什么？

钢材可借助合金元素的添加、特殊生产方法以及热处理而调整其应力值，使其成为适合模具使用的材料。而且，还可以利用表面处理技术改善钢材表面性能等，使其具有较长的使用寿命与较好的经济性。普通合金元素对材料性能的影响见表 3-37。

表 3-37　普通合金元素对材料性能的影响

元素	增加的性能	不利因素
碳(C)	硬度、强度、耐热性	断后伸长率、延展性、可锻性下降
锰(Mn)	① 提高钢的强度、延展性、淬透性、还原性 ② 钢中含 Mn12%～14%则有优越的超高耐磨性 ③ 增加高温拉伸强度及硬度，防止因硫产生的热脆性	① 断后伸长率下降 ② 过热敏感性增加
硅(Si)	① 钢中不可少之元素 ② 强度、回火稳定性 ③ 增加耐热性、耐蚀性	韧性和塑性降低
镍(Ni)	① 大幅提高钢的强度和韧性，提高淬透性，减少淬火变形 ② 耐蚀性提高	① 降低抗热疲劳性能 ② 降低机械加工性能 ③ 表面淬火后的镍铬钢倾向于变形
铬(Cr)	① 提高钢的淬透性、高温强度、抗氧化能力 ② 金属粒子很细，能改良合金抛光性 ③ 当铬含量超过 12%时，其合金钢称为不锈钢 ④ 增加耐磨性、耐蚀性、高温强度及硬化能力	断后伸长率下降
钨(W)	① 是一种能形成强碳化物的元素 ② 可增加钢的强度而不降低其伸长性 ③ 能细化晶粒，改进钢的耐热和耐磨性 ④ 磁性能	增加切削难度
钼(Mo)	① 作用与钨近似 ② 抑制回火脆性，提高回火稳定性 ③ 增加抗化学性 ④ 增加硬度、耐磨性、高温拉伸强度、硬化能力、耐蚀性	
钒(V)	① 强碳化物元素，提高拉伸强度，提高回火稳定性 ② 使结晶微细化，改善钢材表面性质(Ti、Zr 亦同)	
硫(S) 磷(P)	改良机械切削性能，约占 0.06%～0.07%	降低钢的强度和弹性

135. 注塑模具钢材的选用原则是什么？

注塑模具钢材的选用应遵循"满足制品要求，发挥材料潜力，经济技术合理"的原则，具体来说应该从以下七个方面加以考虑。

（1）选用使用性能、工艺性能好的模具钢材。

（2）钢在满足制品质量前提下，要考虑模具的整体经济性。如批量较小的，制品外观要求不很高的，可采用调质钢，如 45$^\#$ 钢是优质碳素结构钢。

（3）根据模具工作寿命因素和制品的生产批量选用钢材。在保证制品质量的前提下，模具工作寿命往往是选择模具材料考虑的主要因素，要求钢材的耐磨性和硬度方面较好。如表 3-38 所示，一般根据批量分为四个等级。

表 3-38　根据模具寿命选用钢材

模具寿命/万次	10 以下	10～50	50～100	100 以上
镶件钢材	P20、PX5、718、738 CALMAX 635、618、2311	NAK80 718H	SKD61(热处理) TDAC(DH2F)	AISI420 S136
镶件硬度(HRC)	30±2	38±2	52±2	60±2
模架钢材	S55C	S55C	S55C	S55C
模架硬度(HRC)	18±2	18±2	18±2	18±2

（4）根据可持续发展的综合因素选用钢材。

① 形状复杂，体积较大，选用受热处理影响小的易切削钢、预硬钢。

② 加工批量大（注塑件）、尺寸精度高的选用优质模具钢。

③ 模具质量和精度要求高的，选用耐磨性和硬度方面好的钢材。

（5）客户指定用钢，不能随意代用更改，如代用须经客户同意，并按客户要求提供热处理质保单。因为很多模具失效是由材质和热处理达不到要求而引起的。

（6）动、定模材料，最好尽量选用预硬钢（H），采用调质钢。

（7）根据塑料的特性选择模具钢材，见表3-39。

① 外观要求高的塑件，如透明制品，选用抛光性能好的镜面钢材：SI36H、NAK80、PAK90、420等。

② 特殊的腐蚀性塑料要用耐腐蚀钢。

表 3-39　根据塑料性能和塑件批量选择模具钢材

塑料类别	塑料名称	生产批量/件			
		$<10^5$	$10^5 \sim 5 \times 10^5$	$5 \times 10^5 \sim 10^6$	$>10^6$
热固性塑料	通用型塑料 酚醛 蜜胺 聚酯等	45钢、50钢、55钢 渗碳钢渗碳 淬火	渗碳合金钢渗碳 淬火 4Cr5MoSiV1＋S	Cr5MoSiV1 Cr12 Cr12MoV	Cr12MoV Cr12Mo1V1 7Cr7Mo2V2Si
	增强型 （上述塑料加入纤维或金属粉等强化）	渗碳合金钢 渗碳淬火	渗碳合金钢 渗碳淬火 4Cr5MoSiV1＋S Cr5Mo1V	Cr5Mo1V Cr12 Cr12MoV	Cr12MoV Cr12Mo1V1 7Cr7Mo2V2Si
热塑性塑料	通用型塑料 聚乙烯 聚丙烯 ABS等	45钢、55钢 渗碳合金钢 渗碳淬火 3Cr2Mo	3Cr2Mo 3Cr2NiMnMo 渗碳合金钢 渗碳淬火	4Cr5MoSiV1＋S 5NiCrMnMoVCaS 时效硬化钢 3Cr2Mo	4Cr5MoSiV1＋S 时效硬化钢 Cr5Mo1V
	工程塑料 （尼龙、聚碳酸酯等）	45钢、55钢 3Cr2Mo 3Cr2NiMnMo 渗碳合金钢 渗碳淬火	3Cr2Mo 3Cr2NiMnMo 时效硬化钢 渗碳合金钢 渗碳淬火	4Cr5MoSiV1＋S 5CrNiMnMoVCaS Cr5Mo1V	Cr5Mo1V Cr12 Cr12MoV Cr12Mo1V1 7Cr7Mo2V2Si
	增强工程塑料 （工程塑料中加入增强纤维、金属粉等）	3Cr2Mo 3Cr2NiMnMo 渗碳合金钢 渗碳淬火	4Cr5MoSiV1＋S Cr5Mo1V 渗碳合金钢 渗碳淬火	4Cr5MnSiV1＋S Cr5Mo1V Cr12MoV	Cr12 Cr12MoV Cr12Mo1V1 7Cr7Mo2V2Si
	阻燃塑料 （添加阻燃剂的塑料）	3Cr2Mo＋镀层	3Cr13 Cr14Mo	9Cr18 Cr18MoV	Cr18MoV＋镀层
	聚氯乙烯	3Cr2Mo＋镀层	3Cr13 Cr14Mo	9Cr18 Cr18MoV	Cr18MoV＋镀层
	氟化塑料	Cr14Mo Cr18MoV	Cr14Mo Cr18MoV	Cr18MoV	Cr18MoV＋镀层
	阻燃塑料 （添加阻燃剂的塑料）	3Cr2Mo＋镀层	3Cr13 Cr14Mo	9Cr18 Cr18MoV	Cr18MoV＋镀层
	聚氯乙烯	3Cr2Mo＋镀层	3Cr13 Cr14Mo	9Cr18 Cr18MoV	Cr18MoV＋镀层
	氟化塑料	Cr14Mo Cr18MoV	Cr14Mo Cr18MoV	Cr18MoV	Cr18MoV＋镀层

136. 注塑模具钢材的选用应注意哪些问题？

钢材的选用应注意以下的一些问题。由于对热处理的工序较模糊，或者对钢材性能不熟悉，在模具设计时会出现材料选用不当和热处理工艺存在问题，或者存在理念上的错误，产生应用误区。下面的问题，是平时容易忽视而且经常碰到的。

① 钢材任意代用：有时，客户订单的模具钢材一时采购不到，事前没有经得客户同意就任意代用。认为所用的钢材比订单的钢材还要优质，就没有问题。但是，如果配套的汽车部件模具，不是同一钢材模具制造，注塑件外表面如烂花、皮纹的质量就会不一致，严重的模具要报废。

② 模具钢材选用既要考虑经济性又要考虑制品质量。早在 20 世纪 70—80 年代，45$^\#$ 钢普遍应用在注塑模具的型腔和型芯，45$^\#$ 是优质碳素结构钢，现在普遍被别的钢材取代。但是在满足批量生产的前提下，经得客户同意，建议采用 45$^\#$ 钢材，经初加工后调质使用。这样可降低制造成本，只要制造精度高，45$^\#$ 钢材经调质制造的注塑模具，塑件也可达到十几万以上。有人认为用的钢材越好，模具寿命就越长，这不符合钢材选用的原则。要根据合同要求、模具结构要求、制品的性能、批量而确定。

③ 钢材选用要考虑塑料特性，可参考表 3-40。

表 3-40　根据塑料的特性选择模具钢材

塑料缩写名	模具要求			模具寿命	建议用材		应用硬度（HRC）	抛光性
	抗腐蚀性	耐磨性	抗拉力		AISI	YE 品牌		
ABS	无	低	高	长	P20	2311	48～50	A3
				短	P20＋Ni	2739	32～35	B2
PVC	高	低	低	长	420ESR	2316ESR	45～48	A3
				短	420ESR	2083ESR	30～34	A3
HIPS	无	低	中	长	P20＋Ni	2738	38～42	A3
				短	P20	2311	30～34	B2
GPPS	无	低	中	长	P20＋Ni	2738	37～40	A3
				短	P20	2311	30～34	B2
PP	无	低	高	长	P20＋Ni	2738	48～50	A3
				短	P20＋Ni	2738	30～35	B2
PC	无	中	高	长	420ESR	2083ESR	48～52	A2
				短	P20＋Ni	2738 氮化	650～720HV	A3
POM	高	中	高	长	420MESR	2316ESR	45～48	A3
				短	420MESR	2316ESR	30～35	B2
SAN	中	中	高	长	420ESR	2083ESR	48～52	A2
				短	420ESR	2083ESR	32～35	A3
PMMA	中	中	高	长	420ESR	2083ESR	48～52	A2
				短	420ESR	2083ESR	32～35	A1
PA	中	中	高	长	420ESR	2316ESR	45～48	A3
				短	420ESR	2316ESR	30～34	B2

④ 要求合理标注热处理的硬度值和氮化层深度。

⑤ 钢材的选用应注意热轧流线方向，特别是冲模的凹模用材更要注意。钢材如同木材有纵横方向，这样取材就不易折断。

⑥ 对于相互运动副的零件，如滑块与滑块的垫铁、滑块压板，不能采用同样材质和标注相同硬度值（差 2 度），否则容易擦伤。

⑦ 注意整体模架的动、定模板材料选用。模架材料有 45 号和 S55C，要按合同要求选

用。动、定模如是整体的不采用镶块结构的模架，要特别注意模架的动、定模材料是否符合客户要求（同时要注意 A、B 板的开粗，避免变形）。

137. 什么叫金属热处理?

金属热处理是将金属工件放在一定的介质中加热到适宜的温度，并在此温度中保持一定时间后，又以不同速度冷却的一种工艺方法。其特点是改变了钢材的金相组织，改善工件的内在质量，使金属工件具有所需要的力学性能、物理性能和化学性能。金属热处理工艺大体可分为整体热处理、表面热处理、局部热处理和化学热处理等。钢材热处理的"四把火"随着加热温度和冷却方式的不同，又演变出不同的热处理工艺。

138. 钢材热处理的名称定义及其作用与目的各是什么?

（1）时效处理

时效处理是指合金工件经固溶处理、冷塑性变形或铸造、锻造后，在较高温度或室温放置保持其性能、形状、尺寸随时间而变化的热处理工艺。时效处理分两种方法。

① 天然时效处理：把钢件或铸件长期（一至三年）在室温或自然条件下长时间存放。露天放在空气中任其风吹雨打日晒而发生的时效现象，称为自然时效处理，也称为天然时效处理。

② 人工时效：为了解决精密量具或模具、零件在长期使用中尺寸、形状发生变化的问题，常在低温回火后（低温回火温度为 150～250℃）、精加工前，把工件重新加热到 100～150℃，保持 5～20h，这种为稳定精密制件质量的处理，称为人工时效。对在低温或动载荷条件下的钢材构件进行时效处理，对消除残余应力，稳定钢材组织和尺寸，尤为重要。

（2）淬火

把含碳量在 0.25％以上的中碳钢加热，使其达到此钢材的淬火温度（达到临界温度 Ac3 以上），保温一定时间，然后放入冷却水、油或其它无机盐、有机水等淬冷介质中快速冷却，使淬火后的零件得到均匀一致的马氏体组织，使零件达到一定的硬度及耐磨性，也改变了钢材的某些物理及化学性质。由于淬火后的零件，存在较大的内应力，因此，淬火后的零件必须及时经过适当的回火处理，可避免产生变形、开裂。淬火后的零件也可获得一定的强度、弹性、韧性等综合力学性能。

热处理工艺一般包括加热、保温、冷却三个过程，有时只有加热和冷却两个过程。这些过程互相衔接，不可间断。淬火方法有浸液表面淬火、火焰表面淬火、高频淬火、渗碳淬火等。模具零件淬火应注意的事项如下：

① 零件淬火前，必须进行粗加工，钻好工艺孔、内模镶件的螺纹孔、冷却水孔、顶杆孔等；

② 零件避免尖角设计，防止变形开裂；

③ 零件淬火后的验收，检测硬度，有无软点、有无变形、有无脱碳等缺陷存在。

（3）回火

回火是将淬火后的钢加热到 Ac1 以下某一温度，保温到组织转变后，冷却到室温的热处理工艺［即将淬火后的钢件在高于室温而低于 710℃（200～300℃、300～400℃）的某一适当温度，保温一定时间，然后拿出在空气中缓慢地冷却］。回火分高温回火、中温回火和低温回火三类。

回火的目的：

① 减少或消除淬火产生的内应力，防止变形和开裂，以取得预期的力学性能。

② 稳定组织，保证工件在使用时不发生形状和尺寸变化。

③ 调整力学性能，适应不同零件的需要。

（4）正火

把钢件加热到临界温度以上，保温一定时间，均温后，在空气中冷却（大型零件需流动空气冷却）。经过正火处理可消除零件内部过大的残余应力、细化晶粒、均匀组织、提高力学性能；改善不合理的网状渗碳组织，为随后的热处理做好准备；也可以作为最终热处理，获得一定的力学性能。

（5）退火

把零件加热到临界相变温度 Ac3（亚共析钢）以上 30～50℃，或 Ac1（共析钢或过共析钢）以下，保温一定时间，然后随炉缓慢地冷却，其目的是降低硬度，改善加工性能；增加塑性和韧性，消除内应力，改善内部组织，从而有利于切削加工和冷变形加工。而退火工序方法有很多种，有球化退火、等温退火、完全退火、低温退火、去应力退火等。模具零件退火采用的是去应力退火。

（6）调质

把淬火后的钢材，通过高温回火［淬火＋高温回火（加热温度通常为 560～600℃）＝调质，调质是淬火加高温回火的双重热处理］的热处理方法称为调质处理，其目的是达到所需要的硬度值（一般是 28～32HRC，有的达到 38～42HRC），使工件具有良好的综合力学性能。

（7）氮化

将氮（N）渗入钢材表面的过程称为氮化或渗氮。渗入钢材表面的氮元素形成氮化层以提高模具零件的硬度、耐磨性、疲劳强度、红硬性、抗咬合性及抗腐蚀性。

渗氮有下列几种：

① 气体氮化（渗氮）。钢材须含 Cr、Ti、Al、V、Mo 等合金元素。处理温度为 495～570℃，回火温度为 520～590℃，表面硬度为 900～1000HV，有效硬化层深度为 0.3mm，时间 48h。零件变形量：无。

② 液体氮化。处理温度：560～580℃，时间 2～3h。有效硬化层深度为 0.01～0.02mm，表面硬度为 900～1000HV。

③ 软氮化。任何钢铁材料皆可做软氮化处理，可分为液体、气体软渗氮。液体软渗氮，是无毒处理法，处理温度一般为 570～580℃，处理时间为 2～4h，淬火液为盐浴。可增加表面耐蚀能力。表面硬度为 900～1000HV，深度为 0.01～0.03mm。

（8）渗碳

把含碳量在 0.04％～0.25％的低碳钢钢材（中碳钢含碳量在 0.25％～0.6％、高碳钢含碳量在 0.6％～1.35％）零件，在碳介质（气体、固体）中加热、保温，温度通常为 560～600℃。渗碳是指使碳原子渗入钢表面层的过程，使低碳钢的工件具有高碳钢的表面层，然后再经过淬火和低温回火，使工件的表面层具有高硬度和耐磨性，而工件的中心部分仍然保持着低碳钢的韧性和塑性。渗碳工件的材料一般为低碳钢或低碳合金钢（含碳量小于0.25％）。渗碳后，钢件表面的化学成分可接近高碳钢。工件渗碳后还要经过淬火，以得到高的表面硬度、高的耐磨性和疲劳强度，并保持心部有低碳钢淬火后的强韧性，使工件能承受冲击载荷。渗碳工艺广泛用于飞机、汽车和拖拉机等的机械零件，如齿轮、轴、凸轮轴等，也适用于注塑模具的零件。

139. 钢材的硬度值有哪些标注方法？怎样正确标注硬度值？

（1）钢材的硬度值标注方法

硬度是衡量材料软硬程度的一个性能指标。硬度试验的方法较多（有洛氏硬度、布氏硬度、维氏硬度、肖氏硬度、邵氏硬度、韦氏硬度、里氏硬度等），原理不同，测得的硬度值和含义也不完全一样。最普通的是静负荷压入法硬度试验，即布氏硬度（HB）、洛氏硬度（HRA、HRB、HRC）、维氏硬度（HV）、邵氏硬度（HA、HD）等，硬度值表示材料表面抵抗坚硬物体压入的能力。里氏硬度（HL）、肖氏硬度（HS）则属于回跳法硬度试验，其值代表金属弹性变形功的大小。因此，硬度不是一个单纯的物理量，而是反映材料的弹性、塑性、强度和韧性等的一种综合性能指标。注塑模具热处理零件的淬火、调质的硬度值用 HRC 标注。

（2）正确标注钢材的硬度值

① 有人认为热处理硬度值标注越高越好，如 H13、SKD61、HRC 可达 63～65，设计图上就标注最高值，认为硬度值越高，模具用的时间就越长，实际不是这样的。硬度值的标注要根据模具要求加工零件（塑件或冲件）的批量来定，只要硬度值满足生产使用的情况就可以了，硬度高了不一定模具就不会提前失效。对于调质钢材一般硬度值标注在 28～32HRC。有的在图纸上标注调质 42～45HRC，这样就不太妥当。有的在预硬钢的零件图纸上、技术要求写上调质硬度要求。这都是错误的，因预硬钢本身就是调质钢。

② 硬度值不能混淆，见附录表 E-3 "硬度测试对照表"，根据零件使用要求选用硬度值。布氏硬度（HB）一般用于较软的材料，如有色金属、热处理之前或退火后的钢铁；洛氏硬度（HRC）一般用于硬度较高的材料，如热处理后的材料等。HRC 用于硬度很高的材料（如淬火钢等），适用范围 20～67HRC，相当于 225HB～650HRC，是采用 150kg 载荷和钻锥压入器求得的硬度。

140. 热处理零件应如何验收？会出现哪些缺陷？

模具零件的热处理验收内容包括模具材料检查、外观检查、变形检查、硬度检验以及其它力学性能检验。

① 按图验收：模具零件热处理外协工作要规范。笔者发现有的模具厂对热处理这个环节不够重视。把模具零件送到热处理厂，有的没有图纸，口头上交代一下热处理的要求，什么时候来拿，这种现象应该克服。因为热处理厂要根据图纸上的钢材牌号、热处理要求、零件的形状尺寸等来编制热处理工艺卡。应正确选择热处理工艺、冷却方向、冷却介质。假如没有图纸，零件热处理后一旦出现弊病怎么交涉？

② 一般热处理零件后的外观检查都是用肉眼或用放大镜观察表面有无裂纹、烧伤、碰伤、烧熔、氧化、麻点、腐蚀、脱碳、锈斑等，重要工件检查可用磁力、渗透、探伤等方法。对表面允许喷砂的工件可浸油直接喷砂观察。

③ 变形检查可利用刀刃尺、塞尺、百分表、平板等工量具。

④ 用硬度计对表面进行硬度检查，事前要注意零件表面的粗糙度不能过高，否则得到的不是真正的硬度值。同时硬度检查需要检查 8 点值是否均匀。

⑤ 氮化零件检查。氮化后的零件一般不再磨削加工，其氮化层一般不大于 0.03mm。注意 45 号钢氮化是没有作用的，因它没有含铬、钼、铝、钒等元素成分。氮化零件需要调质处理。

⑥ 模具厂应重视热处理零件的质量，并须按 8 点硬度检验规则验收，并经超声波探伤。同时应检查零件热处理后是否有变形、开裂，硬度是否达到要求，是否有淬火软点，外表面是否有脱碳、氧化、过热、过烧、表面腐蚀等弊病存在，检查合格后入库才可使用。模具的动定模零件经热处理后，要求热处理厂家提供质保单。

第四章

模具结构设计禁忌

本章所介绍的模具结构与零件设计禁忌的内容与模具实例，是笔者多年从事注塑模具设计与制造工作的经验总结，或许对读者优化模具结构设计、避免模具出现设计差错有一定的帮助。

有的模具结构设计存在着问题，其原因可能是设计师的知识面、技能水平及经验受到限制，自己很可能看不到存在的问题，这种情况在所难免。因此，需要模具设计师提高设计能力，积累经验，尽量避免模具结构设计出现原理性错误。

模具设计师必须关注的问题：

① 避免设计图样存在问题。

② 避免浇注系统设计存在问题。

③ 避免模具结构、零件设计存在原理性设计错误。

④ 模具结构（八大系统）的设计禁忌与误区。

⑤ 模具钢材选用与热处理禁忌。

第一节

模具结构设计禁忌

1. 模具企业设计工作有哪些禁忌？

（1）模具企业工作平台的问题

① 企业没有健全的三大标准体系来管理，而是实施人为管理，老板的话就是管理制度。

② 组织框架同企业现状不匹配：如接单数量超过产能、模具难度与设计能力水平不匹配等。

③ 职、责、权不清，没有绩效考核，挫伤了设计人员的主观能动性。

④ 老板过分追求产值利润，质量方针与目标不协调。

⑤ 工薪与绩效没有挂钩、人才培训不重视。

⑥ 外行领导内行，影响了企业文化（团队精神缺乏、拜金主义严重）。

⑦ 设计工作安排不合理（设计师的能力不能胜任、设计任务繁重经常加班、设计时间紧迫）。

⑧ 没有规范的模具结构设计评审。

（2）设计师本身的问题

① 设计师的理念问题，质量和成本意识淡薄，没有很好地考虑怎样使模具结构设计优

化，满足客户的需求。

② 设计师对自己要求不严，缺乏工匠精神。设计存在随意性，只想尽快完成设计任务，致使模具结构设计存在问题。

③ 对模具结构与零件设计的原理、原则和要求、概念模糊。设计师的能力水平与经验不够，导致所设计的模具存在问题。

④ 设计师情绪不好，容易出现设计差错。没有认真检查和确认存在的设计问题。

⑤ 图样文件管理不规范、版本搞错。

2. 怎样使模具结构设计优化？

模具结构设计不合理，会直接导致注塑生产过程中出现各种品质缺陷和异常现象，导致试模次数多。为了解决和避免潜在的问题，缩短模具开发周期，降低模具成本及提高模具质量，要求设计师尽量优化模具结构设计，可采取以下手段：

① 利用 CAE 模流分析技术进行模具优化设计。

② 模块化设计就是利用产品零部件在结构及功能上的相似性进行设计。大量实践表明，模块化设计能有效减少产品设计时间并提高设计质量。

③ 建立设计标准，努力实现产品的标准化。

④ 做好数据化管理工作，建立信息化应用平台。

⑤ 加强培训，提高设计师的能力水平。

⑥ 加强模具结构与设计评审。

3. 什么叫原理性设计错误？原理性设计错误有什么危害性？

① 原理性设计错误的定义：不知道零件的作用和违反模具结构设计原理、原则的模具设计称为原理性设计错误。一般的模具设计出错都是在原理性设计错误之内。

② 原理性设计错误的危害性：模具行业有句至理名言："一个不懂得模具结构及制造原理和注塑成型原理的模具设计师，是模具工厂的灾难。"也可以这样说：不成熟的模具设计师是模具工厂的杀手，会带来不必要的麻烦，严重的使模具报废，造成设计反复更改，增加了模具成本，造成资源浪费，同时降低了模具质量，使交模时间延误。

4. 怎样避免模具结构的原理性设计错误？有哪些案例分享？

（1）模具结构设计出现原理性设计错误，可以说同设计师的专业水平有直接关系，往往是设计师对模具结构设计原理的概念模糊、一知半解（为什么要这样设计？这个零件的作用是什么？）。怎样克服呢？

① 首先要提高设计师的专业水平，搞懂设计原理和原则，避免设计出错。

② 提高设计理念，具有很强的成本和质量意识。

③ 关注细节，培养精益求精的工匠精神。

（2）模具结构原理性设计错误的案例较多，这里有几个案例，分析如下：

① 浇注系统设计　图 4-1 为浇注系统设计错误，违反浇注系统的设计原理（流向不一致、注射压力不平衡、增加了注塑压力、排气困难、影响制品外观等），应设计为顶部点浇口进料。如图 4-2（a）所示的直角弯管模，使制品成型困难；把浇口位置设置在弯管的内形附近处，目的是使模具的浇口位置与模板中心相一致，避免模具的浇口偏移。但由于弯管型芯受到注射力的作用，把型芯挤向对边，使弯管不能成型。把浇口位置设置在弯管的背部处，如图 4-2（b）所示，注射压力被分解，型芯不会产生偏移，能保证成型制品的厚薄均匀。

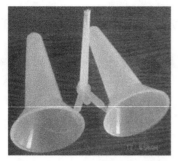

图 4-1　浇口位置设计错误

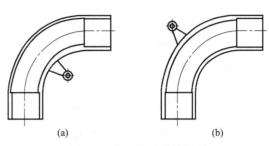

(a) (b)

图 4-2　浇口位置设计错误

② 方导柱与导柱设计　如图 4-3 所示，方导柱设计错误：方导柱与动模座板的侧面是过渡配合，而四个内六角螺钉的圆柱平面与模板的平面接触面已大于方导柱的动配合的力，不会窜动。所以，可不必再用定位销；不必把方导柱全部氮化热处理，只要两侧面部分进行局部氮化处理就可以了。

如图 4-4 所示的模具结构错误：有了方导柱，又用了圆导柱，方导柱有导向和定位作用，不必再用圆导柱；此结构方导柱布局不是在模板的中心线上，动定模板的温差会使方导柱离中心较远的侧面容易磨损（需要考虑到膨胀系数不一样）；这么长的圆导柱，没有螺旋形油槽；方导柱没有布置在中间，没有考虑到热平衡。

图 4-3　方导柱设计错误（1）

图 4-4　方导柱设计错误（2）

定位机构设计：滑块压板重复定位，用了定位销，又为嵌入式定位（如图 4-5 所示结构）。重复定位有三处：两件动模芯的四角定位；模板四角有四匹克定位；模板中间用了正定位。

③ 冷却水道与管接头　二孔交涉地方，如图 4-6（a）所示是错误的，不易加工，图 4-6（b）正确。管接头的密封是以锥度螺纹处密封，不是以平面密封，应留有间隙，才能密封。

图 4-5　定位结构设计错误

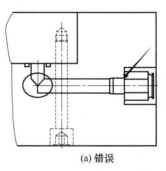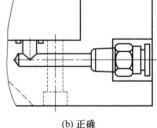

(a) 错误 (b) 正确

图 4-6　冷却水道与管接头

④ 油槽设计错误 如图 4-7 所示,油槽太密,摩擦力太大;上面空间位置不够,污染制品;下面油槽不必要,没有作用。

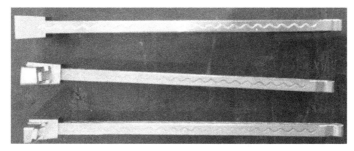

图 4-7 油槽设计错误

5. 怎样防止模具结构设计出现重大错误?

① 首先要避免原理性设计错误:模具设计师需要了解模具结构的作用原理,了解零件的作用,知道为什么要这样设计,掌握和遵守各大系统设计原则。这样才能避免出现原理性设计错误。

② 提高模具设计师设计能力和水平(对模具结构与设计了如指掌,熟悉相关的机械加工、成型工艺、模具验收条件,使所设计的模具结构优化),加强模具结构设计的基础知识培训。在源头上使模具结构设计的质量得到可靠的保证。

③ 建立健全设计技术标准。利用软件进行模块化设计。

④ 复杂模具先由有经验的设计师确定结构方案,再由相应设计师设计后,自检确认后提交评审。模具结构须经规范评审后确认无误,才可投产。

⑤ 加强设计流程管理,尽早发现问题,防止错误结构设计的发生。

⑥ 加强制品的前期评审和模具的合同评审。

6. 注塑模具设计不能忽视哪三大关键问题?

注塑模具设计必须关注的三大关键问题:

① 浇注系统设计(关系到模具结构和制品的质量)。

② 冷却系统设计(关系到制品的质量和产量)。

③ 模具强度和刚性设计(关系到制品的质量、模具的失效及模具成本)。

7. 模具结构设计有哪些禁忌?

在设计模具时,有时因制品的形状、结构外观要求的特殊性,需要引起特别关注(1~11 问的问题),避免设计出现如下问题。

① 开模后塑件留在定模,制品取件困难。有的制品成型后都有可能黏附在模具任一侧,但不能保证成型后制品黏附在哪一侧。

② 外观要求较高的塑件,浇口受到限制(制品外表面不允许进料痕迹,浇口一定要在内侧),必须采用倒装模结构。如果从侧面进料,由于制品形状较大,很难保证流动平衡,填充非常困难,制品成型后,因收缩不均而导致变形严重。在这样的情况下,只能采用内侧进料,即制品内型为定模,也就是所谓的倒装模结构,应用液压缸顶出机构。

③ 动、定模的圆角与清角搞错。塑件外形是圆角,定模(型腔)设计为清角,定模需要重新加工或者报废。塑件外形是清角的,定模做成圆角,还可以把定模重新加工成清角。塑件内形是清角的,动模做成了圆角,就需要烧焊或报废了。塑件内形是圆角的,做成清

角，重新加工成圆角就行。

④ 成型制品造型有倒扣，制品顶出困难。

⑤ 拔模斜度不当（太大或太小），影响了制品的尺寸或制品脱模。

⑥ 成型收缩率数据不正确或计算错误。

⑦ 3D设计造型和2D零件工程图遗漏。

⑧ 设计基准错误。

⑨ 模具材料或热处理搞错。

⑩ 模具结构设计方案（整体或是镶块）错误，设计师没有综合考虑问题（材料成本、加工费用及设备、时间等）。

⑪ 螺纹孔、顶杆孔、冷却的水孔的位置设计不当：孔与模板或零件的外形破边、孔与孔破边、孔与平面接触块破边。

⑫ 零件没有标识（件号、图号）。

⑬ 斜顶机构采用了弹簧复位机构，没有采用油缸。

⑭ 模具的外形、高度、定位圈直径、喷嘴球R等尺寸与注塑机的参数不匹配。

⑮ 非成型部分的外形，设计成快口（尖角刀口形状）。

⑯ 模板的螺纹孔没有倒角。

⑰ 加强筋高度超过15mm的没有采用镶块结构（排气不良、烧焦、成型困难），上口和头部分外形是清角，不是圆角。

⑱ 大型有斜顶机构的模具，顶板与顶杆板的固定螺丝数量不够。

⑲ 多型腔模具没有按规范要求标记编号。

⑳ 产品标记有问题，不规范。

㉑ 没有环保章和日期章及塑件名称材料牌号标记（没有达到客户要求）。

㉒ 模具四角没有启模槽。

㉓ 动、定模没有锁模条。

㉔ 动、定模零件制造工艺编制不合理。

㉕ 模具外形没有标记铭牌，也没有供应商标记铭牌，模具标识不清楚。

㉖ 大型模具没有设置基准孔。

㉗ 正定位的布局不是以模板为中心。

㉘ 垃圾钉布局不合理。

㉙ 三板模开距行程欠大，浇注系统凝料取出困难。

㉚ 三板模的正导柱仍按二开模的标准模架的导柱大小设计，三板模开模时，定模左边在导柱上会向水平面方向产生倾斜，模具会提前失效。

8. 模具结构设计有哪些细节误区？

"细节决定成败"这句话，指出了细节的重要性。而且，具有一定水平和经验的设计师和精益求精的工匠，才会关注和考虑到模具的设计细节。如果细节出现问题，就会影响模具质量，并使交模时间延误，严重的会使模具报废。

因此，要求模具设计师务必关注模具结构和零件设计的一些细节，不要掉以轻心，需要引起高度重视。很多模具企业，都曾经发生过下面的细节错误。

① 3D造型设计或2D工程图，图层混乱，图面质量差，不便于看图。

② 多型腔模具没有按规范编号以及进行型腔标记，不便于模具与制品验收。

③ 3D结构造型任意，公称尺寸设计成小数，角度设计为分、秒。

④ 大同小异的或非对称形状的塑件误认为是镜像。

⑤ 模具的成型收缩率错误：收缩率的原始数据错误；计算时小数点错位，没有确认；形状复杂制品的成型收缩率，采用同一数据计算，使制品尺寸错误。

⑥ 图样版本发放错误或更改图样出现问题。

⑦ 布局问题：孔位太近，如图 4-8（a）所示；孔与零件干涉、破边，如图 4-8（b）所示。

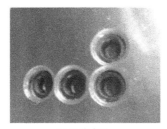

（a）孔位太近　　　　　　　　　　　　（b）孔位不对

图 4-8　水管孔与耐磨块干涉

⑧ 忽视动、定模的圆角与清角：成型零件的圆角与清角搞错；零件的转角处设计成清角，应力集中，使模具失效。

⑨ 动模的交角处，形状设计成清角，无 R 圆角过渡（零件的加工应力集中，会使模具提前失效）。

⑩ 忽视模具倒角：应倒角的没有倒角，非成型零件的外形有尖角、快口，而成型零件的成型部位没有倒角，存在安全隐患；模板的外形倒角不规范（有大有小、漏倒）。

⑪ 加强筋问题：动、定模侧筋处无 R 圆角过渡，根部不是 R 圆角，成型时尖角处易产生塑粉滞留，不利于成型；加强筋漏做；没有考虑到排气，做成镶块结构。

⑫ 零件 3D 造型遗漏，3D 转 2D 的工程图遗漏。

⑬ 零件没有图号或没有标记，标记的字体大小不统一，刻字方向相反。

⑭ 模具没有应有的标识，没有设计环保章、日期章及塑料牌号章等。

⑮ 标准件清单中零件的名称、型号、数量搞错，零件遗漏等，造成钳工装配等待。

⑯ 标准件型号规格的选用同模具大小不匹配。

⑰ 零件的材料清单遗漏或错误。

9. 模具失效形式及原因有哪些？

由于塑料模具都在一定的温度和压力（型腔承受的成型压力约为 25～45MPa，精密注塑时压力高达 100MPa 以上）下工作，因而可能产生的主要失效形式有摩擦磨损、动定模对插部位的黏合磨损、过量变形和破裂、表面腐蚀等。一旦模具破裂或塑料制品形状、尺寸精度和表面质量不符合要求，则会造成溢料严重，飞边过大，而模具又无法修复。

模具失效是指模具工作部分发生严重的磨损，不能用一般修复方法（抛光、锉、磨）使其重新服役的现象。模具失效之前所成型的制品总数即为模具寿命，模具的寿命是由制品的生产批量多少决定的，分为四个等级，制品的数量在 100 万以上的为一级，50 万～100 万模次以上的为二级，10 万～50 万模次以上的为三级，10 万模次以下的为四级。

（1）模具的失效形式

模具失效分偶然失效（因设计错误或使用不当，使模具过度磨损）和工作失效（正常使用的磨损，到了所使用的期限）两类。注塑模具常见的模具失效形式有如下几种（表 4-1）。

① 表面磨损和腐蚀失效　由于塑料中填料对模具的模腔表面产生冲刷，使模腔表面严重磨损和腐蚀。其形式表现为粗糙度增大，动、定模间隙增大，塑件废边增厚，型腔壁拉毛、尺寸超差、棱角钝化变圆、平面下陷、表面沟痕、黏膜剥落等。避免方法是应用耐磨性

良好的钢材，表面氮化处理。

② 断裂失效　注塑模在使用过程中，模腔内或动模芯局部因为应力集中而发生裂纹或断裂的现象叫作断裂（裂缝、劈裂、折断、胀裂等）失效。这种失效形式多发生在几何形状比较复杂的模具中，发生部位一般都是在尖角处或薄壁处。材质选用高韧性的钢材，设计时采用镶块结构，当失效发生时可便于更换和维修。

③ 疲劳和热疲劳引起的龟裂、咬合　注塑模的机械负荷是循环变化的。由于注塑模具长期受热（模温 50～100℃，熔料温度更高）、冷却，温度经常会出现周期性变化。同时，注塑模在充模和保压阶段，型腔承受高压熔体的压力，而在冷却和脱模阶段，外加负荷完全解除。一次接一次的重复工作，使型腔表面承受脉动拉应力作用，从而可能引起疲劳破坏。这样，容易使模具材料在使用过程中发生热疲劳，导致模腔表面出现龟裂、裂纹。

④ 局部塑性变形失效　注塑模腔在成型压力和成型温度作用下，因局部发生塑性变形而导致模具不能继续使用的现象叫作塑性变形失效。表面出现麻点、发生起皱、局部出现型腔塌陷或凹陷、型腔胀大、型孔扩大、动模棱角纵向弯曲等。产生变形失效的主要原因是用材欠佳，模腔材料强度不足，热处理工艺不合理或不当，表面硬化层太薄，造成氧化磨损、粘离磨损。

（2）模具的失效原因

设计错误；制造精度、材料选用、热处理不当；使用不当；长期使用使模具磨损。

（3）采取相应措施

可选用热模钢制造；注意零件加工后，会产生加工应力，要做好应力消除处理；提高配合零件的制造精度要求，降低零件的表面粗糙度，提高模具装配质量。

表 4-1　模具失效形式与特征

失效形式分类		特　征
磨损失效	疲劳磨损	刃门钝化、棱角变圆、平面下陷、表面、沟痕、黏膜剥落等
	气蚀磨损	
	冲蚀磨损	
	腐蚀磨损	
断裂失效	脆性断裂失效	崩刃、劈裂、折断、胀裂等
	疲劳断裂失效	
	塑性断裂失效	
	应力腐蚀断裂失效	
变形失效	过量弹性变形失效	局部塌陷、型腔胀大、型腔塌陷、型孔扩大、棱角凸模纵向弯曲
	过量塑性变形失效	
	蠕变超限失效	
腐蚀变形	点腐蚀失效	局部开裂、黏膜剥落、棱角变圆，平面下陷
	晶间腐蚀失效	
	冲刷腐蚀失效	
	应力腐蚀失效	
疲劳失效	热疲劳失效	平面龟裂、裂纹、表面破裂、局部断裂
	冷疲劳失效	

10. 3D 造型结构设计存在哪些问题？

3D 造型结构设计可能会存在着很多问题（详见本章内容），这里，只讲述不容易引起注意，但很重要的问题。

① 3D 造型的图层没有统一规定和标准。很多模具企业 3D 造型的图层（颜色）没有统一的标准，不便于看图和评审。最好把塑料制品，模具的动、定模，模板，各系统的零件，

标准件，坚固件等，用不同颜色加以区别，图层如有统一规定，使读图者一目了然，不会感到杂乱无章。制品与料道是红色，动、定模的分型面是粉红色，封胶面棕色，进水管蓝色，出水管红色。

② 模具结构设计没有标准，设计随意，使模具质量和成本得不到控制。

③ 零件的公称尺寸不是整数（详见附录表 D-1 "模具设计公称尺寸优化值"），是小数，就会给设计、制造、加工、测量、验收都带来不必要的麻烦。

④ 有的模具结构设计存在着问题，出现设计出错（零件遗漏、相互干涉等），需要更改返工，使交模时间延误。

⑤ 模具结构设计没有优化，没有考虑到加工工艺，影响制品的成型质量，同时增加了模具的成本。

11. 2D 图样画法有哪些禁忌？

① 图面质量较差，图层混乱，不是一目了然。

② 图样画法不符合国标，如线条应用、比例错误（放大比例不允许 3∶1）。模具结构复杂没有应用剖视图、局部视图、向视图等表达清楚。

③ 形位公差标注和粗糙度标注不合理（公差标注过低，降低了模具制造精度；标注过高，增加了模具的制造难度和成本）。

④ 米制、时制尺寸标注混合使用。

⑤ 视图画法错误，违反主视图选择的三原则，给看图、制造、编制工艺、加工带来了困难，如图 4-9 和图 4-10 所示。

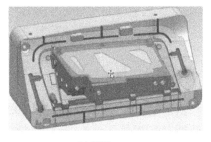 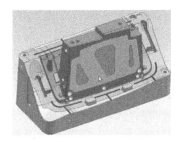

(a) 错误　　　　　　　　　　　　　　　(b) 正确

图 4-9　主视图选择的立体图

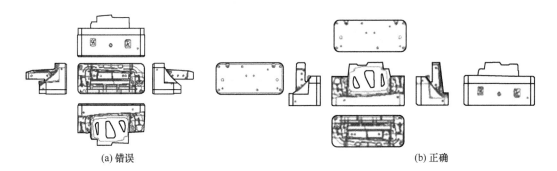

(a) 错误　　　　　　　　　　　　　　　(b) 正确

图 4-10　主视图选择

⑥ 设计基准选择错误，多型腔模具的定位基准应是塑件的中心距，而不一定是边距。

⑦ 公称尺寸的数据不是整数（最好是 5 或 10，但有的设计师尺寸随意标注成小数），给

制造、测量带来不必要的麻烦。

⑧ 尺寸标注错误，达不到设计要求。尺寸标注基准（一般在左下角）不统一、尺寸标注没有规则、在图样四周标注了尺寸。尺寸直接标注在轮廓线或虚线上。尺寸数值标注错误。尺寸标注遗漏。引线穿过尺寸线。零件图的尺寸只标注了公差代号，而没有公差。一组尺寸分别标在三个视图上。尺寸标注了重复、封闭（没有空环尺寸）、计算尺寸。配合零件没有标注公差尺寸。

⑨ 零件没有图号、零件名称命题错误、不是通用名称而是方言，读者很难理解。

⑩ 更改图样不规范（在原图上打上标记，进行更改图样），而是重新画了一张图样发放，并没有把原来的图样收回，按老图样加工或按更改不规范的图样加工而造成出错。

⑪ 复杂零件视图表达不完整，没有技术要求和形位公差。

⑫ 图样上没有标注粗糙度或粗糙度值标注错误。

⑬ 没有按照客户要求画法设计图样，如第一角画法和第三角画法混淆。

⑭ 没有按照客户的模具设计标准设计模具。

⑮ 没有按照客户的要求设计标准件。

⑯ 模具设计数据不是客户提供的最终版本，造成设计事故。

⑰ 提供给客户的模具图样与模具的实际数据不一致。

⑱ 装配图质量较差，没有正确表达模具结构，给客户维修带来困难。

⑲ 没有提供模具使用说明书和维护保养手册。

12. 多型腔模具设计有哪些误区？

设计多型腔模具需要考虑以下有关问题。

① 根据多型腔模具的类型不同，选用不同的浇注系统（平衡式和非平衡式口），考虑各型腔的压力是否平衡。

② 型腔数量的确定，需要综合考虑制品的批量与制品的质量，型腔数每增加一个，制品的精度就会适当降低。

③ 多型腔模具的浇注系统结构布局不合理，会增加凝料，模板过大，浪费成本。

④ 选用三板模或热流道结构，没有根据制品的数量、质量、模具结构进行综合考虑。

13. 三板模的导柱设计有哪些误区？

① 三板模正导柱的直径设计太小，造成导柱强度不够，模板向下垂，模具失效。

② 定模的拉板导柱长短采用了标准尺寸设计，模板开档不够宽，制品取件困难。

③ 三板模的浇注系统没有考虑到自动脱模。

④ 三板模成型周期长，班产低。

14. 精密注塑模具的设计与使用禁忌有哪些？

精密注塑模具的设计与使用必须满足以下六个条件：

（1）塑料制品形状结构的设计要求

① 首先需要制品形状与结构具有最佳的设计数据。

② 正确确定壁厚尺寸及精密注塑制品的公差（我国使用的标准是《塑料模塑件尺寸公差》GB/T 14486—2008）。

③ 正确确定制品的公差和收缩率（从塑料的收缩方面考虑成型制品的公差精度，可以按照表 4-2），在对收缩率没有把握的情况下，先做样条模对收缩率进行验证。

表 4-2　精密注塑制品的基本尺寸与公差　　　　　　　　　　单位：mm

基本尺寸	PC、ABS		PA、POM	
	最小极限	实用极限	最小极限	实用极限
约 0.5	0.003	0.003	0.005	0.01
0.5～1.3	0.005	0.01	0.008	0.025
1.3～2.5	0.008	0.02	0.012	0.04
2.5～7.5	0.01	0.03	0.02	0.06
7.5～12.5	0.15	0.04	0.03	0.08
12.5～25	0.022	0.06	0.04	0.10
25～50	0.03	0.08	0.05	0.15
50～75	0.04	0.10	0.06	0.20
75～100	0.05	0.15	0.08	0.25

（2）要求模具结构设计优化和制造精度很高的模具

精密注塑模具比普通注塑模具要求都要高。精密注塑模具需要具有平衡的浇注系统、精准的温度控制系统、畅通的排气系统、可靠的脱模系统；精密注塑模具对成型零件尺寸精度、分型面精度、动定模定位精度和活动零部件的导向精度均要求很高，模腔表面硬度和模具结构刚度应足够大。

① 动、定模成型零件，大多数采用镶块结构，保证其加工精度。

② 合理的型腔数和排位，一般不超过四腔。

③ 合理的浇注系统，分流道必须平衡式布置，制品不会出现不均匀的收缩。浇口的类型、大小、位置和数量都影响塑件尺寸精度。点浇口喷射力大，但补缩效果差。浇口位置影响熔体流向和流程远近，流程愈长收缩愈大。多浇口可以缩短流程，但熔接痕增多。浇口的设计应该根据塑件大小和所选用的材料运用分析软件并借助实际经验来最终确定。精密注塑模具通常采用热流道浇注系统。

④ 模具成型零件采用优质钢材，并经热处理。保证模具有足够的刚性和强度，避免制品出现脱模变形。

⑤ 模具成型零件设计成镶块结构，采用平面磨加工。

⑥ 可靠的定位结构。应当尽量减小动、定模之间的错移，想方设法确保动模和定模的对合精度。

⑦ 排气良好。排气系统的作用是排出模具型腔内的空气和物料中逸出的气体，确保塑件的质量。由于精密注射成型采用高速注射，所以将腔内的气体及时排出，尤为困难。要解决精密注塑模具排气问题，成型零件应尽量采用镶拼的组合结构，在分型面上或困气处开设有效的排气槽。但最有效的方法是在模具上设计抽气系统，即在熔体进入型腔之前，把模具型腔内的空气抽走，使型腔达到一定的真空度，以减小熔体的流动阻力。

⑧ 顶出和抽芯机构动作协调可靠。

模具零件的制造精度和模具的装配精度要达到设计要求。模具加工精度在 0.02mm 以下，模具的零件、装配精度达到零件化生产要求。一般不超过 IT5～IT6 级（详见附录 A 中的有关表格），模腔大部分采用表 4-3 所示的加工方法制造。

表 4-3　各种加工方法所能达到的精度（公差值）

加工方法	最高精度/mm	经济精度/mm
仿形铣	0.02	0.1
铣削	0.01	0.02～0.03
坐标铣	0.002	0.01
成型磨、仿形磨	0.005	0.01
坐标磨削	0.002	0.01
电加工	0.005	0.03
电解加工	0.05	0.1～0.5
电解成型磨	0.005	0.01

（3）最佳的注塑工艺

精密注塑机能对物料温度、注射量、注塑压力、注射速率、保压压力、背压和螺杆转速等工艺参数进行精准控制。需要严格控制成型工艺、工艺条件、成型周期。参考附录表A-5、表A-6、表A-7等。

① 模温满足最佳的工艺需求；温控系统对每个型腔可单独调节，并要求均匀冷却。模具温度控制对精密注射成型的影响极大，它不但影响成型周期，而且影响模塑件的收缩、形状、结晶、内应力等，因此设计模具冷热回路时要求温度分布合理，既要能快速冷却，也要做到均匀冷却，避免因冷却不均导致塑件收缩不均衡。必要时，精密注射时应该采用模温机对模具温度进行精准控制。

② 精密注塑机料筒和喷嘴处的温控精度可达到±5℃，而普通注塑机此处的温度偏差往往高达20～30℃。而且精密注塑机注射压力高、注射速度快、复位精度和施压均衡度高，普通注塑压力一般为40～200MPa，而精密注射压力一般为220～250MPa。超高压精密注塑压力已超过400MPa，超高压注塑制品的收缩率几乎为零，可以不进行保压补料，从而消除了补料带来的不良影响。

③ 稳定且合理的注射压力、注射温度和成型周期，适当降低料温（防止料过热变质），同时提高螺杆的旋转速度，利用剪切及摩擦产生的热量，也有助于熔体填充，改善塑件的成型质量。在精密注射成型中，为了克服塑件变形及收缩凹陷现象，通常都会采用增加冷却和保压时间（即延长成型周期）的方法。另外，在塑件壁厚不均时，为了使厚度大的部分达到充分的冷却效果，也常常会延长成型周期。适度的降低料温，比平常温度再降5%～10%，不足的部分，改由提高螺杆旋转速度（进而提高注射速度）的方式来补足。

（4）使用高性能的精密注塑机成型塑件

① 精密注塑机一般都具有较大的注射功率，注射速度快。精密注塑机控制系统一般都有很高的控制精度，能保证各种注射工艺参数具有良好的重复精度，以避免塑件精度因工艺参数波动而发生变化。

② 精密注塑机锁模系统具有足够的刚度，还要求注塑机具有足够高的锁模精度，能精准控制合模力大小。

③ 精密注塑机还必须能够对液压回路中的工作温度进行精准控制，以防工作油因温度变化而引起黏度和流量变化，进一步导致注射工艺参数波动而使塑件失去应有的精度。

④ 精密注塑机的成型塑件循环时间要有一致性。精密注射成型中应尽量采用全自动的模式，保证模具温度和塑料在料筒中的停留时间恒定且在合理范围之内。

（5）良好的成型环境条件，需要关注影响制品质量的各种因素

车间的风，室温，春夏秋冬不同时间的气候（晴雨天、温度、湿度的影响），风的大小、方向、暖房、冷气、尘埃、冷却水量的变动，水温的变化，水垢，都会对制品精度产生影响。因此尘埃的去除、料筒的加盖（及静电除尘）、地面的清扫、循环水流压力大小、电压的稳定性等，都是不可疏忽的因素。

影响制品精度的各种因素见图4-11。

（6）对成型的塑料的要求

① 优良的塑料。常用于精密注射成型的塑料有以下五种：

POM及POM加碳纤维增强（CF）或玻璃纤维（GF）增强塑料。这种材料的特点是耐蠕变性能好，耐疲劳、耐候、介电性能好，难燃，加入润滑剂易脱模。

PA及加玻纤增强的PA66塑料。这种材料的特点是抗冲击能力及耐磨性强，流动性能好，可成型0.4mm壁厚的塑件。PA66加玻纤增强后具有耐热性（熔点250℃），但其缺点是具有吸湿性，一般成型后都要通过调湿处理。

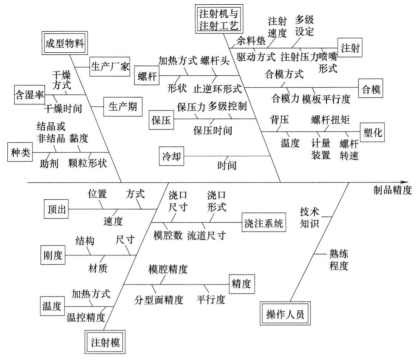

图 4-11 影响制品精度的因素

② 如何做到除湿干燥，对精密成型技术非常重要。

③ 绝对禁用回料。

第二节

成型零件设计禁忌

15. 成型零件设计有哪些误区？

① 模具设计基准选择错误，如基准角设置错误，不是在偏移的导柱孔的角边；复杂零件没有工艺孔；基准不重合；基准不统一。

② 粗糙度值选用错误，过高或过低，或标注错误。

③ 动、定模成型收缩率数据错误，塑件尺寸达不到要求。

④ 动、定模结构设计没有综合考虑到下面的有关问题：镶块结构或整体结构，加工工艺及设备状况，零件材料的成本及热处理，零件的加工精度能否保证。

⑤ 设计模具时，没有考虑塑料工艺特性、成型性以及结构设计需注意的事项，如浇口类型、脱模斜度、钢材等。

⑥ 非整体的、采用镶块的动、定模的楔紧块底部没有避空。

⑦ 动、定模分型面的封胶面避空，分型面与滑块的碰头面避空。

⑧ 动、定模的尺寸设计错误：设计基准错误、公差配合标注错误、尺寸计算错误；公称尺寸标注为小数，不是整数；没有采用优化值，不便于测量、制造及验收。详见附录表D-1 "模具设计公称尺寸优化值"。

⑨ 动、定模的形状与塑件图样不符。

⑩ 零件的出模斜度不合理。

⑪ 尺寸标注基准不统一，影响了零件精度，有的引起误读，加工出错。

16. 怎样确定设计基准？模具设计基准有哪些类别？

（1）零件设计基准的设置原则

① 基准统一原则：设计基准要求与制品的设计基准统一。

② 基准的设定要保证零件的加工精度和加工方便。

③ 要根据模具零件的结构和形状，考虑基准的设置（点、线、面）的合理性。

（2）模具的设计基准有如下分类

① 以模板的基准角为设计基准：模板的右下角，偏移的导柱孔为基准角。

② 以模具的中心线为设计基准。

③ 工艺孔为基准：在动、定模零件的中心线上设置两个距离（整数）较远的工艺孔为工艺基准，如图 4-12 所示。

④ 以镶芯零件的直角边为基准。

⑤ 在多型腔模具中，以制品的设计基准（而不是制品的外形为基准）或单型腔的中心线为基准。

⑥ 以动、定模的分型面为加工测量的精基准（底面为基面）。

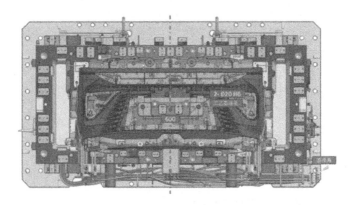

图 4-12　复杂模具要设置两个基准孔

17. 怎样考虑成型零件的设计步骤？

一般成型零件的设计要求按以下步骤进行：

① 确定模具的型腔数。

② 确定模具分型线和模具分型面。

③ 考虑动、定模是整体还是镶块结构。

④ 确定是否需要侧向抽芯机构。

⑤ 分别设计动模、定模的形状、结构（先动模后定模的形状结构、计算成型尺寸、确定脱模斜度）。

⑥ 设计分型面的封胶面、避空面、排气系统、浇口和料道等。

⑦ 确定成型零件冷却系统、顶出系统的结构及布局。

⑧ 确定动、定模成型零件的组合方式和固定方式。

⑨ 检查、确认。

18. 动、定模的定位结构设计有哪些误区？

① 没有根据塑件形状、结构选用合适的定位结构。如落差较大的模具，在注射压力的作用下，动、定模会产生错位。

② 定位结构的标准件的型号与模具不匹配，过大或过小。

③ 采用精定位的标准件布局，不是以模具中心线对称布局，由于热膨胀不一样，会提前失效。

④ 同方向多次定位（过定位），增加了模具制造难度和成本，如图 4-13 所示。

⑤ 避免欠定位，如滑块的压板没有定位销。

⑥ 要关注定位结构设计的可靠性：高型芯和薄壁件的模具结构要引起高度重视，避免在注塑成型时，型芯歪斜或与定模发生错位。

图 4-13　模具同方向多次定位

19. 模具分型面设计有哪些错误？分型面设计应注意哪些事项？

（1）分型面设计违反了设计原则

① 分型面的位置影响了塑件的表面外观质量、尺寸精度。

② 分型面没有设计在塑件的最大轮廓处，以有利于脱模和排气。应考虑尽量减少制品在开、合模方向上的投影面积，以避免锁模力不够而产生溢料现象。

③ 没有考虑模具结构的简化和加工方便（要使侧向抽芯距离最短，要考虑有利于制品脱模，将侧抽芯尽量设置在动模这一侧）。

④ 没有根据塑件形状、特征要求，合理选择分型面的形状（尽量避免曲面分型面）与形式。

（2）分型面的设计要注意下面的问题

① 动、定模的分型面形状设计不合理（有尖角、突变没有过渡面、R 面的配合面没有避空，如图 4-14～图 4-16）。

 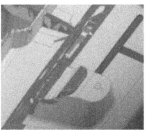   

<table>
<tr><td>(a) 错误</td><td>(b) 错误</td><td>(a) 正确</td><td>(b) 正确</td></tr>
</table>

图 4-14　动、定模分型面不允许存在尖角（1）　　图 4-15　动、定模分型面不允许存在尖角（2）

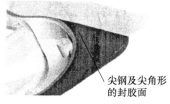 

尖钢及尖角形的封胶面

<table>
<tr><td>(a) 错误</td><td>(b) 正确</td></tr>
</table>

图 4-16　分型面避免突变没有过渡面

② 动、定模分型面封胶面太宽或太窄（根据模具大小，正确选用分型面的封胶面宽度：小型模具为 10～15mm，中型为 15～30mm，大型为 30～50mm）。

③ 动、定模分型面没有设置平面接触块，进行避空，提高封胶面的接触精度。要注意平面接触块的布局合理和合适的数量。

④ 分型面尽量减少螺纹吊装孔，防止成型时塑料流入孔内，造成处理困难，应用螺塞堵塞工艺孔、螺纹孔。

⑤ 台阶分型插碰穿面倾斜角度为 3°～5°（最小为 1.5°），侧碰面不得小于 3°。

⑥ 分型面的粗糙度要求为 0.08μm。

20. 动、定模的平面接触块设计有哪些误区？

动、定模的平面接触块设计，避免出现下列错误：

① 平面接触块设计了油槽。

② 平面接触块数量过多或过少，没有考虑到模具成本和质量。

③ 平面接触块布局随意，横七竖八，影响了模具外观。

④ 平面接触块没有设计标准，如形状、尺寸任意，没有应用圆形平面接触块。

⑤ 平面接触块的固定螺钉太多，如图 4-17。

图 4-17　平面接触块设置不合理

21. 怎样考虑动、定模的结构（整体或镶块）设计？

通常大型复杂的模具都设计成镶块结构，便于加工，防止变形，也可降低成本。但有时要根据制品的结构形状及模具结构的具体情况，选用整体还是镶块结构，需要权衡，须考虑以下几个问题：

① 避免动、定模零件有尖角存在。

② 考虑零件的刚性是否足够，是否会变形、内应力是否会产生，大型模具可考虑把型腔、型芯分两件设计。

③ 考虑便于零件加工，满足加工工艺、零件尺寸精度要求等。

④ 根据模具结构，考虑哪个方案有利于降低模具成本，有利于提高模具和制品的质量。

⑤ 考虑零件的热处理工艺。

⑥ 考虑有利于零件抛光。

⑦ 楔紧块的底部与模座底面应有 0.5～1mm 间隙，否则动、定模芯与模板的侧面配合处可能有间隙，如图 4-18 所示。

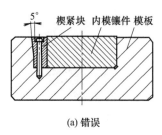
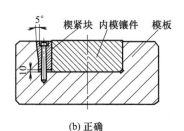

(a) 错误　　　　　　　　　　　(b) 正确

图 4-18　楔紧块的装配要求

22. 模具的过定位设计有什么危害性？

过定位也叫重复定位，提高了模具成本，增加了制造难度和时间，也浪费了资源。

① 滑块的压板采用嵌入式动模板，又采用了定位销（重复定位），如图 4-19 所示。

② 模具采用了两个定位元件：用了方导柱又用了正定位。

图 4-19　滑块压板重复定位

23. 模具的欠定位设计有什么危害性？

如果欠定位的情况存在，相互静止不动的零件就会在外力的作用下发生位移，使零件提前失效。模具的欠定位设计有如下情况：

① 滑块的压板与母体没有定位销，用螺纹代替定位销。

② 定模盖板与定模没有定位销，模板座板与动模垫铁、定模固定板没有定位销，在注塑成型时，动、定模产生移位，模具损坏。

24. 有哪些模具结构设计没有考虑到动、定模的热平衡？

① 动、定模的正定位布局不在中心对称位置，如图 4-20（a）所示。

② 大型模具顶杆导柱与动模板的顶杆孔没有避空，产生干涉，如图 4-21 所示。大型模

(a) 错误

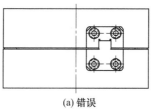
(b) 正确

图 4-20　正定位设置

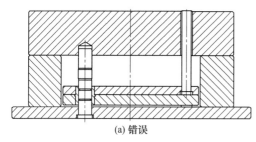
(a) 错误

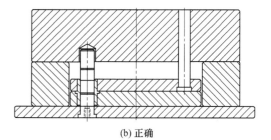
(b) 正确

图 4-21　顶杆导柱与导套的装配要求

具的顶杆固定板与导柱孔没有间隙，当动模固定板与顶杆固定板产生温差时，会使顶板导柱歪斜，影响开模。

③ 热流道喷嘴的中心由于动、定模的温差原因，产生移位，如图 4-22（a）所示，没有避空，产生干涉。需要喷嘴与型腔避空，需要计算调整尺，如图 4-22（b）所示。

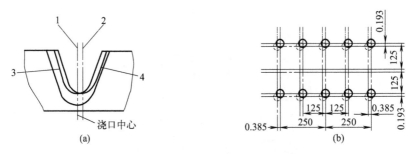

图 4-22　中心错位防止法（流道板温度 200℃，型腔温度 60℃）
1—成型时喷嘴中心；2—常温时喷嘴中心；3—成型时喷嘴位置；4—常温时喷嘴位置

25. 大型复杂的深型腔模具，脱模困难怎样解决？

在成型大型深型腔模具时，熔料充满整个型腔，此时，定模和型腔都形成真空，大气压力造成制品脱模困难。如果采用强行脱模，势必影响塑件的质量，轻则导致制品变形，重则使制品粘定模或粘动模。为解决这一问题，必须在定模或动模，或者动、定模同时加进气装置，避免产生真空，如图 4-23 所示的塑料盆模具结构。定模内引进空气，保证制品留在动模型芯上，当制品推出时，制品与型芯之间会产生真空，设置了排气阀进行强制排气，避免脱模困难。

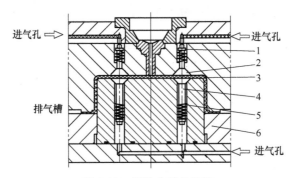

图 4-23　塑料盆模具结构
1,5—弹簧；2—定模进气阀；3—塑料盆；4—动模进气阀；6—动模型芯

26. 设计成型零件，怎样对模具抛光？

有的成型零件抛光时，需组合成整体一起抛光才能保证零件的抛光质量。在模具结构设计时，就需要考虑成型零件整体的抛光工艺。

如图 4-24（a）所示的制品，外形形状复杂的圆弧面，且制品的分型线就是动、定模的结合面。若按常规的模具设计成整体，模具经精加工后，动、定模分别进行打光，制品往往会出现外形错位或段差，质量达不到要求。为了避免这种情况发生，把模具的动模（或型腔）做成三块镶块结构；打光时，需要把动模镶块拆下与定模组合成整体进行打光，这样才能保证外形质量，如图 4-24（b）所示。

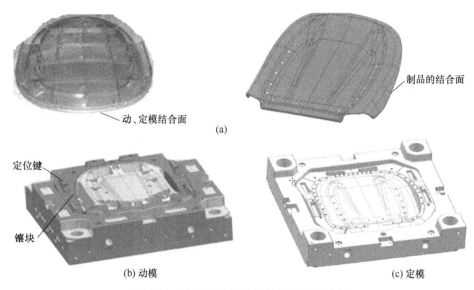

图 4-24　采用镶块设计保证外形打光质量

第三节

浇注系统的设计

27. 浇注系统的设计有哪些问题存在？

① 如果没有经过模流分析就设计和制造模具，模具结构设计很有可能会出现反复更改，情况严重的会使模具报废。

② 浇口套的球 R 与喷嘴口径的设计数据与注塑机不匹配。

③ 浇注系统设计不合理，产生注射压力不平衡，压力相差很大，模具的成型条件苛刻。

④ 浇注系统设计没有遵循最小原则 [浇口太多、料道太多，如图 4-25 (a) 所示]，浪费塑料，压力损失大。

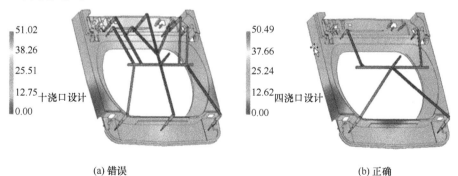

图 4-25　洗衣机控制面板 CAE 模流分析

⑤ 浇注系统的浇口形式选用错误，浇口类型与塑件的形状、结构不匹配。

⑥ 浇注系统没有开设必要的溢料槽。

⑦ 浇注系统表面有气痕、流线，没有开设排气槽。

⑧ 浇注系统没有单独设置冷却水道。

⑨ 浇注系统的主料道、次料道、辅助料道、溢料槽等的粗糙度很高，料道形状不是圆滑过渡，有棱角。

⑩ 头部不平的浇口套没有设置止旋的定位销。

⑪ 浇注系统的凝料和浇口，用机械手取制品困难，不适用于自动化生产，达不到客户要求。

⑫ 浇注系统设计没有应用热流道，成型制品的质量不佳。

⑬ 浇注系统的凝料没有顶出，留在模内，不能自动脱落。

⑭ 潜伏式浇口顶出时弹伤塑件外表。

⑮ 三开模定模开距欠大，凝料取出困难，凝料的间距要求见图 4-26。

⑯ Z 形推料杆不是单方向的，凝料脱落困难。

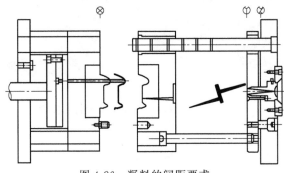

图 4-26　凝料的间距要求

28. 偏心主流道与倾斜主流道如何设计？

主流道一般要设置在模具中心，如果主流道偏移距过大，在注射压力较大的情况下，锁模时容易产生让模，分型面处会产生溢边现象，设计时需要注意以下问题。

（1）偏心主流道偏移距离没有按规定设置

① 如采用偏心的主流道，需经模具用户同意。

② 偏心距为模具外形尺寸（A）的 2/3（偏心距 L 最好不超出 28mm），如图 4-27。

③ 顶出孔必须与主流道中心位置一致。

（2）偏心主流道偏移距过大

没有考虑设计成倾斜主流道，增加了模具的外形尺寸（外形过大，需增大注塑机，增加了模具的成本）。

（3）倾斜主流道设计

① 倾斜浇口套须用定位销定位，防止旋转。

② 倾斜主流道尺寸、角度规范应参照图 4-28 和表 4-4。

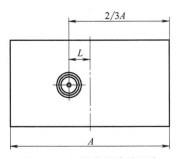

图 4-27　主流道的偏移距离

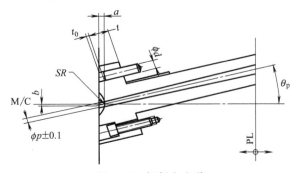

图 4-28　倾斜主流道

表 4-4　倾斜主流道尺寸规范

树脂材质	θ_p	$\phi p \pm 0.1$	SR	a	b	t	t_0
PP	30°(最大)	3,3.5,4,4.5,	11,12,13,16,	2.5,3.5	$a\tan\theta$	1.5d	1.0
ABS	25°(最大)	5.5,6,7,8	20,21,23			(最小)	(最小)

29. 浇口尺寸与位置设置有哪些误区？

浇口尺寸和浇口位置正确与否，对制品的成型性能和质量影响很大。如果浇口设计有误区，违反了设计原则，就会引起多次试模的后果，同时制品会产生如下缺陷：漩纹、泛白、翘曲变形、树脂降温、欠注、成型困难等。具体的误区如下：

① 浇口太小、太薄，产生喷射，射胶时间过长，制品成型困难。

② 浇口太大、太厚，浇口清除后会影响制品外观。

③ 3D 造型浇口尺寸设计不规范，达不到设计要求，由模具钳工自做，出现多次试模。

④ 料流产生喷射现象，没有考虑塑料折流（S 形）流入。

⑤ 浇口位置的确定关系到模具结构设计方案，设置不当，有明显的浇口痕迹，影响制品外观。

⑥ 浇口位置不当，如图 4-29。a. 流向不一致、压力损失过大，成型困难。b. 制品的熔接痕出现在不允许的位置。c. 排气困难。d. 影响塑件外观或浇口处理困难。

⑦ 浇口设置应尽量能使流动比在允许范围内，能使型腔压力平衡、容易成型。

⑧ 浇口应设置在有利于排除型腔中的气体的位置。

⑨ 浇口设置应使熔接痕避开制品强度最弱的地方。

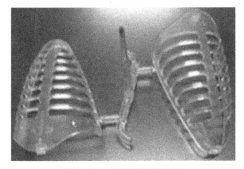

图 4-29　浇口位置错误

⑩ 浇口位置应开设在塑件最厚的部位（没有考虑到取向方位同浇口位置有关）。

⑪ 浇口位置和数量设置要防止制品产生弯曲、扭曲变形。

⑫ 浇口位置应尽量避免塑件熔体正面冲击小型芯或嵌件，防止型芯变形和嵌件位移。

⑬ 浇口位置要有利于排气和补缩，避免塑件产生缩孔或表面凹陷、缩痕。

30. 热流道模具的设计有哪些误区？

热流道模具的设计要避免出现以下误区。

① 设计资料和信息不全或错误。现在热流道系统绝大多数都是外协采购的，或委托热流道供应商设计。为了使热流道系统设计完美，模具制造质量得到保证，最好由模具企业与专业生产厂家搞联合设计。模具制造公司应提供给热流道供应商以下信息：塑件产品图（2D 或 3D 图）及其要求；塑料的种类、重量、壁厚；浇口位置；热流道类型（开放式、针点式或针阀式、顺序阀）。

② 热流道隔热结构效果不佳。

③ 流道板加热时间过长。

④ 浇注系统没有经过模流分析就设计模具，浇口位置搞错。

⑤ 热流道喷嘴的型式或规格选错。

⑥ 喷嘴与定模板的装配尺寸不匹配，产生漏料或喷嘴损坏。

⑦ 热流道品牌搞错。

⑧ 设计时没有考虑到流道板加热后，喷嘴高度、喷嘴中心与型腔产生错位的修复。

⑨ 流道板的流道转角处不是 R 圆滑过渡，有死角，使塑料变色、烧焦。

⑩ 流道粗糙度高于型腔。

⑪ 支承板的形状设计没有简化，增加了加工成本。

⑫ 设计热流道系统，没有考虑到怎样防止喷嘴的泄漏、流涎或堵塞。

第四节

其他系统设计误区

31. 导向机构的设计会存在哪些问题？

① 导柱太长或太短（一般应高于型芯和斜导柱 25～30mm）。

② 导柱头部没有规范的倒角和部分斜度。

③ 导柱与导套材料选用不当和热处理标注有误。

④ 导柱、导套设计可以应用标准件的没有应用标准件。

⑤ 导柱油槽设计错误（非自润滑导柱没有开设油槽，长导柱油槽形状不是螺旋形的）。

⑥ 导柱结构设计不合理，没有考虑成本和装配工艺。

⑦ 非标准导柱的外径、导套与模板的配合不合理。

⑧ 非标准模架的导柱直径与模板大小不匹配。

⑨ 非自润滑的导套（非石墨导套）没有开设油槽。

32. 方导柱的设计有哪些误区？

① 方导柱错误地应用了定位销：方导柱与模板的槽是过渡配合，与定模是间隙配合，不必再用定位销，否则是过定位，浪费资源。

② 方导柱位置不是设计在模具中间（动、定模有温差，离中心距不一样，受热膨胀后尺寸不一致，配合时会产生干涉，模具会提前失效）。

③ 方导柱不是局部热处理，方导柱材质选错。

④ 方导柱大小与模板不匹配。

⑤ 低型腔模具应用了方导柱。

⑥ 应用了方导柱，又用了直导柱。

33. 油槽有哪些设计误区？

模具的滑动零件，为了减少摩擦，防止模具失效，需要在摩擦处开设油槽，增加润滑。图 4-30 (a) 是原理性的设计错误，图 4-30 (b) 设计是正确的，现分析如下：

① 油槽形状不对、数量太多，增加了滑动零件的表面相互摩擦和加工成本。

② 油槽没有密封，不能储油。

③ 油槽尺寸与位置开设不当：离成型面太近，成型时会污染制品；顶杆尾部不摩擦的，不必要开设油槽。

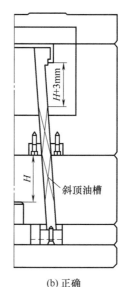

(a) 错误　　　　　　　　　　　(b) 正确

图 4-30　油槽设计要求

34. 斜导柱滑块机构有哪些设计误区？

① 用制品的成型面直接作为滑块的封胶面，如图 4-31（a）所示的结构是错误的。因注塑时，水平分型面容易产生让模，使制品形成废边。滑块的封胶面应设计成有台阶的垂直分型面，如图 4-31（b）所示。

② 滑块与型芯（动、定模）的滑动接触面设计成平面的，如图 4-31（a），最好设计成有斜度的，这样可防止滑块成型面与型芯相碰，模具不会提前失效，如图 4-31（b）所示。

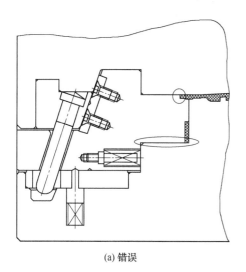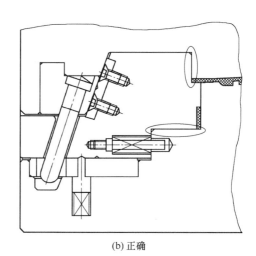

(a) 错误　　　　　　　　　　　(b) 正确

图 4-31　滑块的封胶面设计

③ 滑块的设计基准错误。

④ 滑块的活动部分长度没有大于滑块高度的 1.5 倍（油缸抽芯比例可少一些）。

⑤ 斜导柱滑块一般尽量设计在动模处。

⑥ 滑块抽芯距没有大于成型凸凹部分 3～5mm。

⑦ 滑块完成抽芯动作以后，留在滑槽内的长度应少于整个滑槽长度的 2/3。

⑧ 楔紧块的楔角要小于斜导柱角度 2°～3°，抽芯动作发生干涉，如图 4-32 所示。

⑨ 滑块与导滑槽和压板的配合为松动配合，定位压板没有定位销。

⑩ 滑块没有定位装置或用螺钉作为定位。

⑪ 滑块与母体的材质、硬度一样。

⑫ 滑块侧面有抽芯弹簧的，没有导向销，防止弹簧折断，如图 4-33。

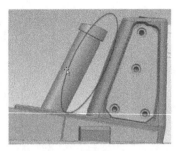

图 4-32　楔紧块的楔角要小于斜导柱角度

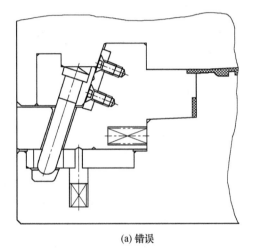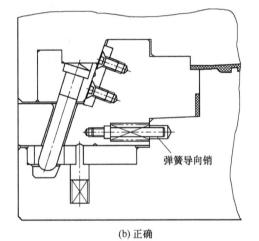

弹簧导向销

(a) 错误　　　　　　　　　　　　　　　(b) 正确

图 4-33　压缩弹簧没有导向销

⑬ 滑块下面有顶杆的，没有先复位机构，发生顶杆与滑块干涉。

⑭ 形状较为复杂的制品，没有设计成二次抽芯机构，制品发生变形。

35. 斜顶杆设计有哪些误区？

① 斜顶杆的角度问题：斜顶杆的角度不是整数，给加工和测量带来不必要的麻烦；斜顶杆角度过大（角度为 8°～15°较常用）；角度很大的斜顶杆，没有采用双导杆。

② 斜顶杆顶出时，空间位置不够：与模具的其他零件发生干涉；斜顶机构装配时与其他机构发生干涉。

③ 斜顶杆的抽芯距不够，顶出行程不够。

④ 斜顶杆与动模模芯及模板的接触面配合长度过长，没有避空，没有导向套（导向块）或自润滑铜套。

⑤ 斜顶杆没有定位基准，给制造、加工、检验、维护都带来困难。

⑥ 斜顶杆平面高于动模平面（应低于动模平面 0.05mm 或顶面与母体一样高）。

⑦ 斜顶杆与导向套材质一样。

⑧ 斜顶杆顶出时，与塑件跟着移动。多斜顶机构的模具或由于制品结构与形状，顶出时制品跟着斜顶一起跑，要有限位装置，如图 4-34。

⑨ 顶杆固定板与顶杆板处的滑脚螺钉的数量与布局，没有考虑到斜顶杆顶出时受力变形。

⑩ 斜顶杆的成型分型面设计不合理，如图 4-35（a）是错误的，图 4-35（c）是好的。

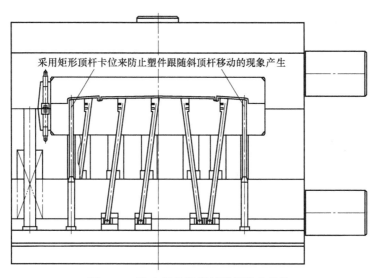

图 4-34　防止塑件跟着斜顶杆移动机构

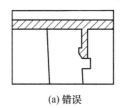 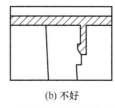 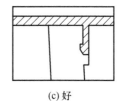

(a) 错误　　　　　　　　　(b) 不好　　　　　　　　　(c) 好

图 4-35　斜顶杆的成型分型面设计

⑪ 抽芯距差异很大的多斜顶机构设计成同一角度，使制品顶出时产生变形，应根据抽芯距不同设计成不同的斜顶杆角度。

⑫ 大型模具的斜顶块，没有设置冷却水装置或材料采用铍铜，避免制品变形。

⑬ 斜顶杆没有油槽或设置不规范，塑件有油污，详见第 33 问："油槽有哪些设计误区？"。

⑭ 斜顶机构没有限位柱。

36. 斜顶块抽芯机构设计有哪些误区？

① 斜顶块斜面角度小于斜顶杆角度 3°～5°（详见第三章中的第 121 问）。

② 斜顶块顶出时，空间位置不够，顶出抽芯时与成型制品的加强筋发生干涉或与其他零件发生干涉。

③ 斜顶块的单斜顶的圆顶杆没有止旋结构。

④ 斜顶块外形与模板配合间隙过大。

⑤ 斜顶杆与顶块连接的定位销与孔装配没有到位，只有 75%。

⑥ 斜顶块没有设计基准或错误，给设计与加工、测量带来困难。

⑦ 大型不规则的斜顶块的斜顶杆的孔距设置不好，顶出时重心不平衡，配模困难，同时会使模具提前失效。

⑧ 大型有斜顶机构的模具，顶板与顶杆板的固定螺丝数量不够，致使受力不均，产生变形。

⑨ 斜顶块很多的模具，采用了复位弹簧，没有采用油缸或氮气气缸。

⑩ 设计斜顶机构，没有考虑到斜顶块、斜顶杆与导滑块制造工艺和装配工艺。

⑪ 大型斜块没有设置冷却装置，斜顶块没有采用铍铜。

37. 脱模机构的设计有哪些误区？

脱模机构的设计有如下误区：

① 脱模机构选用错误。

② 机械手取件，动、定模开模行程小于制品高度，空间不够大，取件困难。

③ 浇注系统的凝料与成型制品没有自动脱落。

④ 脱模机构违背设计原则（结构简单、安全可靠、方便加工、保证制品质量）。

⑤ 顶杆布局不合理，没有放在制品包紧力最大位置。

⑥ 头部不平的顶杆，没有防滑和止旋。

⑦ 顶杆台阶的尺寸与顶杆固定板的台阶孔的配合达不到设计要求，顶杆不会摆动或轴向窜动太大。

⑧ 顶管结构设计没有达到设计要求。

⑨ 顶杆板导套与顶杆板孔没避空（导套与顶杆板固定板的孔应是过渡配合），不便于拆卸和装配。

⑩ 斜顶杆机构应用复位弹簧，没有应用油缸或氮气弹簧。

⑪ 形状复杂的制品一次顶出要变形，没有采用二次顶出机构。

⑫ 由于制品形状、结构的特殊性，动、定模都需要顶出机构的模具，按常规模具设计，不能使用。

38. 顶出机构设计会存在哪些问题？

顶出机构设计可能会存在如下问题：

① 顶出机构（顶杆、顶块、卸料板、顶圈）设计错误，制品顶出困难。

② 顶杆布局不合理，数量太多或太少，顶出位置不是在包紧力最大的地方，塑件表面有顶高、顶白，制品变形。

③ 顶杆与型芯的材料相同或动配合部位长度过长，没有避空，摩擦力太大，容易咬合。

④ 头部不平或斜面的顶杆没有限位防止旋转。

⑤ 顶出行程不够，塑件取出困难。

⑥ 顶杆、顶杆板没有相应的顺序编号标记。

⑦ 顶杆和复位杆的高低位置不规范。

⑧ 大型模具的顶杆板变形，强度不够或加工应力没有消除。

⑨ 顶管位置不对，使塑件几何尺寸不对。

⑩ 透明制品不允许有痕迹，若有明显的顶出痕迹，则模具结构设计有问题。

⑪ 模具限位柱设计问题：高度设计太高或太矮、大型模具数量只有四个。

⑫ 制品需要两次顶出的，按常规设计一次顶出，制品脱模困难或变形。

⑬ 大型模具限位柱数量不够或太多。

⑭ 垃圾钉设计不当：位置不在受力的地方（如滑脚附近没有垃圾钉）、数量太多或太少、直径太大或太小。

⑮ 传感器位置设计不正确。

⑯ 用油缸顶出结构，顶出的行程不够，顶出力不够。

⑰ 不需要油缸顶出的，错误的设计成油缸顶出，延长了成型周期、提高了模具成本。一般油缸顶出应用于以下五种场合：顶出和复位需要较大的力；成型周期较长的注塑制品；

顶出系统在定模；二次顶出；斜顶较多的汽车模具。

⑱ 长度超过 600mm 的模具，复位杆数量只有四个，应设计成六个。

⑲ 复位杆复位弹簧的外径与模板的沉孔间隙太少。

⑳ 定位圈偏心的模具，顶出孔位置没有跟着偏移，还是按常规设计。

㉑ 用油缸顶出系统的顶出终点位置和复位终点位置没有用行程开关控制。

39. 冷却系统设计误区有哪些？

由于对冷却水设计没有引起足够的重视，冷却系统设计不好，成型制品的热平衡就有问题，引起制品变形，成型周期延长。

一般冷却系统设计不好，会出现下面几种情况：

① 制品没有做过模流分析，应验证浇注系统的设计是否有问题，制品是否变形。

② 冷却水道设置在制品出现熔接痕的部位。

③ 冷却水道设计在操作侧。

④ 复杂模具没有分区域设计。

⑤ 主流道没有设置冷却水。

⑥ 冷却水设计没有满足成型工艺需要，水流状态是层流（不是紊流状态），冷却效果不好（没有达到进出水管温差在 $2\sim5℃$）。

⑦ 冷却水回路有死水设计。

⑧ 冷却水路设计不是沿制品形状走向布局，冷却水道排列位置与成型面不均衡。

⑨ 冷却水的走向不是沿制品由内向外冷却的。

⑩ 冷却水道串联设计，水道过长、通道弯路较多、冷却水孔加工难、维修不方便。

⑪ 冷却水回路没有编组标记或冷却水回路进、出标识。

⑫ 注意冷却水孔与螺纹孔或顶杆过分靠近。

⑬ 密封圈与凹槽尺寸不匹配。

⑭ 大型的滑块或顶块没有应用冷却装置和采用铍铜材料。

⑮ 没有考虑到侧向抽芯机构的冷却。

40. 排气结构设计错误有哪些？

排气结构设计错误如下：

① 排气槽尺寸没达标（太深超过溢边值或太浅起不到排气作用，表面粗糙度差）。

② 排气不够充分、排气槽没有通大气。

③ 排气槽位置和方向开错：排气槽开设在操作侧；困气地方没有开设排气槽，塑料最后到达的地方没有开设排气槽；排气槽开设在定模（增加了加工难度和影响制品外观质量）；排气槽没有开设在凝料末端；45°交角处没有开设排气槽。

④ 没有利用溢料槽开设排气槽。

⑤ 排气困难的地方，没有应用排气缸排气。

⑥ 没有考虑到侧向抽芯机构的排气、镶块的排气。

⑦ 没有考虑利用顶杆、顶管、排气杆、镶块的排气作用。

41. 支承柱与垫铁的设计禁忌有哪些？

① 支承柱与垫铁材质不一致或硬度不一样。

② 支承柱布局位置不是在浇口的受力位置，如图 4-36（a）所示。

③ 支承柱星罗棋布，数量太多，浪费资源，增加了成本，如图 4-36（b）所示，同时也

降低了顶板和顶杆板的强度。

④ 支承柱高度低于垫铁或太高。

⑤ 支承柱的顶面与底面的粗糙度与垫铁的粗糙度要求一致。

(a) 支承柱位置不对   (b) 数量太多

图 4-36 支承柱设计不合理

42. 支承柱设计会存在哪些问题？

① 为了便于模具摆放时，保护模具的抽芯机构及附件（油管、水管、电气管等）不会损坏，特意设置了支承柱。但有的支承柱起不到应有的作用。

② 大型模具的支承柱的台肩没有沉入动模板（动模垫板）内，见图 4-37。

③ 支承柱直径太大，材料浪费。

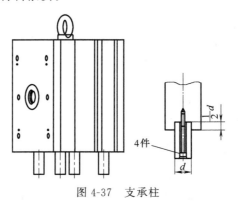

图 4-37 支承柱

43. 标准件会存在哪些问题？

① 与标准件配套的零件设计错误或标准件生产厂家及型号同客户要求不符。

② 标准件的标准规格型号选用错误。

③ 标准件清单填写错误（名称、规格、型号、数量）。

④ 水管接头规格型号选用不合理。

⑤ 定制的标准件图样、尺寸和技术要求错误。

44. 模具标识和铭牌会存在哪些问题？

① 多型腔的模具没有型腔编号。

② 标识不规范：字体不统一，同一副模具零件标识的刻字有大有小、方向不一致。

③ 零件没有标识或标识错误。

④ 模具没有相应的铭牌，详见第三章第 21 问。

⑤ 铭牌装订位置不妥当。

45. 模具吊装零件设计存在哪些问题？

① 吊装螺纹孔的孔边没有吊装螺纹直径大小标志。

② 吊环螺钉与水管接头等零件有干涉（拆去一个零件才能安装另一个零件）。

③ 模板没有吊环孔不便于拆卸、吊装。

④ 模具没有考虑到加工零件时需要吊装用的螺纹孔。

⑤ 吊环的型号与客户要求不符。

⑥ 模具没有动、定模分开吊装螺纹孔，吊装困难。

⑦ 吊环孔入口没有倒角或沉孔不够深，吊环旋不到位，平面有间隙，模具吊装时，吊环螺钉被吊弯，不能再用。

⑧ 螺纹孔位置不对，模具起吊重心偏大。吊装不平衡，不安全。

⑨ 吊环螺钉大小与模具重量不匹配，太大或太小。

⑩ 抽芯机构、油缸等没有保护装置，模具起吊和摆放有困难。

第五节
模具钢材选用与热处理禁忌
---

46. 模具钢材选用禁忌有哪些？

选用钢材时应注意考虑以下问题。参考附录表 E-1、表 E-2、表 E-6、表 E-7。

① 模具钢材的选用要遵循"满足制品要求，发挥材料潜力，经济技术合理"的原则。

② 钢材不能任意代用（如汽车部件的模具，若要做皮纹的，制品表面不会统一），应按模具合同或客户要求选用模具钢材。

③ 要根据塑件生产批量的大小选用合适的钢材。

④ 要根据塑料特性选用钢材（如聚氯乙烯要选择耐腐蚀性的钢材）。

⑤ 要根据制品的质量外观要求选用钢材。如外观质量要求高的透明件，要选用抛光性能好的模具钢。

⑥ 形状复杂的模具，需要考虑选用预硬钢。

⑦ 相互运动的零件，不能选用同一种钢材。如模具的动、定模零件的钢材选用最好用不同的钢材型号。如汽车门板模具，定模用 718，动模用 2738。

⑧ 钢材的质保单（生产日期、炉号、钢号），是生产厂家的质保，而不是供应商的质保单。

⑨ 时常需要改动的模具，需要考虑烧焊性能好的钢材。

47. 怎样正确编制热处理工艺？

① 根据零件的材料、用途，正确选用热处理工艺。

② 正确标注热处理零件的硬度值（参考附录表 E-3、表 E-4、表 E-5）：热处理硬度值不能标注过高；正确选择硬度值的标注名称，如调质、淬火、氮化、回火等，参阅附录表 E-3"硬度测试对照表"。

③ 不需要整体淬火的，可采用局部淬火，可防止淬火零件变形和降低成本。

④ 需要考虑热处理之前的加工余量是否合理。

48. 热处理常见哪些问题？

① 对热处理的零件未经检查就装配使用。

② 零件热处理工艺不对，硬度值标注不合理。

③ 热处理零件有缺陷：硬度不均，有软点、脱碳、裂纹、变形等。

④ 没有根据零件形状、结构，正确选用热处理工艺。

49. 模具钢材及热处理的验收误区有哪些？

模具钢材及热处理没有按照如下要求验收：

① 模具钢材要符合合同或技术协议要求，需要提供生产厂家的钢材质量保证书和钢号证明。

② 钢材不允许有夹砂层、裂缝、缩松、气孔等疵病。未经探伤机检验，就进行加工。

③ 模具的动、定模零件经热处理不得有热处理疵病存在，应符合合同或技术协议要求（材料不得任意代用，误认为钢材价格高、性能好就好）。

④ 模具型腔表面，未经允许不能使用烧焊工艺修补，必须在图样上做出标记。

⑤ 钢材验收要按八点平均硬度值验收零件。

50. 零件氮化需注意哪些问题？

零件氮化需要注意以下问题：

① 氮化钢材须采用含有钛、钒、钼、铬类元素的合金钢，45 号钢氮化是没有作用的。

② 零件未经调质，进行氮化处理。

③ 含有尖角和锐边的工件，不宜进行氮化处理。

④ 零件氮化层的厚度和硬度值标注要合理，要考虑成本。

⑤ 形状复杂的工件，须经消除内应力后，才可进行氮化。

⑥ 氮化零件前须经磨削后留有少许抛光余量，再进行氮化。

⑦ 耐腐蚀钢不主张氮化处理，这样会降低它的耐腐蚀性。

第五章
模具设计工作管理

如果让一位没有设计过模具、不太懂模具结构的人来担任领导，可想而知，外行领导内行，就会影响模具的设计质量。一旦模具设计源头有问题存在，就会产生连锁反应，带来许多问题，影响模具项目的顺利完成。

由于模具产品结构复杂、技术含量高，给设计管理工作带来一定的难度。设计部门的管理负责人，最好是懂得模具结构与设计，做过模具设计工作，具有一定的实践经验和能力，并且善于沟通、有成本和质量意识的人。

本章主要针对设计管理工作的要求，探讨怎样做好技术部门的管理工作，怎样克服设计管理方面存在的问题，怎样提升设计部门的模具设计水平和能力。需要考虑如下问题：

① 技术部门一般会存在着哪些管理问题？怎样做好技术部门管理工作？

② 怎样按时完成模具结构的设计工作，避免设计延误问题。

③ 怎样克服模具"设计标准"存在的问题。

④ 怎样规范模具设计流程，避免流程出现问题。

⑤ 怎样做好评审工作，避免模具结构设计出错和存在问题。

⑥ 怎样提升设计部门的设计能力，搞好培训工作的问题。

⑦ 注意各部门的关系，排除沟通时出现障碍的问题。

第一节
设计部门管理

1. 设计部门负责人（技术总监）应具备哪些素质？

① 具有凝聚力，影响他人自愿追求确定的目标，具有指挥、激励、沟通、协调的能力。

② 具有很好的职业道德、很好的文化与心理素质和健康的身体。

③ 具有一定的模具结构设计的专业水平、丰富的工作经验与阅历、正确的设计理念与很强的工作责任心。

2. 设计部门的模具质量管理工作有哪些要求？

建立健全有效的质量保证体系，坚持做好以下六项工作：

① 满足客户需求、模具设计不影响制造周期、模具质量优良、制品符合图样尺寸精度要求。

② 参与合同评审、编制模具设计任务书、确定结构方案、绘制 3D 造型、评审结构设

计、文件审批、图样发放与更改、回收归档等输入输出的全过程的质量控制。

③ 合理安排设计任务，明确各个岗位的工作内容。职、责、权清楚，做好文件记录。

④ 做好技能设计的培训工作，提升全员的质量意识理念和工作责任心。

⑤ 对设计出错及时纠正、分析，总结经验教训，做出正确判断，采取有效措施，防止类似情况发生。

⑥ 建立有效的绩效考核制度。

3. 注塑模具设计师需要懂得哪些知识？

① 注塑模具结构与设计知识。

② UG 软件的应用能力（产品分模、3D 造型、模具结构设计）。

③ 熟悉机械制图标准，能画 2D 工程图和模具装配图。

④ 了解模具零件的金加工设备的性能、应用范围及工艺过程。

⑤ 模具装配知识。

⑥ 熟悉塑料成型工艺和试模过程，能分析制品成型缺陷的原因。

⑦ 钢材和热处理知识。

⑧ 模具验收要求。

⑨ 公差配合和测量。

4. 设计师的设计理念、宗旨、目标是什么？

① 设计理念：满足客户的期望值，"模具的质量是设计出来的"。

② 设计宗旨：3D 图"创新、高效、优化、完美"，2D 图面质量"正确、合理、完整、清晰"。

③ 设计目标：应努力培养自己成为优秀的模具设计师，使所设计的模具达到优秀模具的评定条件。

5. 现代的注塑模具是怎样设计、制造的？

① CAD/CAE/CAM 在模具企业已普遍应用，并使用 Moldflow 软件对浇注系统进行模流分析。因此，现代模具的设计用电脑替代了传统的手工设计绘图（3D 设计已达到了 70%～90%）。模具设计师必须学会使用 UG 软件画 3D 造型、使用 AutoCAD 软件画 2D 工程图，这是设计人员的专用工具。要求设计人员能使用，而且尽快地完成模具结构设计，才能缩短模具设计周期。

② 用数控机床替代了普通切削机床与钳工加工零件的制造手段，保证模具零件的加工精度和质量。

6. 为什么说模具的质量是设计出来的？

现代模具设计集 CAD、CAE、CAM 为一体，所以说现代模具的质量是设计出来的。虽然质量涉及诸多因素，但模具质量的源头是设计，如果模具结构设计没有问题，结构优化，模具质量就得到了保证。

7. 模具设计师的水平是怎样划分的？

一等设计：创新优化，高效低廉。

二等设计：结构完好，瑕不掩瑜。

三等设计：结构强度，需要评审。

四等设计：3D、2D，软件工具。

等外设计：不知规矩，怎成方圆。

8. 注塑模具设计需要哪些资料？

① 技术协议（模具合同及报价付款方式、交模地点）。

② 塑件 3D 造型、2D 图样（或实物）（3D 版本最好是低版本，UG7 以下；3D 格式为 Stp、igs、px-t，2D 格式为 Dwg、Dxf，图片格式为 jpg、tif）。

③ 塑件材料牌号及成型收缩率。

④ 客户和企业的模具设计标准。

⑤ 模具的型腔数，单型腔、多型腔、1＋1、对称件（镜像）等。

⑥ 模具的浇注系统（浇口形式、点数、热流道的结构要求）、进料位置等具体要求及模流分析报告。

⑦ 注塑机型号与规格、技术参数。

⑧ 取件与顶出方式（机械手、自动脱落、吹气、机械顶出还是油缸顶出）。

⑨ 塑件的技术要求：塑件的装配关系和要求、尺寸精度；塑件表面要求（皮纹要求）：外观的粗糙度要求、光滑、银丝、熔接痕等；塑件重量；外观的烂花或皮纹要求；成型制品的后处理要求。

⑩ 塑件产品的成型周期要求。

⑪ 客户对模具的模架、标准件、油缸等品牌的要求。

⑫ 模具的动、定模，主要零件，模板的材质及热处理要求。

⑬ 模具的试模 T1、T2、T3 时间要求，最后交模时间要求。

⑭ 成型制品生产数量（模具寿命要求）。

⑮ 设计图样要求（画法要求、零件图及装配图要求）。

⑯ 客户对模具的易损件、备件的数量及标准件、附件的规格型号要求。

⑰ 模具售后服务要求。

9. 注塑模具设计内容与步骤是怎样的？

注塑模具设计的步骤与内容，如图 5-1 所示。

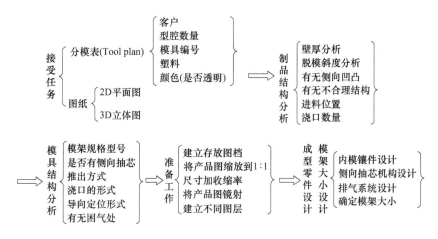

图 5-1

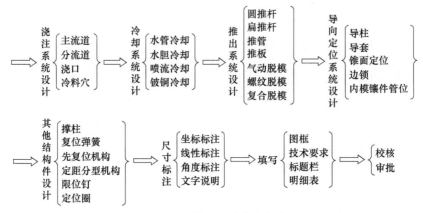

图 5-1　注塑模具设计内容与步骤

10. 模具设计师需要正视哪些问题？通过哪些有效途径提升设计能力？

模具是单一的复杂产品，模具设计是技术难度较大的工作。模具设计师责任重大，要求知识面广。一副模具的质量好坏取决于设计师的能力水平和经验、理念。由于诸多原因，在工作中很可能会出现这样那样的问题，这就迫使设计师需要提升自己的设计能力与水平。

（1）作为模具设计师，需要正视以下存在的问题并且加以克服

① 设计师的理念问题，质量意识和成本意识淡薄，没有很好地考虑客户的需求。

② 设计师对自己要求不严，缺乏工匠精神，应精益求精、追求人生价值。有些设计师只想自己尽快完成设计任务，设计随意，使模具结构设计存在问题。

③ 设计师的能力水平与经验不够，对模具结构与零件设计的原理、原则和要求概念模糊，致使所设计的模具结构存在问题。

④ 设计任务与设计师的能力不匹配或情绪不好、粗心大意，出现设计差错。

⑤ 由于设计能力不够，使模具设计时间延后。

⑥ 设计工作量过分繁重，没有确认检查的充分时间或很好地评审。

（2）提升自己的设计水平

① 案头备有相关工具书、相关标准、专业杂志等。多看有关书籍和杂志、期刊，善于学习。首先学好模具结构设计的基础理论，学习相关专业知识，并且融会贯通提升自己。

② 设计软件会熟练使用，正视 3D 造型与 2D 图样的质量存在的问题。

③ 深入车间，现场学习机械加工工艺、模具装配技术，参加模具装配和试模工作。

④ 注意观察各模具企业的生产模具，勤学多问，谦虚地请教同仁。

⑤ 参加试模，了解成型工艺，掌握制品成型缺陷原因分析。

⑥ 对自己设计的模具及时进行总结（有否问题存在？结构是否优化？）。

⑦ 参加模具结构设计评审，集思广益，提高自己的分析能力。

⑧ 从现有技术档案和成功的典型案例中吸取精华。

⑨ 多参加专业基础的技术培训。参加模展，听讲座、学术报告，随时充电。

11. 优秀模具有哪些评定标准？

质量好的模具就像工艺品一样令人赏心悦目，犹如秀色可餐。一副模具的设计、制造的质量，体现了设计者、制造者的价值。因此，大多数模具设计师都希望自己所设计的模具是

优秀模具。

优秀注塑模具的评定条件如下：

① 模具结构设计优化、模具制造的周期短、制造成本和费用低、钢材选用和热处理工艺合理、制造加工的工艺合理。

② 模具的设计、制造标准化程度高，模具按规范的技术标准设计，标准件的采用率高。

③ 满足客户对该产品的性能要求，能生产廉价、质量好的塑件；对成型工艺要求不苛刻；具有良好的成型效果，成型周期短；注塑系统设计合理（压力平衡、流道浇口去除容易、成型的注塑件无需加工），冷却速度快，推出动作迅速、可靠，又不影响外观和质量；制品质量不存在成型缺陷（形状和尺寸精度，制品表面质量），达到设计要求和图样要求。

④ 模具结构设计优化、制造精度高（能达到零件化生产要不求），不会提前失效。并且结构紧固耐用，磨损少，长时间连续工作可靠，不致引起故障。

⑤ 该模具的技术资料齐全（总装图、备件的零件图及注塑成型工艺卡、检测报告和《模具维护保养手册》《模具使用说明书》等）。

⑥ 模具维护保养、维修方便，备件、易损件齐全。

⑦ 售后服务工作做得好，客户满意度高，客户对该模具零投诉。

12. 怎样做好模具设计过程的质量控制？

① 做好制品的结构、形状审查。

② 确认设计数据的可靠性，转换为模具设计任务书。

③ 确认模具结构设计方案。

④ 规范设计流程，使 3D 造型达到基本要求。

⑤ 规范评审流程，利用评审表逐条评审，评审通过后发给客户确认。如客户有异议，需修改后，重新评审确认。

⑥ 审查 2D 工程图样和清单。

⑦ 客户确认后，最后设计输出。

13. 设计部门的组织框架有哪几种类型？怎样选用？

(1) 设计部门的组织框架各企业都不相同，模具企业大体上可分为以下几种类型：

① 3D、2D 设计分成两大组。

② 3D 造型与 2D 图样没有分开（3D 设计为主、2D 设计为辅的模具设计或 2D 设计为主、3D 设计为辅的模具设计框架）。

③ 3D 造型设计与 2D 工程图由设计师一手完成。

④ 由水平较高的模具结构工程师设计 2D 结构草图，确定模架大小。再由多人协同完成各系统的结构设计工作（3D 分模造型、成型零件设计，附件、配件设计，2D 图，零件材料清单，装配图等）。

(2) 框架类型的选用原则，可根据企业状况和规模、订单与设计能力等，从以下四方面去考虑：

① 设计效率高，设计时间短、进度快、设计出错率低。

② 有利于模具结构设计优化。

③ 有利于模具成本控制。

④ 有利于设计人才培养和成长。

14. 设计部门人员由哪些岗位组成？

设计部门有如下岗位：设计部长、设计组长、档案管理员、制品前期分析、模具结构设计师、画 2D 工程图人员、工艺员、模具结构评审师、模流分析员、标准化人员、外文翻译、文员等。

15. 设计部长的工作职责是什么？

① 参与模具合同评审，如有异议及时提出，达到有效沟通。
② 审查制品形状结构设计的合理性，做好前期评审工作。
③ 确认有关设计数据的完整性与准确性。
④ 安排模具浇注系统的模流分析报告。
⑤ 妥善安排模具设计任务，减少和杜绝设计出错，使模具项目顺利完成。
⑥ 优化模具结构设计，对所设计的模具质量和成本负责。
⑦ 审批模具材料清单，对模具结构设计负责。
⑧ 做好技术部门的档案管理工作、图样更改工作。
⑨ 负责制订本部门的技术设计标准工作。
⑩ 协助有关部门建立信息化平台，做好设计软件开发工作。
⑪ 对设计出错及时处理和总结，建立绩效考核奖罚制度，负责本部门人员的绩效考核。
⑫ 督促文控人员做好图样文件变更管理工作。
⑬ 做好本部门的技术培训工作，提升技术部门的设计能力。
⑭ 做好每副模具设计总结，建立"一模一档"，做好技术沉淀工作。
⑮ 做好上通下达沟通工作，带领本部门人员完成高层下达任务。
⑯ 做好零件加工工艺的编制工作。

16. 模具结构与设计有哪些基本要求？

模具结构与设计的基本要求如下：
① 按期完成模具结构设计任务，要求没有设计出错、设计变更少。
② 根据客户的 3D 造型和 2D 工程图的技术要求，合理地设计模具结构，满足客户要求。
③ 设计时必须注意模具结构及尺寸的正确性：结构零件（如顶杆孔、冷却水孔、螺纹孔、斜顶块等）相互之间不能干涉，并有足够的位置；成型零件的尺寸（成型收缩率）与配合零件达到设计要求。
④ 图面质量要求：3D 造型要求"创新、优化、完美、高效"，2D 工程图要求"正确、合理、完整、清晰"。视图表达、尺寸标注、形状位置误差及表面粗糙度、技术要求等符合国家标准，零件图、装配图和 3D 造型的质量要求自检达标，交请主管审查、签字、批准后才可发放。
⑤ 每一副模具都需要对浇注系统进行模流分析报告（除非有绝对把握的设计除外），确保设计差错减少到最小。设计时必须注意塑料特性与模具设计的关系，模具成型效率高。
⑥ 模具结构设计要注意成本控制，模板不宜太大，同时要注意模具的刚性和强度。
⑦ 注意结构设计的合理性，避免零件相互干涉（特别是要注意滑块与斜顶的抽芯机构）。
⑧ 模具零件材料与标准件清单中的牌号或规格型号、数量，要填写清楚，不得遗漏。
⑨ 模具材料的选择应考虑制品的表面特殊纹理要求，满足制品批量生产稳定性要求，

使用寿命和经济性（成本）及表面热处理工艺的正确性。

⑩ 所设计的模具要制造容易，便于操作与维修，零件耐磨耐用，安全可靠。

17. 模具设计师事前必须了解该模具的哪些事项？

设计部门收到"模具立项通知"后，由设计部主管与设计师首先消化客户提供的 3D 造型数据、参数，然后确定模具结构设计方案。设计人员在设计模具前，必须了解下列事项：

① 制品的表面（镜面、电镀面、皮纹、火花纹等）要求，都要注明条件、规格、等级。

② 制品结构要求（CAE 做好注塑成型模流分析，确定浇注系统要求的进胶方式、点数、进胶位置、热流道、分型线的位置、顶出方式、顶出位置、冷却方式、冷却位置、镶拼位置等）。

③ 制品成型要求：塑胶料的特性、成型工艺要求（温度、周期等）、产品取出方式（机械手取件、手工取件）、表面的特别要求（熔接痕、缩影、粗糙度等）。

④ 收缩率的要求：原则上产品的收缩率要求客人指定（若客人不能指定，需做样条模验证）。

⑤ 动、定模的材质要求：要认真确认指定的材质（如高镜面钢、高硬度钢、高防酸钢等）与要求是否相配，如有疑问要及时向客户提出。

⑥ 需了解客户对制品的用途要求、产品的装配要求。

⑦ 注塑机型号参数、注塑材料的特性要求、成型周期要求。

⑧ 与客户进一步了解产品的功能性要求、装配要求、试模 T0 时间、交模时间。

⑨ 认真参与制品形状结构设计的审查，发现问题及时反映和有效沟通，避免设计变更和设计出错，必要时征得客户同意，才可实施。

18. 模具设计师需要考虑哪些问题？

① 必须保证成型制品质量，充分利用塑料成型的优越性；制品结构形状尽量用模具成型，以减少后加工工序。

② 必须注意塑料特性与模具设计的关系，这是塑料模具设计的重要基础。

③ 优化模具结构设计，应注意结构的合理性、经济性、适用性和切合实际的先进性。参照资料上的典型模具结构或自行设计的模具结构都必须根据产量和实际生产条件，认真分析，吸收精华部分，做到结构合理、经济、适用。对目前生产中广泛使用的先进而又成熟的模具结构和设计、计算方法，积极加以采用，如热流道模具、气体辅助成型技术等，在产品质量、生产率、经济性等方面能取得很好的技术经济效果。

④ 必须注意结构形状及尺寸的正确性，材料及热处理正确性，视图表达、尺寸标准、形状位置误差及表面粗糙度等符合国家标准。如注意细节，模具零件各表面的转角或交角处，应尽量设计成圆角过渡，避免应力集中。

⑤ 便于注塑成型操作、安全可靠，模具使用维修方便。

19. 怎样避免模具设计的时间延误？

很多注塑模具厂都会有延迟交货的情况发生，模具项目的进度管理主要是控制模具结构设计的时间。怎样使模具结构设计按时完成呢？必须有专业的能力和深厚的实际工作经验才能够快速地完成工作目标。

（1）需要考虑设计时间延后原因及其解决措施

① 设计部门组织框架与设计流程有问题。

② 制品结构有问题、变更多，在评审时没有及时发现，耽误了设计时间。

③ 设计师的能力水平不够、经验不足。工作效率不高，设计多次，反复变更多。

④ 与客户没有及时、有效沟通。

⑤ 设计师没有尽力或设计任务繁重。

⑥ 设计工作安排不妥当。

（2）提高模具设计的效率要求做到以下几方面

① 可以先画构想图进行评审后，进行 3D 造型设计，然后及时提交模具大件材料清单（动、定模零件图、总装图）。

② 设计部门负责人对模具设计时间节点进行控制，在信息平台上进行关注。按表 5-1 跟踪 3D 造型与 2D 图样的设计进度，要求及时完成。

③ 当模具结构设计好后及时提交给客户确认，避免设计反复而拖延设计时间。

④ 制订设计标准，减少出错，提高设计质量，缩短设计时间。

⑤ 建 3D 设计标准件库，在设计模具结构时随时可调用，提高设计效率。

⑥ 结构模块化，让设计更加高效，使设计师从繁琐操作中解放出来，把更多精力聚焦在模具结构和整体质量的把控上，确保模具质量。

⑦ 提高设计师能力水平，避免设计反复和出错，加强评审。

表 5-1　3D 造型与 2D 图样设计进度控制表

客户名称		模具名称		模具编号		开始日期	
						T0 日期	
工作内容		工作日	计划完工日期	实际完工日期		备　注	
结构图	结构图						
	材料清单						
3D 造型	产品造型						
	模具造型						
2D 图纸	动模框						
	定模框						
	定模镶芯						
	动模镶芯						
	镶件						
	侧向抽芯机构零件						
	顶出机构零件						
	标准件						
	标准件清单						
	其他						
3D 设计签名		2D 设计签名		项目负责签名		审核	

20. 怎样对模具设计师进行绩效考核？

模具设计师的考核从以下几方面综合考虑：

① 设计师的理念与工作态度。

② 设计师的技能水平、相关模具专业知识的深度与广度、设计阅历与经验；制品类型（日用品、家电、汽车部件）；模具类型（结构特殊、结构复杂、精密模具）。

③ 模具结构与设计的质量优化程度（优、良、一般、差）。

④ 模具结构设计的进度。

⑤ 模具成本控制状况。

⑥ 设计出错率和返工率、出勤率。

21. 图样与文件档案应怎样管理？

① 加强图样文档管理，将设计部门的设计图样、文档、信息资料，建立文件夹，分门别类进行整理后，集中在档案室存档，由档案人员保管。

② 加强图样文件版本管理（版本是指用于描述同一产品的图样，但相互之间的内容有差异）。按先后次序以 a、b、c、d 为序号编写，存档和发放。

③ 完善设计文件的存放途径：设计文件存放可参考以下方式。

设计文件未完成前放在 D:\ENG \ 产品编号 \ 该模具编号（如 2011001）\ 下，每副模具又分为四个文件夹：a. 2D 存放 AutoCAD。b. 3D 存放 Ug，Pro/E。c. Doc 存放客户及其他有关此模的资料。d. CM（Chage Mold）存放模具制作后修改的文件（注意试模前发生的修改视为设计变更，不计入修模），其后按修模日期建立各个文件夹，每个文件夹只存放该日期的文件。

④ 对重要设计数据需要加密，禁止任意拷贝，杜绝外流。建立备份，刻在光盘上存放。

⑤ 档案员对图样发放要规范。

⑥ 需要建立一模一档。

22. 图样应怎样变更？

（1）图样更改要规范，不允许在图样上直接更改打印使用，避免设计或加工出错。

（2）图样及文件的更改要求按图 5-2 所示：在标题栏内应填写更改标记；同一标记下的更改处数；更改文件（更改通知单）编号及版本；更改日期。

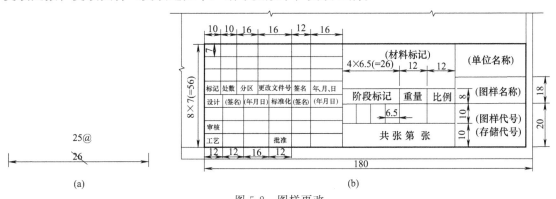

图 5-2　图样更改

（3）客户的制品结构、形状设计的变更

① 应对客户设计的更改进行必要的评审和控制，模具项目管理部识别后按相应的评审方式重新评审；对更改的评审结果及必要的措施给以记录。

② 对非由客户提出的产品变更要求，模具项目管理部在征得客户同意确认后，形成书面文件。

③ 设计部门根据客户的要求、信息、更改的评审结果，对模具重新设计，然后经项目经理确认，按规定将变更的信息及时传达到有关职能部门，以确保相关人员明确变更要求，并及时更改相关文件。

（4）重大设计更改与工艺更改

① 当发生较大和重大设计、工艺更改时，技术部门协同模具项目经理组织进行更改验证、确认、审批，并在实施前予以评审和批准；设计和开发更改的评审，包括评价更改对产

品的各组成部分和已交付产品的影响。

② 技术部门按模具项目经理要求及时更改相关文件，负责按规定将变更的信息及时传达到有关职能部门，以确保相关人员明确变更要求。

③ 如果设计开发的产品不能全部满足预期使用要求，则需要重新设计或变更，事前要报请项目经理与客户确认。

23. "一模一档"有什么重要的作用？

"一模一档"，就是每一副模具都要有一副模具档案（大多数模具企业没有建立，可以说是一笔糊涂账）。把每副模具有关的设计与加工、试模、修整、检测验收以及对这副模具结构设计的评价等有关的全部原始数据，全部整理好建立档案。要实现模具企业的规范化管理，必须建立模具档案。模具档案管理制度实际就是"一模一档"成本管理，是模具企业管理的核心。

"一模一档"的重要作用和意义如下。

① 避免因设计人员调动、离职，设计图纸和有关数据没有存档，技术无形资产流失。

② 利用档案，便于类似模具参考，少花精力，也可给没有经验的设计人员参考，少出差错，避免重犯错误。

③ 这是企业的技术沉淀和宝贵财富，利用模具档案，对今后类似的模具，在结构设计、制造工艺、工时周期、成本管理和控制、模具报价等方面都有参考价值，便于模具维修和制造，并为今后企业的模具智能制造积累了可靠的数据。

④ 模具档案可以作为培训教材的范本。

⑤ 会增加客户对企业的信任度。

⑥ 模具档案的相关资料可用于模具评奖或专利申请、个人考核、职称评定。

24. 怎样做好"一模一档"工作？模具档案有哪些信息和内容要求？

由技术部长负责对照本题的内容进行建档，审查"一模一档"所存的资料是否齐全。

① 所有的设计数据和资料，详见第 8 问的内容。

② 模具的材料清单：模架、标准件、易损件、备件、油缸、热流道元件等。

③ 模板、模架、标准件等所有零件的采购费用。

④ 电极图、工艺图和工艺规程。

⑤ 实际加工工时，包括返工工时及材料费用、加工出错损失及费用。

⑥ 设计工时、设计更改工时及设计费用。

⑦ 设计出错与加工出错损失及费用。制品变更、设计变更、加工出错变更通知单。

⑧ 零件加工工时（线切割、摇臂钻、数控铣、电火花、磨床、热处理），以及工装夹具、刀具、机油等费用。

⑨ 零件外协加工工时及费用。

⑩ 零件及塑件的检测报告单及费用，包括设备人工费用。

⑪ 钳工装配工时及费用。

⑫ 试模工艺、试模记录及试模 T0、T1、T2、T3 的总费用，包括塑件、注塑设备、烘料、人工等费用。

⑬ 模具修整通知单及模具修整后的试模检测报告及费用。

⑭ 最佳的注塑成型工艺卡。

⑮ 模具零件图和装配图。

⑯ 模流分析报告。

⑰ 装箱清单（模具照片、易损件、备件、附件、模具合格证、模具使用说明书等）。

⑱ 客户版本更改。同客户关于模具设计、制造的沟通内容记录。

⑲ 塑件结构设计和模具结构设计评审记录。

⑳ 模具结构设计总结，对该副模具进行实事求是的评价，模具结构设计优点及存在的问题，今后需要改进的地方。这是模具档案的重要内容，必须要求认真填写。

㉑ 根据以上的资料进行整理分类，核算成本（材料成本、加工工时、加工费用、设计成本、试模成本、外协工工时、钳工工时及装配费用，包括设计加工出错返工等费用），计算该副模具实际利润。避免该副模具的成本与利润不是很清楚，是笔糊涂账。

㉒ 客户的信息反馈及用户走访调查报告、用户意见书。

㉓ 将以上所有资料按模具编号，整理归档，妥善保管存放，需要查阅时，要求档案管理员十分钟内将此副模具档案提交。

25. 技术部门可能会存在着哪些管理问题？

技术部门如存在下面这些问题，会使模具质量和成本很难受到有效控制。

① 技术部门组织框架与企业的现状不匹配。

② 技术部门的设计流程不规范。

③ 制品形状结构设计没有经过评审就设计模具。

④ 模具结构设计时间延误。

⑤ 不够重视标准化工作，技术设计标准不规范。

⑥ 模具结构设计的标准件使用率较低。

⑦ 对技术沉淀工作不够重视，"一模一档"工作没有做或搞个形式。

⑧ 技术部门的应用软件跟不上发展需要。

⑨ 技术部门有关模具设计的参考资料缺乏。

⑩ 技术部门没有建立培训制度。

⑪ 信息共享平台没有很好地建立，与各部门之间的工作协调有问题。

⑫ 工作压力较大，设计人员流失、跳槽现象严重。

⑬ 技术管理工作薄弱，没有绩效考核。

26. 开设模具设计室（公司）需要考虑和解决哪些问题？

设计室虽小，但"五脏俱全"。因此，也需要有设计技术标准，一定的设计流程、工作标准（职、责、权分清），使模具结构设计优化、模具设计质量达到客户的期望值。为了达到最大的利润空间，必须考虑以下几个问题，并妥善地给予解决。

（1）设计业务

① 首先要解决生存问题，根据客户源（本地模具公司、新老客户、网上客户）的模具设计接单情况［模具副数、设计时间要求、模具设计要求（模具的复杂程度与难度、制品要求等，是否轻车熟路）］、模具设计费等，进行分析，然后考虑发展问题。

② 模具产品类型及要求与本企业的设计能力是否相匹配。

③ 设计费结算状况以及如何防止合同纠纷发生。

（2）设计人员

① 分析目前设计师的能力与水平，考虑怎样提升。

② 学徒的招聘、培养与使用，业务提升后怎样防止跳槽。

③ 考虑培训机制，业务同设计人员的匹配、设计人员能力的提升。

（3）设计质量

① 设计意识与客户满意度、模具结构是否优化。

② 提高评审质量，防止设计出错。

③ 设计交工的及时率。

④ 重视本企业设计标准的建立和应用。

（4）工资报酬

① 基本工资以设计能力水平、设计模具的质量分等级。

② 按产值计算。

③ 按质量奖罚。

第二节

关于模具产业的标准化

27. 模具标准化的目的是什么？标准化工作有哪些内容？

标准是制造业技术基础的核心要素，也是当前行业管理的重要手段。标准化是现代科学体系的重要组成部分。国家把实施技术标准战略作为科技发展的两大战略（知识产权战略、技术标准战略）之一。

（1）模具标准化的意义表现在以下几个方面

① 贯彻模具标准，采用模具标准件，实现模具零件商品化、专业化生产，能有效提高模具质量、降低模具生产成本、缩短模具生产周期。

② 有利于模具 CAD/CAM 的开发应用。

③ 有利于加强模具产业的国际贸易和区域贸易，提高竞争力。

④ 应用标准件，既减少了重复加工，又便于维修时更换零件。

（2）模具标准化的内容

模具设计、制造、经营管理的标准化。

（3）需要提升的三个方面

扩大模具标准件的品种；采用先进技术改造和提升模具技术水平以及提高标准件的精度和互换性生产技术水平；使模具标准件能形成经济的大批量生产。

（4）模具标准化工作

主要包括模具技术标准的制定和执行、模具标准件的生产和应用以及有关标准的宣传、贯彻和推广等工作。具体内容如下：

① 研究制造业产品零件结构类型、材料及其性能和所用模具结构特征，以确定模具类别。

② 研究各类模具结构形式、构成及组合，以设计、制定模具设计与制造的技术条件与规范。

③ 研究各类模具结构的设计参数，以试验、制定模具结构参数的规范、标准。

④ 研究模具材料及其热处理工艺，以归纳、验证、制定模具材料及其热处理、表面强化性能与工艺规范和标准。

⑤ 研究模具的加工方式和工艺，以归纳、验证并制定成型加工的工艺条件或工艺规范、标准。

28. 模具行业有哪三大标准？

国外模具发达国家，如美国、德国、日本等，模具标准化工作已有近 100 年的历史。

国际上已形成美国的 DME、德国的 HSACO 和日本的 MISUMI 三家世界著名的模具标准，如图 5-3 所示，包括生产和销售供应体系（模具标准的制定、模具标准件的生产与供应已形成了完善的体系）。

(a) 美国的DME标准件

(b) 德国的HSACO标准件

(c) 日本的MISUMI标准件

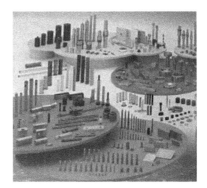
(d) 中国的盘起标准件

图 5-3 常用的模具标准件实例

（1）美国的 DME 标准

DME 标准是由美国 DME 公司创立，主要生产供应模具标准配件及热流道。随着生产与销售的不断扩大，该公司成为世界模具行业的最大模具标准配件生产商。该公司的模具标准件产品销售网络遍及全球 70 多个国家。

DME 标准的产品有公制、英制：热流道系统注塑系列、智能式温度控制器和模具温度控制系统、美国标准模架（注塑及压铸）、MUD 快速更换模架系统、精密顶针及司筒、标准模具零件、制模设备和工具等五万多种模具标准配件。其中，模具配件（标准件）有推杆、带肩推杆、扁推杆、芯针、推管、导柱、导套、斜导柱、支撑柱、定位套、管销、管钉、吊环、定位圈、浇口套、弹簧等。

（2）德国的 HSACO 标准

HSACO 标准是世界三大模具配件生产标准之一，以其互配性强、设计简洁、安装容易、可换性好、操作可靠、性能稳定、兼容各国家工业标准等优点屹立于世界各模具标准之中，是世界上覆盖范围最广的模具配件生产标准。

HSACO 标准的产品有：模具日期章、顶针、热流道系统、定位零件、注塑机配件、多喷嘴系统、注塑模具配件等。其中，注塑模具配件（标准件）有导柱、导套、导管、管位导套、定位锁块、导块、管位组件、管位销钉、弹簧定位螺丝、弹簧滚珠螺丝、弹簧、日期章、吊环、码模装置、脱牙装置、滑块装置、浇口套、定位圈、热流道配件等。

（3）日本的MISUMI（米思米）标准

MISUMI标准是日本MISUMI株式会社提供模具用零件、工厂自动化用零件等各种模具配件的制造标准。MISUMI标准的产品有FA机械标准零件、冲压模具配件和塑胶模具配件。

29. 什么叫作技术标准？模具技术标准的等级怎样划分？

企业技术标准是企业组织生产、经营、管理的技术依据。企业必须先建立技术规范体系，以满足顾客对产品质量的需求和期望。

① 技术标准是对标准化领域中需要协调统一的技术事项所制定的标准。

② 模具技术标准的等级划分为国家标准、行业标准、企业标准。

30. 企业的技术标准体系怎样组成？模具技术标准体系有哪些内容？

① 技术标准的标准体系序列的基本组成〔工作标准（职责权）、技术标准、管理标准〕，如图5-4～图5-6所示。

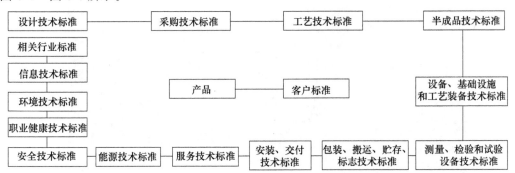

图5-4　企业技术标准体系的基本组成

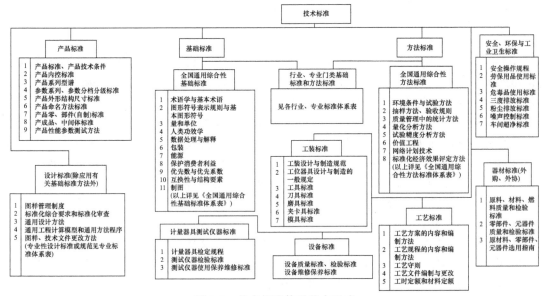

图5-5　技术标准体系基本组成

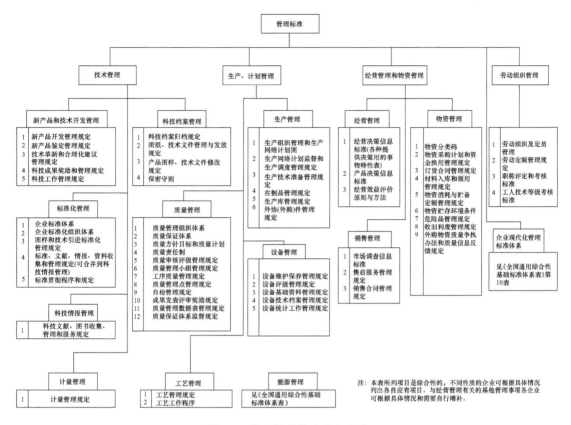

图 5-6　管理标准体系基本组成

② 模具企业的技术基础标准主要包括以下五方面内容：技术制图标准；模具结构设计技术标准；制造及工艺标准；模具产品质量验收标准；模具企业相关的专业技术标准。

31. 制订模具设计标准有什么重要作用？

工欲善其事，必先利其器。建立规范的设计标准是迫在眉睫的事。设计标准对模具产品质量、设计能力专业化的提升、企业的经济效益等方面都有重大影响。

① 规范的设计标准与技术标准是企业的设计准则、技术规范，它反映了企业在设计方面的综合能力，是模具质量的保障。

② 规范的设计标准是企业技术沉淀、技术经验与数据积累的结晶。模具标准化设计的实施，有助于质量稳定，使模具的不合格率减少到最低程度，模具的质量和成本能得到有效控制。

③ 规范的设计技术标准，能避免设计不统一，能克服设计的随意性，避免原理性的设计错误，减少设计出错、缩短制模周期。

④ 有利于模具设计开发，提高设计效率。采用模具设计技术标准，可使设计师摆脱重复的一般性设计，将主要精力用来优化模具设计、解决关键技术问题，使经验缺乏的设计者更容易设计。

⑤ 模具标准化有利于采用现代化模具生产技术和装备，有利于采用 CAD/CAM 技术，是实现模具 CAB/CAM 技术的基础，加速技术进步。通过 CAE 模拟分析，利用 Moldflow 等软件进行制品成型过程分析，可以将模具浇注系统的设计错误消除在设计阶段，从而提高

模具的试模成功率。

⑥ 提高客户对企业的信任度。有利于模具技术的国际交流和模具的出口，便于打入国际市场，使模具设计能和国际接轨。

⑦ 有利于企业职工的培训教育。技术标准可作为设计人员上岗培训教材，使设计人员很快适应设计工作。

⑧ 有利于标准件生产和供应，提高标准件的应用覆盖率。

32. 怎样制订模具设计技术标准？

首先领导重视，成立标准化办公室，由总经理负责。拟订规范的企业技术标准，审批、宣讲、贯彻执行。技术标准应充分贯彻国家、行业有关技术基础标准。充分体现"技术先进、经济合理、安全可靠"的原则。因此，设计标准的质量及其完善程度，很大程度决定了设计质量和工作效率。

① 要设置标准化机构和配备标准化工作人员。

② 标准体系、工作标准体系应符合国家有关法律、法规和强制性的国家标准、行业标准及地方标准的要求。

③ 工作标准体系应能保证管理标准实施，管理标准应保证技术标准体系实施。

④ 企业标准化应遵循"简化、统一、协调、优化"等四项基本原则。

⑤ 标准体系要层次分明地按系统围绕企业目标、方针，按一定的格式、编号而建立、制订、修订、实施。

⑥ 积极采用国际标准和国外先进标准。

⑦ 充分考虑顾客和市场需求，保证模具质量，保护顾客利益。

⑧ 企业标准由企业法定代表人批准，并上报主管部门备案。

33. 中国已制订哪些模具技术标准？

经过全国模具标准化技术委员会组织制订并审查通过，由国家或部门审查、批准、颁布的模具技术标准，目前已发布和正在实施的注塑模国家标准见表 5-2。商品化程度有了很大的提高。但同国外相比差得很远，需要迎头赶上。

表 5-2　注塑模国家标准

序号	标准名称	标准号
1	塑料注射模零件	GB/T 4169—2006
2	塑料注射模零件技术条件	GB/T 4170—2006
3	模具　术语	GB/T 8845—2017
4	塑料注射模技术条件	GB/T 12554—2006
5	塑料注射模模架	GB/T 12555—2006
6	塑料注射模模架技术条件	GB/T 12556—2006

34. 中国已制订好哪些注塑模具的标准件？

我国现有的注塑模具国家标准，具体见表 5-3，塑料模具的标准件画法，参阅 GB/T 12554—2006 国家标准的标准件。

表 5-3　有关塑料模具的国家标准的标准件

标准号	标准名称	标准号	标准名称
GB/T 8845—2017	模具　术语	GB/T 4169.11—2006	塑料注射模零件　第 11 部分:圆锥定位件
GB/T 12554—2006	塑料注射模技术条件	GB/T 4169.12—2006	塑料注射模零件　第 12 部分:推板导套
GB/T 12555—2006	塑料注射模模架	GB/T 4169.13—2006	塑料注射模零件　第 13 部分:复位杆
GB/T 12556—2006	塑料注射模模架技术条件	GB/T 4169.14—2006	塑料注射模零件　第 14 部分:推板导柱
GB/T 4169.1—2006	塑料注射模零件　第 1 部分:推杆	GB/T 4169.15—2006	塑料注射模零件　第 15 部分:扁推杆
GB/T 4169.2—2006	塑料注射模零件　第 2 部分:直导套	GB/T 4169.16—2006	塑料注射模零件　第 16 部分:带肩推杆
GB/T 4169.3—2006	塑料注射模零件　第 3 部分:带头导套	GB/T 4169.17—2006	塑料注射模零件　第 17 部分:推管
GB/T 4169.4—2006	塑料注射模零件　第 4 部分:带头导柱	GB/T 4169.18—2006	塑料注射模零件　第 18 部分:定位圈
GB/T 4169.5—2006	塑料注射模零件　第 5 部分:有肩导柱	GB/T 4169.19—2006	塑料注射模零件　第 19 部分:浇口套
GB/T 4169.6—2006	塑料注射模零件　第 6 部分:垫块	GB/T 4169.20—2006	塑料注射模零件　第 20 部分:拉杆导柱
GB/T 4169.7—2006	塑料注射模零件　第 7 部分:推板	GB/T 4169.21—2006	塑料注射模零件　第 21 部分:矩形定位件
GB/T 4169.8—2006	塑料注射模零件　第 8 部分:模板	GB/T 4169.22—2006	塑料注射模零件　第 22 部分:圆形拉模扣
GB/T 4169.9—2006	塑料注射模零件　第 9 部分:限位钉	GB/T 4169.23—2006	塑料注射模零件　第 23 部分:矩形拉模扣
GB/T 4169.10—2006	塑料注射模零件　第 10 部分:支承柱	GB/T 4170—2006	塑料注射模零件技术条件

第三节

模具设计流程

35. 模具设计任务书的内容有哪些？

把客户和销售部门提供的数据、资料转化为"注塑模具设计任务书"（表 5-4），下达设计任务，安排设计人员。

表 5-4　注塑模具设计任务书

订货单位	订货单位地址						其他	模具编号			
	订货单位名称							模具项目负责人		开始日期	
	模具交货期	年　月　日						模具设计	3D	2D	
		T0		T1							
制品	名称						流道	方式	普通、绝热流道、热流道		
	树脂名称							截面形状	圆形、半圆形、U形、梯形		
	成型收缩率						热流道喷嘴方式		井式喷嘴、延伸喷嘴、半绝热喷嘴、全绝热喷嘴、内部加热喷嘴、针阀式喷嘴		
	色调	透明度	透明		不透明						
		色别									
	制品单件重量	g	成型周期		s		气辅注射		点	CAE 分析	
	制品投影面积	cm²					浇口类型		直浇口、侧浇口、扇形浇口、点浇口、圆环形浇口、羊角浇口、潜伏浇口、重叠浇口、幅状浇口、薄膜浇口、爪形浇口、盘状浇口、护耳浇口		
注塑机	注塑机制造厂家										
	注射	g	制品重	g	料道	g					
	锁模力			kN			位置尺寸	见结构简图	浇口尺寸		
	型号规格						浇口点数			点	
	哥林柱内间距	水平	mm	垂直	mm		侧向分型与抽芯	种类	侧型芯、瓣合模		
	顶出孔孔径			mm				脱模	斜导柱滑块、顶块		
	定位孔直径			mm			冷却加热	水、蒸汽、热油、模温机、冷冻机			
	喷嘴孔径			mm			有无特种加工		亚光面抛丸、电加工、电铸、线切割（快、慢）、花纹加工、精密铸造、冷挤压、压力锻造、NC加工、抛光、刻字		
	喷嘴圆弧			mm							
模具主要结构	模具结构	标准型、三板式、瓣合模									
	每模型腔数	型　腔					是否电镀	需要、不需要			
	模具外形（长×宽×高）		mm				动定模定位结构		①长键；②标准键镶入；③圆柱定位；④导套边台阶；⑤动定模镶块台阶定位；⑥动定模框外形台阶定位；⑦滑块楔紧块定位；⑧外形正定位；⑨动定模中心定位；⑩正定位		
	分型面	平面、阶梯面、曲面、其他、允许穿透（直）、不允许穿透（横）									
	顶出方式	推杆	推杆、带台肩推杆、方形推杆、碟形推杆	顶出行程							
		推件板（型芯外）	板状、杆状、块状、环状				动定模主要材料		P20、40Cr、2738、718、PX5、SKD61、638、618（进口或国产）NAK80、铍铜、T8、T10A、55、45、铜合金等		
		顶	扁顶杆、推套、特殊推套、圆顶杆								
		顶出行程									
		压缩空气	仅用空气、与其他并用				热处理	调质		淬火	
		其他	二次顶出、先复位机构				要求	氮化		应力释放	
	动定模结构	整体	锥度、垂直	模架			标准件	DME、HASCO、正钢、盘起	备注		
		镶入	单边楔紧块定位								
提供条件	物品、图纸	实样、3D已造型（未造型）、已有脱模斜度、没有脱模斜度、2D制品图样、模型、雕刻原稿、注塑机样本									
客户要求		班产		使用寿命				万次/件			
模具项目负责人	3D设计人员	2D设计人员		评审签名				备注			
年　月　日	年　月　日	年　月　日		年　月　日							

××××× 公司

36. 模具设计流程为什么非常重要？

① 管理就是走流程，企业需要规范的流程。只有好的过程管理，才会有好的结果。

② 规范的设计流程是对设计工作经验的总结。

③ 规范的设计流程能使设计过程受到有效控制，能克服设计的随意性，提高设计进度，使模具设计质量更有保障。

④ 能有效地避免或减少设计出错，提高设计人员的设计能力和水平，缩短设计周期。

37. 规范的模具设计流程有什么要求？

（1）在设计流程中，标准、制约和责任这三个要素，如果缺一个要素，这个流程就是失控的。可以这样理解三要素：

① 标准：按企业的技术标准。

② 制约：在一定时间内完成。

③ 责任：保证设计质量和结合绩效进行考核。

（2）规范的模具设计流程如图 5-7 所示。

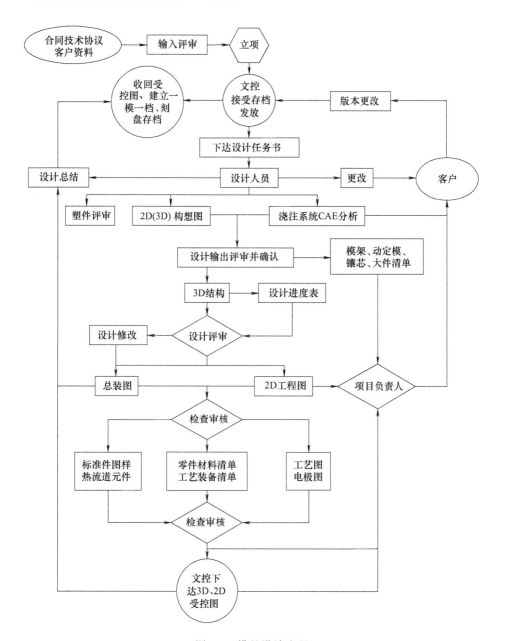

图 5-7　模具设计流程

38. 注塑模具的设计流程是怎样的？

（1）接受设计任务书，并审查客户合同和提供的数据与信息的正确性。

（2）分析塑件形状结构的正确和合理性：外形、精度尺寸和公差要求分析。

（3）初步拟定模具结构设计方案。

① 模流分析后确定浇注系统。

② 型腔布局，确定分型面、型腔与型芯。

③ 动、定模定位和导向结构。

④ 抽芯机构。

⑤ 顶出系统。

⑥ 冷却系统。

⑦ 排气系统。

⑧ 模架材料及标准件清单。

（4）3D建模与2D工程图、工艺文件经评审审核通过后发放。

（5）有的模具结构设计须经客户认可后才可投产。

（6）注塑模具详细设计程序，如图5-8所示。

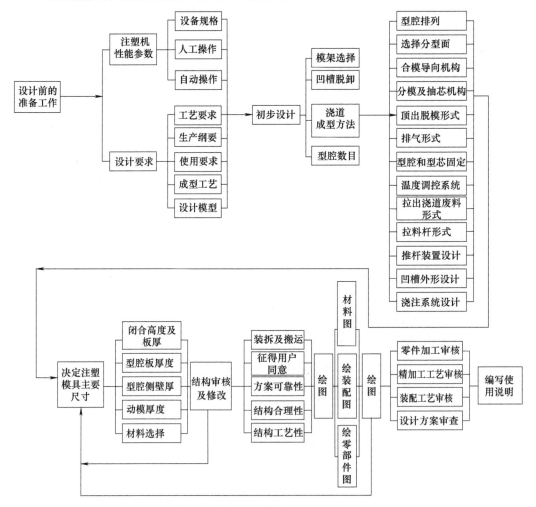

图5-8　注塑模具详细设计程序框图

39. 大型注塑模具设计流程是怎样的？

大型注塑模具设计流程，如图 5-9 和图 5-10 所示。

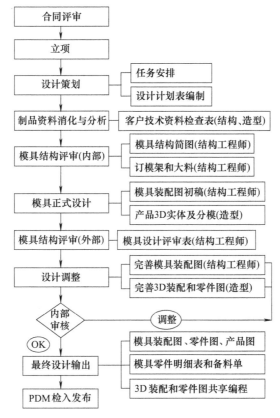

图 5-9 大型注塑模具设计流程（1）

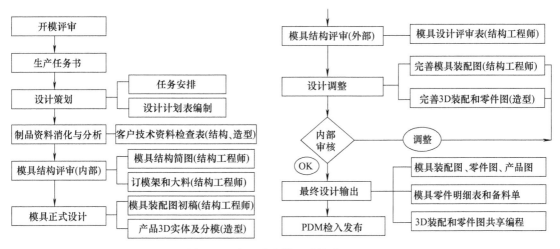

图 5-10 大型注塑模具设计流程（2）

40. 设计变更的流程有哪些具体要求？

模具结构设计变更流程，如图 5-11 和图 5-12 所示。图样更改通知单见表 5-5。

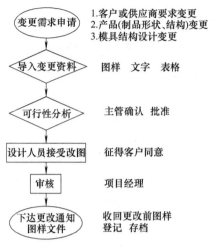

图 5-11　设计变更流程（1）

序号	客户要求变更流程	责任部门	流程说明	相关文件/记录
1	客户变更要求	客户	合同评审流程	《变更申请/通知》
2	客户变更信息接收、沟通、确认	企管部	要求客户提供书面变更信息	《变更申请/通知》
3	发出变更联络函	企管部	将确认后的客户变更要求通知公司内部评审	《内部联络函》
4	否　变更评审	各部门	各部门评审客户变更要求是否可执行	《会议纪要》
5	是　制订变更方案	各部门	各部门根据客户要求制定变更方案	《变更申请/通知》
6	否　客户确认	企管部	变更方案需要客户确认，要求客户提供书面确认信息	
7	是　执行变更	各部门	各部门执行变更要求	

图 5-12　设计变更流程（2）

表 5-5　图样更改通知单

图样文件代号：		图样（文件）更改通知单号：	
名称：		更改级别：　　秘密□　　　一般■	
		有无二维或三维图：　　二维图■　　有三维图■	
更改理由（依据）：			
更改前： 封存旧版本		更改后： 换发新版本	

第四节

模具设计出错

41. 什么叫模具设计出错？

一般认为所加工的零件不能装配使用，尺寸超差、制品达不到图样或合同要求的，为设计出错；笔者觉得还不够全面。从广义上说，如有下列问题的存在，都可判断为设计出错。

① 模具结构违反设计原理的错误设计。

② 模具结构及零件没有合同要求或设计标准要求的设计。

③ 由于模具设计，致使模具存在隐患，使模具提前失效。

④ 动、定模成型零件及所有零件，依靠企业的现有设备和外协加工及加工工艺不能加工的情况。

⑤ 装配零件有相互干涉的情况存在的。

⑥ 由于模具设计，致使成型制品产生严重缺陷，依靠成型工艺解决不了的情况存在。

⑦ 由于模具结构设计不合理，模板过大、加工工艺差等，致使模具材料的成本或加工成本明显提高了许多。

⑧ 如模具的成型周期较长，制品不必要的二次加工等情况出现。

42. 模具设计出错有什么危害性？

① 需要设计或制造更改，影响了交模时间。

② 增加了模具的设计与制造成本（材料成本、零件加工制造成本、人工成本、测量成本、试模等成本），降低了利润。

③ 直接影响了模具的质量。

④ 削弱了顾客对企业的满意度，企业从而可能会失去客户、失去市场、失去竞争力。

43. 常见模具的设计出错原因有哪些？

① 模具结构复杂、2D 图样和材料清单出错、3D 造型出错、工作能力有限、设计水平和经验不足。

② 工作安排生产不合理，或时间紧迫、工作任务繁重。

③ 对客户告知的已知条件没有熟悉和理解。

④ 设计标准不熟悉。

⑤ 设计流程不规范。

⑥ 因工作粗心大意，没有确认。

⑦ 模具设计没有经过设计评审，或者虽然经过设计评审，但评审没有起到应有的作用，没有及时发现存在的问题。

⑧ 档案管理不规范，文件发放出错，工作粗心大意，没有检查确认。

44. 模具设计出错现象有哪些？应怎样采取有效措施？

模具设计出错现象和预防措施见表 5-6，预防措施补充如下。

① 设计师接受模具设计任务前，首先要对客户提供的数据消化确认后，再着手设计。

② 加强培训和提高设计师的专业知识和技能水平，重视细节设计，避免反复，花费了精力。

③ 前车可鉴，了解关于注塑模具设计出错现象及预防措施（具体的见表 5-6），避免设计出错。

④ 根据设计师的能力水平，合理安排设计工作。

⑤ 加强模具结构设计评审，起到评审的应有作用，及时发现存在的设计问题，避免出错。

表 5-6　设计出错现象和预防措施

出错现象	预防措施
1. 版本搞错、数据放错(更改数据与更改前的数据搞错或放在一道)、文件发放错误	加强文件版本管理、检查数据、加强图样管理,图样更改要规范
2. 零件材料清单写错(型号搞错、数量搞错、漏报等)	加强检查、确认
3. 模具材料搞错或选用不合理	加强检查、确认
4. 收缩率放错、成型收缩率数据不对	检查收缩率的原始数据是否正确,复查已放收缩率的长×高×宽一组尺寸是否正确,注意小数位置,核对、验证成型收缩率数据
5. 非对称的塑件设计成镜像	对大同小异的非对称的塑件加强辨认
6. 模具倒锥度或脱模斜度不够	检查立体造型是否有倒锥度,可把 3D 转 2D,若有虚线就是倒锥度,加强塑件结构分析
7. 零件出错(与客户要求不符或同客户的企业设计标准不符,型号、规格、数量搞错)	熟悉标准件,熟悉客户的企业标准和具体要求,加强评审,规范企业的设计标准
8. 模具同注塑机参数不配套	加强检查、确认
9. 熔接痕出现在制品不允许出现的地方	浇注系统要有模流分析报告
10. 浇口形式和位置搞错,流道开设错误	提高设计水平,用 CAE 分析,加强确认
11. 分型面设计出错或不合理,有尖角	加强检查、确认
12. 动、定模封胶面避空	加强检查、确认
13. 动、定模的非封胶面、非定位面、非配合面没有避空	加强检查、确认
14. 冷却水进出管、气管、油管等设置在操作侧的	提高设计水平,加强检查、确认
15. 冷却水孔位置不正确,动、定模漏水与顶杆孔干涉或间距太近	加强图面检查,检查冷却水孔直径的位置及密封圈尺寸
16. 满足不了成型工艺的水路设计(冷却效果不好的设计,有死水、热平衡差的,主流道或喷嘴没有冷却水路设置等),使制品不能成型	提高设计水平,加强检查、确认
17. 热流道电源线不是从天侧进出	加强 3D 造型检查、确认
18. 热流道结构设计错误	加强检查,设计要规范
19. 电器插座位置不是在模具上方	加强检查,设计要规范
20. 顶杆顶出行程不够,取件空间位置不够	加强检查,考虑机械手取件的空间
21. 模具结构出错,脱模困难,塑件严重变形	精心设计,加强塑件结构分析,考虑模具顶出结构及塑件包紧力的大小,考虑模具有足够的强度和刚性
22. 模具斜顶结构设计出错,制品跟着斜顶移动	考虑限位机构
23. 斜顶结构与抽芯行程不够、斜顶空间位置不够、与其他零件有关	应用 3D 虚拟动作检查,加强评审
24. 斜顶杆、滑块压板油槽开设错误	提高基础知识
25. 在 3D 造型时,忽视细节,2D 图纸上有 R 角	加强检查、确认
26. 零件相互有干涉	加强图面检查
27. 3D 设计零件遗漏,标准件、附件搞错误	加强检查、确认
28. 2D 图样与 3D 图样不符;3D 图变更了,2D 图却没有更新,造成异常	调整组织框架,加强检查、确认
29. 2D 图样尺寸标注错误或 3D 造型错误	加强检查、确认
30. 2D 图样违反国标的	提高基础知识
31. 设计基准出错	加强检查、确认
32. 插碰角度小于 3°	加强检查、确认
33. 零件该倒角的没有倒角,如吊环螺纹入口处无倒角、装配倒角、模板外形倒角等	加强检查、确认
34. 加强筋或成型搭子漏做	加强图面检查
35. 孔与孔破边、孔的位置错误	加强检查、确认
36. 复杂的抽芯机构,没有二次抽出	加强分析

续表

出错现象	预防措施
37. 模具导柱长度短于动模芯或斜导柱或过分高于动模芯	加强检查、确认
38. 滑块模芯行程不够	提高设计水平,复杂的抽芯机构和斜顶要画虚拟动作图,检查确认,加强评审
39. 滑块顶面分型面比主分型面低 0.05mm	加强检查、确认
40. 不是嵌入式的滑块压板没有定位销或嵌入式的滑块又用了定位销	提高基本设计知识,加强检查、确认
41. 楔紧块的角度小于斜导柱的角度	提高基本设计知识,加强检查、确认
42. 滑块成型部分下面有顶杆,没有先复位	提高基本设计知识,加强检查、确认
43. 滑块与动模芯相配处避空了	提高基本设计知识,加强检查、确认
44. 滑块结构设计出错	提高基本设计知识,加强检查、确认
45. 制品抽芯困难,制品变形	计算包紧力,形状复杂抽芯结构要考虑制品是否变形
46. 深筋部位未采用镶块的、因模具没有开设排气槽的,导致制品成型困难	要加强分析,采用镶块结构,开设排气槽
47. 排气槽位置出错(开在定模)、排气没有通大气	加强分析、检查、确认
48. 油缸行程出错	加强检查、确认
49. 油缸锁紧力不够大,抽芯成型处产生让模	成型投影面积与油缸直径计算验证
50. 热处理工艺和技术要求标注错误	了解热处理的基本知识,熟悉客户的具体要求,模具材料不能随便改动
51. 热处理方法和硬度要求不合理	提高设计水平,注意预硬钢的采用
52. 零件没有按客户要求或设计标准设计	克服任意性
53. 弹簧规格型号选用错误	加强检查、确认
54. 零件的公称尺寸或角度设计成小数	学习基本知识,克服任意性
55. 装配图样与实际模具不符	加强检查、确认,零件与图样更改要规范
56. 塑件产品壁厚出错,或装配尺寸有错	注意检查、确认
57. 模具强度和刚性不够	加强检查、确认
58. 模具外形太大,材料浪费,多型腔布局错误	要有成本意识,参照类似模具或应用经验值设计
59. 支承柱数量、位置、高度不合理的错误设计	提高水平,加强检查、确认
60. 模具没有应有的铭牌	加强检查、确认
61. 模具吊装重心不对、吊装困难、摆放困难	需要考虑加工工艺,加强检查、确认
62. 拆卸或装配困难,拆去一个零件才能装配一个零件	提高质量理念,加强检查、确认
63. 没有从经济角度或满足应用要求合理标注粗糙度、公差配合要求	提高水平,加强检查、确认
64. 模具没有备件或总装图与实际模具不符,复杂模具没有使用说明书,给模具维修、保养带来困难	需要考虑客户的维修,为客户负责
65. 模具结构设计原理性错误(灾难性设计)	提高专业基础知识和水平

第五节

模具结构设计评审

45. 为什么要对模具结构设计进行输出评审?

如果模具结构设计不存在任何问题,就可以不用评审。但由于设计师的经验和能力水平有限,一般所设计的模具很有可能还存在问题。特别是对于制品与结构较为复杂的、大型模具,设计输出评审是非常重要的。通过评审,使模具的结构设计更优化、更可靠,技术经济指标更合理，制品质量能满足客户的期望值。

评审的目的和作用有如下具体内容：

① 避免新手或经验不足的设计师模具结构设计出错，避免原理性错误设计或灾难性设计的事件发生。

② 通过评审，集思广益，容易发现设计中存在的缺陷，及时改进。

③ 优化模具结构的设计，寻求最佳的设计方案，降低模具成本。

④ 通过模具结构的可靠性评审，不使模具提前失效，使模具的质量能满足顾客的期望。

⑤ 使制品成型周期最短，提高成型制品的质量，避免成型缺陷产生。

46. 模具结构的设计评审内容有哪些？

① 检查和评价该模具的各大系统结构设计是否优化，以及其功能性与可靠性。特别需要评审关于浇注系统设计、模流分析报告的正确性。

② 标准件的设计利用率与标准是否达到企业与客户的设计要求。

③ 模具钢材的选用和热处理的合理性，钢材牌号是否与技术协议相同。

④ 模具的设计数据与客户提供的注塑机参数是否相符。

⑤ 零件加工工艺、装配工艺的合理性。

⑥ 模板的外形尺寸设计成本审核。

⑦ 所设计的模具投产后，成型制品设计的外表质量和功能性指标能否满足客户的要求。

⑧ 评审时需要特别关注模具结构中是否有缺陷或问题存在，如抽芯机构、顶出机构与制品形状结构、冷却系统、浇注系统等的动作结构或零件之间，是否存在干涉状况；不要到模具加工过程中，甚至到试模时才发现，为时已晚。

⑨ 2D零件图样与3D图样文件的质量是否达标。

⑩ 模具结构设计的细节是否有问题存在，如零件、附件和配件、标准件装配状况表达是否清楚。

⑪ 对材料清单和明细表的规格型号数量的审查。

⑫ 要求模具的设计进度（时间要求）不影响模具生产周期。

⑬ 表5-7中所示的注塑模具结构设计表，评审时最好逐条审查通过，如有问题进行标记，给予纠正。

表 5-7　注塑模具结构设计评审表

序号	内容	是	否
1	**客户的信息资料**		
1.1	客户提供的信息、资料要求是否齐全、是否有遗漏		
1.2	是否对客户的塑件的形状、结构进行工艺审查，如有异议是否向客户提出并进行确认		
1.3	塑件前期评审存在的问题解决了没有？项目负责人同客户沟通结论如何		
1.4	是否对客户的塑件(产品)装配关系、要求了解和进行审查		
1.5	所设计的模具结构图是否得到了客户的确认		
1.6	模具图中的产品图是否为客户提供的最终数据？版本有否搞错		
1.7	当客户对塑件的设计有重大更改时是否进行过评审		
2	**注塑机方面**		
2.1	模具厚、薄是否满足注塑机的闭合高度要求		
2.2	注塑机的最大空间能否容纳模具的最大外形，注塑机的拉柱间距和直径是否有双点划线画出，是否标出注塑机的型号、规格		
2.3	是否需要动模顶板拉回设置(客户要求)		
2.4	定位圈直径大小、喷嘴尺寸、球半径是否符合注塑机的要求尺寸，定位圈结构是否符合客户要求		
2.5	客户要求动模底板有定位圈(HASCO、DME标准)，其尺寸、固定是否符合客户要求		

续表

序号	内容	是	否
2.6	冷却水接口水道是否设置在动模底板与定模盖板处,是否同注塑机相符(特殊模具冷却水从注塑机镶板引出)？动定模固定板固定在注塑机上是否有要求,并且与注塑机是否相符		
2.7	塑件和浇注系统的总质量是否超过了注塑机的注射量		
2.8	塑件的投影面积是否超过了注塑机的最大投影面积容量(一般选用80％比较合适)		
2.9	定位圈偏移的模具,动模固定板的顶出孔是否跟着偏移的定位圈一同偏移		
3	**模架方面**		
3.1	标准模架或非标准模架是否达到客户要求和国标要求		
3.2	模架的结构形式是否正确		
3.3	所有的模板有无吊环螺纹孔？吊环螺纹孔的设计是否规范？螺纹大小是否与模架重量匹配,位置是否正确？与其它孔有无干涉？入口处有无倒角		
3.4	三板模的主导柱直径是否加大？拉杆的有效长度和取件空间是否足够		
3.5	正导柱的长度设置是否正确合理？正导柱是否高于斜导柱和动模芯起到保护作用？正导柱是否太高或太矮		
3.6	模架的基准角是否正确选用(在偏移的导柱孔旁边的直角边)		
3.7	不采用整体模架的材料是否正确？模架的材料选用是否符合客户要求		
3.8	模架的动、定模采用镶块设计的A、B板,设计是否考虑开粗,避免应力变形		
3.9	模架的外形尺寸、定位圈直径、顶出孔位置大小、压板槽或压板孔尺寸、定模盖板、动模底板等,其厚度及尺寸是否正确,是否符合注塑机技术参数		
3.10	模板的外形有无倒角？倒角是否规范		
3.11	特别是整体的模架(动、定模不采用镶芯的模架的A板、B板材料),有无开粗,避免模板变形		
3.12	开粗后模架的A板及B板材料、吊环用的螺纹孔、冷却水孔是否有破边,工艺是否合理		
4	**图样方面**		
4.1	构想图有无提交评审？构想图的比例是否为1∶1		
4.2	零件图样、装配图样是否及时提供		
4.3	构想图的模具结构是否合理,能否基本表达清楚		
4.4	图样质量(线条、图层是否统一)是否符合国家标准或企业或客户需求,图样质量能否达到零件化生产要求		
4.5	3D造型图层是否一目了然		
4.6	标题栏内容是否填写正确、清楚:模具号、图号、零件名称、数量、材料、比例		
4.7	2D画图是否应用AutoCAD、3D造型的软件及是否应用UG、Pr0/E、PowerSHA等；2D图样是否选用通用格式Dwg、Dxf；3D造型是否选用通用格式Stp、igs；图片是否为常用格式jpg		
4.8	主视图选择是否正确？视图布局是否合理？剖面、剖视名称及轨迹是否标注清楚		
4.9	模板外形尺寸、顶出行程是否标注？同注塑机的技术参数是否匹配		
4.10	基准角是否标注在地侧？是否标注在偏移的导柱孔旁边		
4.11	所设计的图样版本是否为最终版本		
4.12	如果所设计的图样中途有变更,是否按变更信息重新设计？图样更改是否规范		
4.13	模具的总装图与客户确认的构想图是否一致(如有改动要征得客户的同意)		
4.14	模具的总装图与实际的模具是否一致		
4.15	模具总装图的零部件是否遗漏？配合性质及位置是否明确标注？公差配合、尺寸标注是否妥当		
4.16	图样上必要的技术要求是否表达清楚？成型部分的粗糙度、表面要求(烂花、皮纹等)是否表达清楚		
4.17	易损件、备件是否提供给客户详图		
4.18	非配合面有间隙处,是否画出间隙线		
4.19	零件的配合要求处,图样上是否标注了尺寸公差		
4.20	模具图样是否达到零件化生产要求		
4.21	2D构想图是否按期提供给客户确认？3D造型零件是否有遗漏		
4.22	第三角图样是否按第三角要求绘制？图样上有无标注第三角标志？视图布局是否符合规定要求(需要用英文标明视图名称)		
4.23	零件图是否同构想图的结构要求相符？基准角是否与构想图统一		

序号	内容	是	否
4.24	构想图及清单上的标准代号与零件图的代号、总装图是否相符		
4.25	模具总装图内的零件图代号及备件、附件和详细的图样是否齐全		
4.26	模具图设计时间是否达到要求？是否影响生产进度和交模时间		
4.27	是否按客户要求提供总装图和编程的刀路图以及 2D 刻盘(有的客户需要)		
4.28	同一张图样,字体大小(阿拉伯数字采用 3.5 号字体,技术要求采用 7 号字体)是否统一？是否按标准规定		
4.29	模具、电路、水路、液压抽芯、热流道、位置开关有无详图及相对应的铭牌图(包括模具铭牌)		
4.30	模具需要做皮纹的,侧面脱模斜度是否合理？图样上是否有具体要求		
4.31	是否把标准件代号在总装图或明细表中表达出来		
4.32	顶杆固定板和顶杆尾部台阶平面有无按顺时针进行编号		
4.33	图样是否受控？图样管理是否规范		
4.34	英制尺寸标注是否符合客户要求		
4.35	客户要求动定模进行应力释放,图样上有无标注		
4.36	模具有无使用说明书		
4.37	模具有无维护保养手册		
4.38	模具有无装箱清单		
4.39	装配图是否与实际模具一致		
4.40	零件图、装配图核对、审查签名了没有		
4.41	图样上盖了受控章没有？图样发放、收回有没有登记		
4.42	3D 造型是否按期提供给客户确认		
5	浇注系统方面		
5.1	浇注系统是否做过 CAE 分析？是否有分析报告？是否提供最佳方案让客户确认		
5.2	料道、浇口类型、浇口尺寸、浇口位置是否合理？是否影响塑件外观？塑件是否变形？浇口点数是否符合最小原则？有没有必要加辅助料道		
5.3	多型腔模具的流道压力是否平衡？多型腔模具的流道压力差是否会影响塑件的变形		
5.4	图样上是否表达清楚(标准要求浇口放大 4 倍比例)		
5.5	浇口是否影响塑件外观？是否需要二次加工？客户是否同意		
5.6	多型腔的和非相同塑件的复合型腔、流道分布是否合理？注塑压力是否平衡		
5.7	浇注系统的凝料是否自动脱落,如要用机械手取凝料,有无足够的空间		
5.8	凝料拉料杆的结构是否合理？是否达到客户的要求		
5.9	料道是否设置冷料穴？是否需要设置料道排气		
5.10	熔接痕是否处于塑件的最佳位置		
5.11	模具主流道是否设计太长(或太短)？浇口套的进料处是否离注塑机的定模镶板太远？浇口套的球 R 与进料口径的尺寸是否与注塑机匹配		
5.12	多型腔的模具是否需要具有单独的流道转换结构		
5.13	流道内所有的交叉、转折处是否有死角		
5.14	钩料杆头部设计是否合理？Z 形钩料杆有无止转结构		
5.15	热流道的流道板及加热圈电功率是否达到要求？流道板与模板的绝热效果如何		
5.16	热流道的品牌、喷嘴类型、型号是否达到客户和设计要求		
5.17	热流道的喷嘴是否漏料或堵塞？尺寸公差是否达到要求		
5.18	热流道的喷嘴处是否会产生浇口晕		
5.19	热流道的多喷嘴的流道板上是否刻有相应的进料口编号		
5.20	热流道的喷嘴是否需要安顺序控制阀		
5.21	热流道模具动、定模的固定板是否需要隔热板		
5.22	电源线是否从天侧进出		
5.23	电源线有无固定？有无黄蜡套管保护		
5.24	接线方式及接线盒设置是否合理		
5.25	电线槽转角处是否有圆角过渡(最小圆角为 6.5mm)？所有电线与其他电源插座是否有相应的编号,并用护管集结起来组装在一个分配盒中		
5.26	压力传感器是否需要？设计是否合理		

序号	内容	是	否
5.27	进料口偏心,偏心距是否按标准设计? 顶出孔是否保持同步偏位		
6	**模具结构方面**		
6.1	是否对塑件的形状、结构设计进行过评审? 如发现存在问题,向用户反映过没有? 解决得怎样? 塑件是否有倒锥度(倒扣)		
6.2	模具的结构设计是否违反设计原理		
6.3	模具的结构设计是否考虑过模具整体布局的合理性? 模具布局有无考虑到整体和美观效果		
6.4	模具的结构设计和工艺是否合理? 是否考虑了加工成本		
6.5	模具的结构设计是否存在达不到客户或企业设计标准的内容(企业要有设计标准)		
6.6	模具的型腔数确认,1+1、A+B,塑件是否镜像		
6.7	多型腔的型腔数对塑件批量生产、塑件精度的影响,考虑过没有		
6.8	成型收缩率是否正确? 计算的结果是否正确		
6.9	防止模具错位的定位结构是否正确? 有无重复定位现象存在? 尺寸要求有否标注清楚		
6.10	模具结构设计采用整体的还是镶块的,在经济与工艺方面考虑哪个合理,是否满足了客户要求		
6.11	定模底板和定模板(在没有定位圈和浇口套的定位下)、动模底板、垫块和动模板是否已采用定位销		
6.12	模具设计时有无考虑材料成本? 材料是否太大? 是否满足客户要求? 如果有的客户要求模板确实较大(不需要这么大,是否用充足理由去说服他?),应怎样处理		
6.13	模板材料的规格型号、数量是否对? 是否符合合同或客户要求		
6.14	模具强度和刚性是否足够? 模板的外形及厚度是否会在注塑成型时变形,模具提前失效		
6.15	模具的零件设计加工工艺是否合理? 是否经济? 模具型芯的交角处,因应力集中,是否需考虑圆角过渡		
6.16	零件设计是否符合设计标准		
6.17	复杂零件设计是否考虑到零件应力变形		
6.18	动、定模的脱模斜度是否合理? 上口尺寸与下口尺寸是否超出制品尺寸要求		
6.19	模具的导向机构是否合理? 不是自润滑的导套,导柱是否开设油槽		
6.20	导柱的长度是否高于模具型芯及其他零件(型芯斜导柱),起到先导向作用? 模具的导柱高度是否合理? 是否太高或太短		
6.21	模具的导柱头部形状是否有 15°斜度		
6.22	导套的底部是否开设了垃圾槽		
6.23	大型、高型腔模具是否采用了方导柱? 机构设计是否规范		
6.24	模具动、定模定位结构是否需要采用 DME 的正定位标准件		
6.25	分型面的位置是否影响塑件外观		
6.26	分型面结构是否合理? 是否有尖角		
6.27	分型面的封胶面尺寸、粗糙度是否达到要求		
6.28	分型面的封胶面的宽度是否合理		
6.29	除塑件的碰穿孔、分型面的封胶面、平面接触块的平面外,其它是否有间隙(避空)? 尺寸是否合理		
6.30	模具分型面是否设置了平面接触块? 平面接触块的数量、形状、大小位置布局是否合理		
6.31	动、定模插碰面的锥度是否达到 3°		
6.32	封胶面有否避空? 非分型面的封胶面、R 面是否有避空和倒角		
6.33	复杂的动模芯、型腔是否设置了工艺(基准)孔		
6.34	有配合要求的零件的装配要求对否? 设计是否合理		
6.35	设计模具时,是否考虑了装配、维护、修模方便		
6.36	模具的防止错位机构的角度是否达到设计标准? 正定位应用正确否		
6.37	定位键的天地设计是否避空		
6.38	分型面、滑动面的粗糙度标注合理否		
6.39	有配合要求的零件表面的粗糙度及硬度标注是否合理		
6.40	塑件的成型面粗糙度标注是否达到要求		
6.41	模具的表面皮纹、烂花要求与制品要求是否相符? 侧面的拔模斜度是否满足了侧面的皮纹、烂花的深度要求		

序号	内容	是	否
6.42	模具的动、定模材料牌号是否达到合同或客户要求		
6.43	模具的零件材料选用是否违反选用原则？是否考虑到经济效益		
6.44	模具的零件热处理工艺是否合理		
6.45	零件是否需要标记		
6.46	装配零件时要不要拆除另一个零件才能装配，相互之间是否有干涉		
6.47	模具外形是否有倒角，倒角大小是否统一、合理		
6.48	模具是否有启模槽？模具是否设计启模槽？尺寸、位置是否规范		
6.49	模具标准件的标准及附件是否达到客户要求		
6.50	模具结构设计及零件设计是否符合客户标准		
6.51	塑件的加强肋是否按照标准采用镶块结构		
6.52	复杂的动模芯、型腔是否考虑了防止外形抛光错位的工艺设置		
6.53	模具是否需要设置保护支承柱？外露在动、定模板的零部件是否有保护设置？是否有保护柱？保护柱的结构是否规范		
6.54	多型腔模具是否在动模处刻有型腔号？对称塑件是否有左右件标志		
6.55	头部形状不是平的型芯，有无止转结构		
6.56	是否在动模处设置日期章		
6.57	是否在动模处设置环保章		
6.58	是否在动模上刻有塑件名称(零件号)和材料牌号		
6.59	模具结构、设计标准、标准件、模架的采用是否符合客户要求的标准[HASCD、DME、HASCO(英制/米制)MISUMI、广东正钢]等		
6.60	企业或客户的设计标准应用是否正确		
6.61	设计时，是否考虑应用了标准件？标准件的牌号、规格、数量是否正确		
6.62	垃圾钉的位置是否合适？数量是否太少或太多		
6.63	回程杆(复位杆)数量是否足够？位置是否正确合理		
6.64	动模处要更换的镶块，能否在注塑机上快速更换(内六角螺钉不能在塑件面或流道上)		
6.65	小型芯是否采取镶芯结构		
6.66	模具的零部件设计是否采用标准件、按设计标准设计		
6.67	支承柱的位置是否适当？数量是否足够或太多？支承柱的高度公差是否达到标准		
6.68	模板四侧是否都有吊环孔？动定模板(镶块)、俯视图(指平面)上是否有吊环孔		
6.69	动、定模，超过10kg的滑块有否设置了吊环螺纹孔		
6.70	模具是否有锁模块？是否设置在模具的对角位置上，锁模块的尺寸及螺钉是否规范		
6.71	所有螺钉的工作深度是否符合标准		
6.72	整体模的吊模重心是否达到设计要求？吊环螺钉是否便于吊装？M螺钉大小是否安全可靠？吊环位置是否正确？起吊时是否能水平？承受负荷是否安全可靠		
6.73	水管接头、吊环螺钉、液压缸装置、安全锁条等在模具装夹和吊装时是否发生干涉		
6.74	模具焊接是否经质量部认可和签字？是否开过施工单(国外进口模具需客户签字同意烧焊，其烧焊一切后果由制造商负责，同时图样上要标明"此处烧过电焊"字样)		
6.75	成型部分热处理硬度值是否达到要求，工作部分是否需要氮化		
6.76	内六角螺钉M的大小、长度选用是否合理		
6.77	与内六角螺钉配套的有关孔径是否规范		
7	排气机构		
7.1	排气槽的布局(位置、数量、尺寸)是否合理		
7.2	动、定模排气是否充足？排气槽是否通大气		
7.3	排气槽的尺寸对否		
7.4	高圆桶塑件的动(型芯)、定模是否有放气阀设置		
7.5	排气困难的地方，是否应用了排气钢		
7.6	较高的加强肋是否考虑了排气机构		
8	抽芯机构		
8.1	斜导柱滑块的结构是否合理？滑块同动、定模的分型面是否合理？是不是需要斜度		
8.2	滑块底部是否有顶杆，客户是否认可？如认可，是否设置先复位机构		

序号	内容	是	否
8.3	滑块的配合公差是否合理		
8.4	成型部分的表面和配合面的粗糙度是否符合要求		
8.5	滑块抽芯动作时,是否有弹簧帮助定位? 弹簧内是否有导向销		
8.6	滑块是否有定位装置? 定位是否可靠		
8.7	滑块是否有限位装置? 限位是否可靠		
8.8	滑块的锁紧角是否比斜导柱角度提前 2~3°? 楔紧块是否可靠		
8.9	斜导柱滑块的角度是否合适		
8.10	斜导柱滑块的抽芯距是否足够		
8.11	斜导柱滑块的抽芯重心是否正确		
8.12	斜导柱直径大小是否合适		
8.13	斜导柱固定结构形式是否合理		
8.14	斜导柱滑块的抽芯的导轨长度是否有 2/3 在滑座内		
8.15	大型滑块的楔紧块处是否有设计耐磨块		
8.16	大型的斜顶块与滑块是否设置了冷却水,滑块是否设有吊环螺纹孔		
8.17	大型或复杂形状的滑块设计,是否采用了组合的结构,而不是设计成整体结构		
8.18	滑块的长度超过 600mm,是否加了导向键		
8.19	滑块的压板有无定位销? 定位销孔与内六角螺钉的位置是否合理		
8.20	滑块宽度较小时,定位销孔与内六角螺钉由于没有空间位置,是否沉入模板		
8.21	冷却效果不好的滑块,是否应用铍铜材料,提高冷却效果		
8.22	不是自润滑的滑块,滑动部分是否设置了油槽? 油槽设计是否合理		
8.23	大型滑块的底部是否设置了耐磨块		
8.24	耐磨块的摩擦表面有无开设油槽? 油槽开设是否规范		
8.25	滑块与耐磨块的材料选用是否合理? 硬度是否合理		
8.26	非成型的外型部分有无合适倒角		
8.27	滑块的成型部分的封胶面宽度是否合理		
8.28	油缸抽芯机构设计是否合理? 锁紧是否可靠		
8.29	抽芯力是否足够? 油缸直径是否够大		
8.30	形状复杂的塑件抽芯,是否会引起塑件变形? 是否需要考虑二次抽芯机构		
8.31	滑块对应的标准件对否? 是否满足了客户要求		
8.32	模脚(垫块)是否需设置二头防尘板装置(HASCO、DME 客户要求)		
9	**脱模机构**		
9.1	顶出机构设置是否简单经济? 顶出机构是否可靠		
9.2	顶出系统结构是否合理? 塑件能否顺利脱模? 塑件是否有变形? 是否会影响外观		
9.3	顶出机构是否满足自动脱模的要求? 塑件自由脱落或应用机械手的空间位置是否足够		
9.4	特殊的塑件是否会粘在定模上? 是否需要定模脱模机构或反装模,或动、定模都需顶出机构		
9.5	动、定模的脱模斜度是否足够		
9.6	塑件是否会产生顶高、顶白、粘模等现象		
9.7	塑件的有孔塔子的高度超过 12mm,是否设置了推管		
9.8	根据塑件的形状、结构,是否需要二次顶出或延迟顶出		
9.9	顶杆的数量、大小、形状的设置是否合理? 顶杆的布局是否合理		
9.10	顶杆与动(定)模芯的接触面是否合理? 有否避空? 是否有导向块设置		
9.11	顶杆与顶杆固定板的顶杆孔,配合尺寸是否达到设计要求		
9.12	顶杆与推管是否采用了标准件		
9.13	推管、顶杆位置、数量是否足够? 在平面图上是否表达清楚? 顶杆布局及位置是否合理? 顶杆是否需要定位装置		
9.14	顶杆固定板的强度是否够? 是否有消除应力处理		
9.15	是否按标准要求有一组导柱及回退杆偏位(DME)(基准角位置)? 基准角对否		
9.16	是否需要一个顶板导柱偏位(LEAR)? 顶板导柱结构是否合理		
9.17	是否设置了顶出限位柱? 顶出行程是否标注? 塑件脱模是否有余地		
9.18	顶杆固定板与顶板固定螺丝数量是否足够		

序号	内容	是	否
9.19	头部形状不是平的顶杆、推管是否有止转结构		
9.20	透明塑件是否允许痕迹存在		
9.21	推块顶出结构是否合理		
9.22	顶板顶出机构是否合理		
9.23	斜顶块的斜度和滑块的斜导柱角度是否超过设计标准		
9.24	斜顶块顶出有无足够的空间位置		
9.25	斜顶块顶出时,同别的零件有无干涉		
9.26	斜顶机构是否应用了标准件?同客户的要求是否一致		
9.27	斜顶机构是否应用了导向块		
9.28	斜顶杆的油槽开设是否规范		
9.29	斜顶块的抽芯距是否足够(斜顶块与滑块分模动作位置、虚拟图形是否画上)		
9.30	斜顶杆的固定方法是否正确?斜顶杆有无铜导套导向保护装置		
9.31	顶出制品时,制品跟着斜顶同向移动时,是否有制动设置		
9.32	斜顶机构是否采用了复位弹簧,还是用油缸顶出机构?是否按客户要求		
9.33	斜顶机构是否应用了客户要求的标准件		
9.34	大型斜顶块是否设置了冷却水回路		
9.35	斜顶块的冷却水回路软管有否固定		
9.36	电器线路图是否合理?是否同实际相符合?是否有电器铭牌		
9.37	液压缸是否符合要求规格		
9.38	液压缸安装和接头是否合理		
9.39	液压缸位置是否设置开关(图样上是否有"型芯进入和型芯退出"的标注字样)		
9.40	液压缸抽芯装置是否会产生让模?是否需要设置楔紧装置		
9.41	多个液压缸是否设置了分配器		
9.42	是否有足够强度的模板或护脚保护液压缸		
9.43	螺纹脱模机构是否可靠		
10	**冷却系统**		
10.1	冷却水的结构是否遵循冷却水设计原则和规范要求		
10.2	冷却水结构的冷却方式、配置及回路设置是否同塑件形状协调、合理		
10.3	主流道或热流道喷嘴附近有无冷却水结构		
10.4	冷却水的回路(串联或并联)设置是否正确合理		
10.5	冷却水的回路设置是否达到冷却平衡要求,进、出水管的水温相差大否		
10.6	冷却水的回路设置是否正确合理?回路设置是否是紊流?冷却效果如何?是否满足成型工艺要求		
10.7	冷却水管接口是否设置在反操作面		
10.8	冷却水的水道位置和尺寸是否正确		
10.9	形状复杂的塑件,水路设计是否分区域设计		
10.10	堵头、隔水片、水管接头及沉孔的大小和深度是否符合要求		
10.11	动模芯的冷却水道有无堵头		
10.12	冷却水回路设置有无死水存在		
10.13	三路以上的水路,是否设置分流器?是否设置在反操作面		
10.14	有无进出水路标志,进用"IN",出用"OUT"编组及示意图铭牌		
10.15	冷却水管接头的螺纹规格(NPT、PT、PS、PF)是否正确		
10.16	冷却效果不好的模具结构是否采用铍铜或散热棒、铜合金		
10.17	冷却水道与顶杆、螺钉孔、冷却水孔有无干涉?是否保持一定边距		
10.18	冷却水道设计效果好否?是否满足冷却要求?制品是否不会变形		
10.19	O形密封圈与密封圈尺寸是否匹配		
10.20	有无进出水路铭牌		
10.21	冷却水管空间位置有无干涉?装配后水管有无变形?是否影响流量		
11	**设计评审**		
11.1	模具设计好后,是否做到自检和确认		

序号	内容	是	否
11.2	有否制订评审流程？评审流程是否规范		
11.3	评审是不是走过场？是否有评审记录？参加评审人员是否有签名		
11.4	评审是否逐条进行确认		
11.5	对评审时所发现的问题，进行重新修改后是否确认		
11.6	所设计的模具结构图是否需要提交客户确认？得到了客户的确认没有		

47. 模具评审有哪些要求？

为了能保证把合格的模具和制品按时交到客户的手中，就必须要求评审起到应有的作用。评审后的模具结构，具体达到如下要求：

① 要求模具结构优化，不允许模具结构的细节存在问题，更不允许设计出错，特别要注意避免模具结构的原理性设计错误。

② 零件制造和装配工艺要求合理。

③ 模具成本得到很好的控制。

④ 满足客户设计标准和用料要求。

⑤ 评审后的模具需要经过客户确认。

48. 怎样做好模具结构设计的输出评审工作？

认真做好评审工作，避免走过场。如果评审后还达不到以上要求，这就说明模具评审没有起到很好的作用，这样的模具质量满足不了客户的期望值。也暴露了设计师与评审者的理念和水平达不到要求，或者评审流程不规范。因此，需要提高设计水平和理念，同时要求规范评审流程，避免走过场、搞形式，做好评审工作。杜绝设计源头存在问题，给后续工作带来一系列麻烦。

① 首先提高设计师的责任和理念，做好模具结构设计的输出评审准备工作，由设计师对照表 5-7 进行确认。

② 项目负责人召集有关人员（设计部门负责人、模具设计师、模具担当、工艺人员、生产负责人、质量部门人员等）进行评审。

③ 规范设计评审流程，如图 5-13 所示。

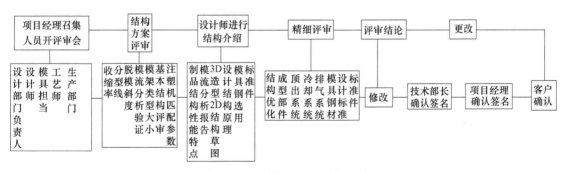

图 5-13　模具结构设计评审流程

④ 由模具设计师先介绍客户要求和制品的特性、设计思路、模流分析报告，然后用 3D 造型或 2D 结构图介绍模具结构，浇口形式、位置、数量，抽芯机构及冷却系统、顶出系统的设计，动、定模钢材牌号，模具外形大小，模板厚度及标准件应用等。

⑤ 工艺师与模具担当要对模具的零件制造与装配工艺进行确认。

⑥ 然后对评审结果进行总结，书写评审报告，要求到会人员签字。

⑦ 评审后的模具结构修改后，发客户确认，最后投入生产。

49. 一副模具需要经过几次评审？

一副模具需要经过五次评审：

① 模具合同评审。

② 制品形状、结构设计评审。

③ 模具结构设计评审。

④ 试模评审（对试模的模具质量、成型制品的质量的改模评审）。

⑤ 对该模具项目的评审和总结（包括模具结构设计、加工工艺、成型制品的质量与成本）存档。

附　录　1

表 A-1　常用塑料名称、代号及中文对照表

英文简称	中文全称	英文简称	中文全称
ABS	丙烯腈-丁二烯-苯乙烯共聚物	PCTFE	聚三氟氯乙烯
AS	丙烯腈-苯乙烯树脂	PE	聚乙烯
AMMA	丙烯腈-甲基丙烯酸甲酯共聚物	PEO	聚环氧乙烷
ASA	丙烯腈-苯乙烯-丙烯酸酯共聚物	PF	酚醛树脂
CA	醋酸纤维素	PI	聚酰亚胺
CAB	醋酸-丁酸纤维素	PMCA	聚-α-氯代丙烯酸甲酯
CAP	醋酸-丙酸纤维素	PMMA	聚甲基丙烯酸甲酯
CE	纤维素醚	POM	聚甲醛
CF	甲酚-甲醛树脂	PP	聚丙烯
CMC	羧甲基纤维素	PPO	聚苯醚
CN	硝酸纤维素	PPOX	聚环氧(丙)烷
CP	丙酸纤维素	PPSU	聚苯砜
CTA	三醋酸纤维素	PS	聚苯乙烯
EC	乙基纤维素	PSU	聚亚苯基砜
EP	环氧树脂	PTFE	聚四氟乙烯
EPD	乙烯-丙烯-二烯三元共聚物	PUR	聚氨酯
ETFE	乙烯-四氟乙烯共聚物	PVAc	聚醋酸乙烯酯
EVA	乙烯-醋酸乙烯共聚物	PVAL	聚乙烯醇
EVAL	乙烯-乙烯醇共聚物	PVB	聚乙烯醇缩丁醛
FEP	氟化乙丙烯(共聚物)	PVC	聚氯乙烯
HDPE	高密度聚乙烯	PVDC	聚偏(二)氯乙烯
HIPS	高抗冲聚苯乙烯	PVDF	聚偏(二)氟乙烯
LDPE	低密度聚乙烯	PVF	聚氟乙烯
MBS	甲基丙烯酸-丁二烯-苯乙烯共聚物	PVFM	聚乙烯醇缩甲醛
MDPE	中密度聚乙烯	PVK	聚乙烯基咔唑
MF	三聚氰胺甲醛树脂	PVP	聚乙烯吡咯烷酮
MPF	三聚氰胺酚醛树脂	SAN	苯乙烯-丙烯腈共聚物
PA	聚酰胺(尼龙)	TPEL	热塑性弹性体
PAA	聚丙烯酸	TPES	热塑性聚酯
PAN	聚丙烯腈	UF	脲醛树脂
PB	聚丁烯	UP	不饱和聚酯

表 A-2　常用塑料的模塑件公差等级的选用

材料代号	模塑材料		公差等级		
			标注公差尺寸		未注公差尺寸
			高精度	一般精度	
ABS	丙烯腈-丁二烯-苯乙烯共聚物		MT2	MT3	MT5
AS	丙烯腈-苯乙烯共聚物		MT2	MT3	MT5
CA	醋酸纤维素		MT3	MT4	MT6
EP	环氧树脂		MT2	MT3	MT5
PA	尼龙类塑料	无填料填充	MT3	MT4	MT6
		玻璃纤维填充	MT2	MT3	MT5
PBT	聚对苯二甲酸丁二醇酯	无填料填充	MT3	MT4	MT6
		玻璃纤维填充	MT2	MT3	MT5
PC	聚碳酸酯		MT2	MT3	MT5
PDA	聚邻苯二甲酸二烯丙酯		MT2	MT3	MT5
PE	聚乙烯		MT5	MT6	MT7
PES	聚醚砜		MT2	MT3	MT5
PET	聚对苯二甲酸乙二醇酯	无填料填充	MT	MT4	MT6
		玻璃纤维填充	MT	MT3	MT5
PF	酚醛塑料		MT2	MT3	MT5
			MT3	MT4	MT6
PMMA	聚甲基丙烯酸甲酯		MT2	MT3	MT5
POM	聚甲醛		MT3	MT4	MT6
			MT4	MT5	MT7
PP	聚丙烯		MT3	MT4	MT6
			MT2	MT3	MT5
PPO	聚苯醚		MT2	MT3	MT5
PPS	聚苯硫醚		MT2	MT3	MT5
PS	聚苯乙烯		MT2	MT3	MT5
RPVC	硬质聚氯乙烯(无强塑剂)		MT2	MT3	MT5
SPVC	软质聚氯乙烯		MT5	MT6	MT7
VF/MF	氨基塑料和氨基酚醛塑料	MT	MT2	MT3	MT5
		有机填料填充	MT3	MT4	MT5

表 A-3 模塑件精度等级的尺寸公差

mm

公差等级	公差种类	>0~3	>3~6	>6~10	>10~14	>14~18	>18~24	>24~30	>30~40	>40~50	>50~65	>65~80	>80~100	>100~120	>120~140	>140~160	>160~180	>180~200	>200~225	>225~250	>250~280	>280~315	>315~355	>355~400	>400~450	>450~500	>500~630	>630~800	>800~1000
标注公差的尺寸公差值																													
MT1	a	0.07	0.08	0.09	0.10	0.11	0.12	0.14	0.16	0.18	0.20	0.23	0.26	0.29	0.32	0.36	0.40	0.44	0.48	0.52	0.56	0.60	0.64	0.70	0.78	0.86	0.97	1.16	1.39
MT1	b	0.14	0.16	0.18	0.20	0.21	0.22	0.24	0.26	0.28	0.30	0.33	0.36	0.39	0.42	0.46	0.50	0.54	0.58	0.62	0.66	0.70	0.74	0.80	0.88	0.96	1.07	1.26	1.49
MT2	a	0.10	0.12	0.14	0.16	0.18	0.20	0.22	0.24	0.26	0.30	0.34	0.38	0.42	0.46	0.50	0.54	0.60	0.66	0.72	0.76	0.84	0.92	1.00	1.10	1.20	1.40	1.70	2.10
MT2	b	0.20	0.22	0.24	0.26	0.28	0.30	0.32	0.34	0.36	0.40	0.44	0.48	0.52	0.56	0.60	0.64	0.70	0.76	0.82	0.86	0.94	1.02	1.10	1.20	1.30	1.50	1.80	2.20
MT3	a	0.12	0.14	0.16	0.18	0.20	0.22	0.26	0.30	0.34	0.40	0.46	0.52	0.58	0.64	0.70	0.78	0.86	0.92	1.00	1.10	1.20	1.30	1.44	1.60	1.74	2.00	2.40	3.00
MT3	b	0.32	0.34	0.36	0.38	0.40	0.42	0.46	0.50	0.54	0.60	0.66	0.72	0.78	0.84	0.90	0.98	1.06	1.12	1.20	1.30	1.40	1.50	1.64	1.80	1.94	2.20	2.60	3.20
MT4	a	0.16	0.18	0.20	0.24	0.28	0.32	0.36	0.42	0.48	0.56	0.64	0.72	0.82	0.92	1.02	1.12	1.24	1.36	1.48	1.62	1.80	2.00	2.20	2.40	2.60	3.10	3.80	4.60
MT4	b	0.36	0.38	0.40	0.44	0.48	0.52	0.56	0.62	0.68	0.76	0.84	0.92	1.02	1.12	1.22	1.32	1.44	1.56	1.68	1.82	2.00	2.20	2.40	2.60	2.80	3.30	4.00	4.80
MT5	a	0.20	0.24	0.28	0.32	0.38	0.44	0.50	0.56	0.64	0.74	0.86	1.00	1.14	1.28	1.44	1.60	1.76	1.92	2.10	2.30	2.50	2.80	3.10	3.50	3.90	4.50	5.60	6.90
MT5	b	0.40	0.44	0.48	0.52	0.58	0.64	0.70	0.76	0.84	0.94	1.06	1.20	1.34	1.48	1.64	1.80	1.96	2.12	2.30	2.50	2.70	3.00	3.30	3.70	4.10	4.70	5.80	7.10
MT6	a	0.26	0.32	0.38	0.46	0.52	0.60	0.70	0.80	0.94	1.10	1.28	1.48	1.72	2.00	2.20	2.40	2.60	2.90	3.20	3.50	3.90	4.30	4.80	5.30	5.90	6.90	8.50	10.60
MT6	b	0.46	0.52	0.58	0.66	0.72	0.80	0.90	1.00	1.14	1.30	1.48	1.68	1.92	2.20	2.40	2.60	2.80	3.10	3.40	3.70	4.10	4.50	5.00	5.50	6.10	7.10	8.70	10.80
MT7	a	0.38	0.46	0.56	0.66	0.76	0.86	0.98	1.12	1.32	1.54	1.80	2.10	2.40	2.70	3.00	3.30	3.70	4.10	4.50	4.90	5.40	6.00	6.70	7.40	8.20	9.60	11.90	14.80
MT7	b	0.58	0.66	0.76	0.86	0.96	1.06	1.18	1.32	1.52	1.74	2.00	2.30	2.60	2.90	3.20	3.50	3.90	4.30	4.70	5.10	5.60	6.20	6.90	7.60	8.40	9.80	12.10	15.00
未注公差的尺寸允许偏差																													
MT5	a	±0.10	±0.12	±0.14	±0.16	±0.19	±0.22	±0.25	±0.28	±0.32	±0.37	±0.43	±0.50	±0.57	±0.64	±0.72	±0.80	±0.88	±0.96	±1.05	±1.15	±1.25	±1.40	±1.55	±1.75	±1.95	±2.25	±2.80	±3.45
MT5	b	±0.20	±0.22	±0.24	±0.26	±0.29	±0.32	±0.35	±0.38	±0.42	±0.47	±0.53	±0.60	±0.67	±0.74	±0.82	±0.90	±0.98	±1.06	±1.15	±1.25	±1.35	±1.50	±1.65	±1.85	±2.05	±2.35	±2.90	±3.55
MT6	a	±0.13	±0.16	±0.19	±0.23	±0.26	±0.30	±0.35	±0.40	±0.47	±0.55	±0.64	±0.74	±0.86	±1.00	±1.10	±1.20	±1.30	±1.45	±1.60	±1.75	±1.95	±2.15	±2.40	±2.65	±2.95	±3.45	±4.25	±5.30
MT6	b	±0.23	±0.26	±0.29	±0.33	±0.36	±0.40	±0.45	±0.50	±0.57	±0.65	±0.74	±0.84	±0.96	±1.10	±1.20	±1.30	±1.40	±1.55	±1.70	±1.85	±2.05	±2.25	±2.50	±2.75	±3.05	±3.55	±4.35	±5.40
MT7	a	±0.19	±0.23	±0.28	±0.33	±0.38	±0.43	±0.49	±0.56	±0.66	±0.77	±0.90	±1.05	±1.20	±1.35	±1.50	±1.65	±1.85	±2.05	±2.25	±2.45	±2.70	±3.00	±3.35	±3.70	±4.10	±4.80	±5.95	±7.40
MT7	b	±0.29	±0.33	±0.38	±0.43	±0.48	±0.53	±0.59	±0.66	±0.76	±0.87	±1.00	±1.15	±1.30	±1.45	±1.60	±1.75	±1.95	±2.15	±2.35	±2.55	±2.80	±3.10	±3.45	±3.80	±4.20	±4.90	±6.05	±7.50

注：1. a 为不受模具活动部分影响的尺寸公差值；b 为受模具活动部分影响的尺寸公差值。
2. MT1 级为精密级，采用严密的工艺控制措施和高精度的模具、设备、原料时才有可能选用。

表 A-4　德国标准 DIN16901 塑件尺寸公差

公差 （基本尺寸，大于～到；带 ± 号）

公差等级	公差种类	0～1	1～3	3～6	6～10	10～15	15～22	22～30	30～40	40～53	53～70	70～90	90～120	120～160	160～200	200～250	250～315	315～400	400～500	500～630	630～800	800～1000
160	A①	±0.28	±0.30	±0.33	±0.37	±0.42	±0.49	±0.57	±0.66	±0.78	±0.94	±1.15	±1.40	±1.80	±2.20	±2.70	±3.30	±4.10	±5.10	±6.30	±7.90	±10.00
160	B②	±0.18	±0.20	±0.23	±0.27	±0.32	±0.39	±0.47	±0.56	±0.68	±0.84	±1.05	±1.30	±1.70	±2.10	±2.60	±3.20	±4.00	±5.00	±6.20	±7.80	±9.90
150	A	±0.23	±0.25	±0.27	±0.30	±0.34	±0.38	±0.43	±0.49	±0.57	±0.68	±0.81	±0.97	±1.20	±1.50	±1.80	±2.20	±2.80	±3.40	±4.30	±5.30	±6.60
150	B	±0.13	±0.15	±0.17	±0.20	±0.24	±0.28	±0.33	±0.39	±0.47	±0.58	±0.71	±0.87	±1.10	±1.40	±1.70	±2.10	±2.70	±3.30	±4.20	±5.20	±6.50
140	A	±0.20	±0.21	±0.22	±0.24	±0.27	±0.30	±0.34	±0.38	±0.43	±0.50	±0.60	±0.70	±0.85	±1.05	±1.25	±1.55	±1.90	±2.30	±2.90	±3.60	±4.50
140	B	±0.10	±0.11	±0.12	±0.14	±0.17	±0.20	±0.24	±0.28	±0.33	±0.40	±0.50	±0.60	±0.75	±0.95	±1.15	±1.45	±1.60	±2.20	±2.80	±3.50	±4.40
130	A	±0.18	±0.19	±0.20	±0.21	±0.23	±0.25	±0.27	±0.30	±0.34	±0.38	±0.44	±0.51	±0.60	±0.70	±0.90	±1.10	±1.30	±1.60	±2.00	±2.50	±3.00
130	B	±0.08	±0.09	±0.10	±0.11	±0.13	±0.15	±0.17	±0.20	±0.28	±0.28	±0.34	±0.41	±0.60	±0.60	±0.80	±1.00	±1.20	±1.50	±1.90	±2.40	±2.90

容许偏差 （基本尺寸，大于～到）

公差等级	公差种类	0～1	1～3	3～6	6～10	10～15	15～22	22～30	30～40	40～53	53～70	70～90	90～120	120～160	160～200	200～250	250～315	315～400	400～500	500～630	630～800	800～1000
160	A	0.66	0.60	0.66	0.74	0.84	0.98	1.14	1.32	1.56	1.88	2.30	2.80	3.60	4.40	5.40	6.60	8.20	10.20	12.50	15.80	20.00
160	B	0.36	0.40	0.46	0.64	0.64	0.78	0.94	1.12	1.36	1.68	2.10	2.60	3.40	4.20	5.20	6.40	8.00	10.00	12.30	15.60	19.80
150	A	0.40	0.50	0.54	0.60	0.68	0.76	0.86	0.98	1.14	1.36	1.62	1.90	2.40	3.00	3.60	4.40	5.50	6.80	8.60	10.60	13.20
150	B	0.26	0.30	0.34	0.40	0.48	0.56	0.56	0.78	0.94	1.16	1.42	1.74	2.20	2.80	3.40	4.20	5.40	6.60	8.40	10.40	13.40
140	A	0.40	0.42	0.44	0.48	0.54	0.60	0.68	0.76	0.86	1.00	1.20	1.40	1.70	2.10	2.50	3.10	3.80	4.60	5.80	7.20	9.09
140	B	0.20	0.22	0.24	0.28	0.34	0.40	0.48	0.56	0.66	0.80	1.00	1.20	1.50	1.90	2.30	2.90	3.60	4.40	5.60	7.00	8.80
130	A	0.36	0.38	0.40	0.42	0.46	0.50	0.54	0.60	0.68	0.76	0.88	1.02	1.20	1.50	1.80	2.20	2.60	3.20	3.90	4.90	6.00
130	B	0.16	0.18	0.20	0.22	0.26	0.30	0.34	0.40	0.48	0.56	0.68	0.82	1.00	1.30	1.60	2.00	2.40	3.00	3.70	4.70	5.80
120	A	0.32	0.34	0.36	0.38	0.40	0.42	0.46	0.50	0.54	0.60	0.58	0.78	0.90	1.00	1.24	1.50	1.80	2.20	2.60	3.20	4.00
120	B	0.12	0.14	0.16	0.18	0.20	0.22	0.26	0.30	0.34	0.40	0.48	0.58	0.70	0.86	1.04	1.30	1.60	2.00	2.40	3.00	3.80
110	A	0.18	0.20	0.22	0.24	0.26	0.28	0.30	0.32	0.36	0.40	0.44	0.50	0.58	0.68	0.80	0.90	1.16	1.40	1.70	2.10	2.60
110	B	0.08	0.10	0.12	0.14	0.16	0.18	0.20	0.22	0.26	0.30	0.34	0.40	0.48	0.58	0.70	0.80	1.05	1.30	1.60	2.00	2.50
精密技术	A	0.10	0.12	0.14	0.16	0.20	0.22	0.24	0.26	0.28	0.31	0.35	0.40	0.50								
精密技术	B	0.05	0.06	0.07	0.08	0.10	0.12	0.14	0.16	0.18	0.21	0.25	0.30	0.40								

① A 表示受模具活动部分运动影响的尺寸。
② B 表示不受模具活动部分运动影响的尺寸。

表 A-5　常用塑料的成型性能及数据

代号	塑料或树脂全称	相对密度	模具温度/℃	机筒温度/℃	收缩率/(%)	注塑压力/MPa
ABS	丙烯腈-丁二烯-苯乙烯共聚物	1.01～1.08	50～80	180～260	0.4～0.9(0.5)	56～176
AS(SAN)	苯乙烯-丙烯腈共聚物	1.06～1.10	40～70	180～250	0.2～0.7(0.6)	35～140
LDPE	低密度聚乙烯	0.89～0.93	10～40	160～210	1.5～5.0(2.0)	35～105
HDPE	高密度聚乙烯	0.94～0.98	5～30	170～240	1.5～4.0(3.0)	84～105
PP	聚丙烯	0.85～0.92	20～50	160～230	1.0～2.5(2.0)	70～140
PVC	聚氯乙烯(约加质量分数为40%的增塑剂)	1.19～1.35	20～40	150～180	1.0～5.0(2.0)	70～176
	聚氯乙烯	1.38～1.41	20～60	150～200	0.2～0.6(0.4)	70～280
PA6	聚酰胺6	1.12～1.15	20～120	200～320	0.3～1.5(1.0)	70～140
PA66	聚酰胺66	1.13～1.16	20～120	200～320	0.7～1.8(1.0)	70～176
PMMA	聚甲基丙烯酸甲酯	1.16～1.20	50～90	180～250	0.2～0.8(0.5)	35～140
PC	聚碳酸酯	1.20～1.22	80～120	275～320	0.5～0.8(0.5)	56～140
POM	聚甲醛	1.41～1.43	80～120	190～220	1.5～3.5(2.0)	56～140
PET	聚对苯二甲酸乙二醇酯	1.29～1.41	80～120	250～310	2.0～2.5	14～49
PBT	聚对苯二甲酸丁二醇酯	1.30～1.38	40～70	220～270	0.9～2.2(1.6)	28～70
PPO	聚苯醚	1.04～1.10	70～100	240～280	0.5～0.8	84～140
PPS	聚苯硫醚	1.28～1.32	120～150	300～340	0.6～0.8	35～105
GPS	通用聚苯乙烯	1.04～1.09	40～60	180～280	0.2～0.8(0.5)	35～140
HIPS	高抗冲聚苯乙烯	1.10～1.14	40～60	190～260	0.2～0.8(0.5)	70～140

表 A-6　国内注射成型常用塑料名称和成型特性

塑料名称		缩写代号	密度/(g/cm³)	收缩率/%	成型温度/℃	
					模具	料筒
丙烯腈、丁二烯、苯乙烯	高抗冲	ABS	1.01～1.04	0.4～0.7	40～90	210～240
	高耐热		1.05～1.08	0.4～0.7	40～90	220～250
	阻燃		1.16～1.21	0.4～0.8	40～90	210～240
	增强		1.28～1.36	0.1～0.2	40～90	210～240
	透明		1.07	0.6～0.8	40～90	210～240
丙烯腈、丙烯酸酯、苯乙烯		AAS	1.08～1.09	0.4～0.7	50～85	210～240
聚苯乙烯	耐热	PS	1.04～1.1	0.1～0.8	60～80	200左右
	抗冲击		1.1	0.2～0.6	60～80	200左右
	阻燃		1.08	0.2～0.6	60～80	200左右
	增强		1.2～1.33	0.1～0.3	60～80	200左右
丙烯腈、苯乙烯	无填料	AS(SAN)	1.075～1.1	0.2～0.7	65～75	180～270
	增强		1.2～1.46	0.1～0.2	65～75	180～270
丁二烯、苯乙烯		BS	1.04～1.05	0.4～0.5	65～75	180～270
聚乙烯	低密度	LDPE	0.91～0.925	1.5～5	50～70	180～250
	中密度	MDPE	0.926～0.94	1.5～5	50～70	180～250
	高密度	HDPE	0.941～0.965	2～5	35～65	180～240
	交联	PE	0.93～0.939	2～5	35～65	180～240
乙烯、丙烯酸乙酯共聚		EEA	0.93	0.15～0.35	低于60	205～315
乙烯、醋酸乙烯酯		EVA	0.943	0.7～1.2	24～40	120～180
聚丙烯	未改性	PP	0.902～0.91	1～2.5	40～60	240～280
	共聚		0.89～0.905	1～2.5	40～60	240～280
	惰性料		1.0～1.3	0.5～1.5	40～60	240～280
	玻纤		1.05～1.24	0.2～0.8	40～60	240～280
	抗冲击		0.89～0.91	1～2.5	40～60	160～220

塑料名称		缩写代号	密度/(g/cm³)	收缩率/%	成型温度/℃	
					模具	料筒
聚酰胺(尼龙)		PA66	1.13~1.15	0.8~1.5	21~94	315~371
		PA66G30	1.38	0.5	30~85	260~310
		PA6	1.12~1.14	0.8~1.5	21~94	250~305
		PA6G30	1.35~1.42	0.4~0.6	30~85	260~310
		PA66/PA6	1.08~1.14	0.5~1.5	35~80	250~305
		PA6/PA12	1.06~1.08	1.1	30~80	250~305
		PPA/PA12G30	1.31~1.38	0.3	30~85	260~310
		PA6/PA9	1.08~1.1	1~1.5	30~85	250~305
		PA6/PA10	1.07~1.09	1.2	30~85	250~305
		PA6/PA10G30	1.31~1.38	0.4	30~85	260~310
		PA11	1.03~1.05	1.2	30~85	250~305
		PAJJG30	1.26	0.3	30~85	260~310
		PA12	1.01~1.02	0.3~1.5	40	190~260
		PA12G30	1.23	0.3	40~50	200~260
		PA610	1.06~1.08	1.2~1.8	60~90	230~260
		PA610G30	1.25	0.4	60~80	230~280
		PA612	1.06~1.08	1.1	60~80	230~270
		PA613	1.04	1~1.3	60~80	230~270
		PA1313	1.01	1.5~2	20~80	250~300
		PA1010	1.05	1.1~1.5	50~60	190~210
		PA1010G30	1.25	0.4	50~60	200~270
丙烯腈、氯化聚乙烯、苯乙烯		ACS	1.07	0.5~0.6	50~60	低于200
甲基丙烯酸甲酯、丁二烯、苯乙烯		MBS	1.042	0.5~0.6	低于80	200~220
聚4-甲基戊烯-1	透明	TPX	0.83	1.5~3	70	260~300
	不透明		1.09	1.5~3	70	260~300
聚降冰片烯		PM	1.07	0.4~0.5	60~80	250~270
聚氯乙烯	硬质	PVC	1.35~1.45	0.1~0.5	40~50	160~190
	软质		1.16~1.35	1~5	40~50	160~180
氯化聚氯乙烯		CPVC	1.35~1.5	0.1~0.5	90~100	200左右
聚甲基丙烯酸甲酯		PMMA	0.94	0.3~0.4	30~40	220~270
聚甲醛	均聚	POM	1.42	2~2.5	60~80	204~221
	均聚增强		1.5	1.3~2.8	60~80	210~230
	共聚		1.41	2	60~80	204~221
	共聚增强		1.5	0.2~0.6	60~80	210~230
聚碳酸酯	无填料	PC	1.2	0.5~0.7	80~110	250~340
	增强10%		1.25	0.2~0.5	90~120	250~320
	增强30%		1.24~1.52	0.1~0.2	120左右	240~320
	ABS/PS		1.1~1.2	0.5~0.9	90~120	250~320
聚苯醚	未增强	PPO	1.06~1.1	0.07~0.09	120~150	340左右
	增强30%		1.21~1.36	0.03~0.04	120~150	350左右
聚苯硫醚	未增强	PPS	1.34	0.06~0.08	120~150	340~350
	增强30%		1.64	0.02~0.04	120~150	340~350
聚砜		PSF	1.24	0.7	93~98	329~398
聚芳砜		PASF	1.36	0.8	232~260	316~413
聚醚砜		PES	1.14	0.4~0.7	80~110	230~330
聚对苯二甲酸乙二醇酯		PET G30	1.67	0.2~0.9	85~100	265~300
聚对苯二甲酸丁二醇酯		PBT	1.2~1.3	0.6	60~80	250~270
		PBT G30	1.52	0.3	60~80	232~245
氯化聚醚		CPE	1.4	0.6	80~96	160~240

塑料名称		缩写代号	密度/(g/cm³)	收缩率/%	成型温度/℃	
					模具	料筒
聚三氟氯乙烯		PCTFE	2.07～2.18	1～1.5	130～150	276～306
聚偏氟乙烯		PVDF	1.75～1.78		60～90	220～290
醋酸-丙酸纤维素		CAP		0.3～0.6	40～70	190～225
丁酸-丙酸纤维素		CAB		0.3～0.6	40～70	180～220
乙基纤维素		EC	1.14		50～70	210～240
聚苯砜		PPSU	1.3	0.3	80～120	320～380
酸醚醚酮	未增强	PEEX	1.26	0.2	160 左右	350～365
	增强 25%		1.40	0.2	160～180	370～390
聚芳酯	未增强	PAR	1.2	0.3	120 左右	280～350
	增强		1.4	0.3	120 左右	280～350
聚酚氧			1.18	0.3～0.4	50～60	150～220
全氟(乙烯-丙烯)共聚		FEP	2.14～2.17	3～4	200～230	330～400
热塑性聚氨酯		TPU	1.2～1.25		38 左右	130～180
聚苯酯			1.4	0.5	100～160	370～380
酚醛注射料	H161Z	PF	1.5	0.6～1.1	165±5	65～95
	H163Z		1.5	0.6～1.1	165±5	65～95
	H1501Z		1.5	1.0～1.3	165±5	65～95
	6403Z		1.85	0.6～1.0	165±5	65～95
增强酚醛注射料	FX801	PF	1.7～1.8	1.0	165～180	60～90
	FX802		1.7～1.8	1.0	165～180	60～90
	FBMZ7901		1.6～1.75	1.0	165～180	60～90
聚邻苯二甲酸二烯丙酯		DAP	1.27	0.5～0.8	140～150	90 左右
三聚氰胺甲醛增强		MF	1.8	0.3	165～170	70～95
醇酸树脂		ALK	1.8～2	0.6～1	150～185	40～100

表 A-7　国外注射成型常用塑料名称和成型特性

塑料名称		缩写代号	密度/(g/cm³)	收缩率/%	成型温度/℃	
					模具温度	料筒温度
低密度聚乙烯(旭道公司)	M6625	LDPE	0.915	4～6(参考)	＜60	205～300
	M6545		0.915	4～6(参考)	＜60	205～300
高密度聚乙烯	日 1300J	HDPE	0.965	2～5	50～70	180～250
	美 DMD7904		0.94～0.95	2～5	50～70	180～250
中密度聚乙烯(三井公司)	45300	MDPE	0.944	3～5(参考)	工艺参数介于 LDPE 与 HDPE 之间	
	45150		0.944	3～5(参考)		
	4060J		0.944	3～5(参考)		
聚丙烯(菲利浦公司)	HGH-050-01	PP	0.905	1.2～2.5	40～60	200～280
	HGN-120-01		0.909	1.2～2.5	40～60	200～280
	HLN-120-01		0.909	1.2～2.5	40～60	200～280
	HGV-050-01		0.905	1.2～2.5	40～60	200～280
增强聚丙烯(三井公司)	K-1700 10%	GFR-PP	0.96	0.6	50～60	180～250
	V-7100 20%		1.03	0.4	50～60	180～250
	E-7000 20%		1.12	0.3	50～60	180～250
阻燃聚丙烯(恩乔伊公司)	E-150	PP	1.19	0.8～1.0	50	180～230
	E-187		1.19	0.8～1.0(参考)	50	180～230
聚 4-甲基成烯-1(三井公司)	TR-18	TPX	0.835	1.5～3.0	20～80	270～330
	DX-810		0.830	1.5～3.0	20～80	270～330
	DX-836		0.845	1.5～3.0	20～80	270～330
苯乙烯-丙烯腈共聚物(制铁公司)	AS-20	SAN	1.08	0.4	65～75	180～270
	AS-41		1.06	0.4	65～75	180～270
	AS-61		1.06	0.4	65～75	180～270

续表

塑料名称		缩写代号	密度/ (g/cm³)	收缩率 /%	成型温度/℃	
					模具温度	料筒温度
苯乙烯-丁二烯共聚(菲利浦公司)	KR-01	BS	1.01	0.4~0.5	38	204~232
	KR-03		1.04	0.5~1.0	38	204~232
丙烯腈-丁二烯-苯乙烯共聚物	美240	ABS	1.07	0.4~0.6	40~80	190~250
	美440		1.06	0.4~0.6	40~80	190~250
	美740		1.04	0.4~0.6	40~80	190~250
	HR850		1.06	0.4~0.6	40~80	190~250
	日S-10		1.05	0.4~0.6	40~80	190~250
	日S-40		1.07	0.4~0.6	40~80	190~250
增强20%~40%	ABSAFILG-1200/20	GFR-ABS	1.23	0.1~0.3	40~80	175~260
	ABSAFILG-1200/40		1.36	0.1~0.2	40~80	175~260
	AF-1004(20%)		1.20	0.15	40~80	175~260
	AF-1006(30%)		1.28	0.1	40~80	175~260
聚酰胺(尼龙)		PA				
尼龙-6	德国巴斯夫公司B3S		1.13	0.8~1.5	20~90	后部240~330 中部230~290 前部210~260 喷嘴210~250
	美国联合公司2314		1.13~1.14	0.8~2.0	20~90	
	法阿托化学公司P40CD		1.13		20~90	
	英帝国公司B114		1.13		20~90	
尼龙-66	美杜邦公司101L		1.14	1.5	20~90	后部240~310 中部240~300 前部240~300 喷嘴230~280
	美杜邦公司BK10A		1.15	1.5	20~90	
	英帝国公司A100		1.14	1.6~2.3	20~90	
	英帝国公司A150		1.14	1.4~2.2	20~90	
	日旭化成公司1300S		1.14	1.3~2.0	20~90	
增强尼龙-6	美菲伯菲尔公司G3/30	GFR-PA	1.4	0.3~0.5	成型温度比相应尼龙高 10~30℃	
	美菲伯菲尔公司J-3/30		1.4	0.3~0.5		
	美菲伯菲尔公司G-13/40		1.47	0.2~0.4		
增强尼龙-66	美杜邦公司70G13L		1.22	0.5	成型温度比相应尼龙高 10~30℃	
	美杜邦公司70G43L		1.51	0.2		
	美杜邦公司71G13L		1.18	0.6		
聚甲醛		POM				
共聚甲醛	美塞拉尼斯公司M25A		1.59	0.4~1.8	75~90	155~185
	美塞拉尼斯公司M50		1.14	5.0	75~90	155~185
	日三菱公司F10-10		1.14		75~90	155~185
	美LNP公司KFX-1002 (10%增强)		1.47	0.8	75~90	155~185
均聚甲醛	美杜邦公司D-900		1.42	2.0	80	170~180
	美杜邦公司D-500		1.42	2.0	80	170~180
	美塞摩菲尔公司FG0100 (30%增强)		1.63	0.5	80	170~180
	日旭化成公司3010		1.42		80	170~180
聚对苯二甲酸丁二醇酯	日TORAY公司1401	PBT	1.31	0.07~0.023	40	240~250
	1101-G30		1.53	0.02~0.08	40	240~250
	1401		1.48	0.017~0.023	40	240~250
	美塞拉尼斯公司3300	GFR-PB	1.54		30~80	160~230
	美塞拉尼斯公司3200		1.41		30~80	160~230
聚对苯二甲酸乙二醇酯(增强)	美杜邦公司530	GFR-PET	1.56	0.2	120~140	250~280
	美杜邦公司545		1.69	0.2	120~140	250~280
	HE5069		1.81	0.2	120~140	250~280
	日帝人公司B1030		1.63		120~140	250~280

续表

塑料名称		缩写代号	密度/ (g/cm³)	收缩率 /%	成型温度/℃	
					模具温度	料筒温度
氟塑料		PTFE				
聚三氟氯乙烯	法吉乐吉内公司 300/302	PCTFE	2.1～2.2	<1	130～150	230～310
	美 3M 公司 F81		2.1～2.2	0.5～0.8	130～150	230～310
聚偏二氯乙烯	美索尔特克斯公司 1008	PVDF	1.78	3.0	60～90	料筒 220～290 喷嘴 180～260
	法吉乐吉内公司 1000		1.76～1.78	3.0～3.5	60～90	
	日吴羽公司 1100		1.76～1.78	2～3	60～90	
	美庞沃特公司		1.75～1.78	3.0	60～90	
全氟(乙烯-丙烯)共聚物	美杜邦公司 FEP-100	FEP	2.12～2.17	4～6	205～235	330～400
	美杜邦公司 FEP-160		2.12～2.17	4～6	205～235	330～400
聚醛砜	美 3M 公司 360	PAS	1.36	0.8	230～260	315～410
聚醚砜	英帝国公司 200P/300P	PES	1.37	0.6	110～130	300～360
聚醚醚酮	英帝国公司	PEEK	1.32	1.1	160	350～365
聚芳酯	日尤尼奇长公司 U-100	PAR	1.21	0.8	120～140	320～350
	日尤尼奇长公司 U-1060		1.21	0.8	120～140	320～350
	德国 KL-1-9300		1.44		120	320～350
聚酚氧	美邦合碳化物公司 8060/8030		1.18	0.004	50～60	水冷 150～220
	8100		0.78	0.004	50～60	
聚苯醚(增强)	美 LNP 公司 %ZF1004D	GFR- PPO	1.20	0.2	80～100	240～300
	美 LNP 公司 1006D30%		1.28	0.1	80～100	240～300
	美 LNP 公司 1008D40%		1.38	0.1	80～100	240～300
酚醛注射料 (日 PM8000J 系列)	8700J	PF	1.4	1.1～1.3	165～175	水冷 65～95
	8800J		1.41	1.1～1.3	165～175	
	8750J			1.0～1.2	165～175	
	8601J		1.4	1.3～1.5	165～175	
热塑性聚氨酯 (美 TEXIN)	192A	TPU	1.23	0.9(参考)	室温	160～190
	480A		1.20	0.9(参考)	室温	160～190
	591A		1.22	0.9(参考)	室温	160～190
	355A		1.23	0.9(参考)	室温	160～190
醇酸树脂(日东芝公司)	TPX100	AK	2.0～2.05	0.5～0.6	150～185	水冷 40～100
	TPX300		1.9～2.0	0.5～0.6	150～185	
	MPX100		1.9～2.0	0.6～0.7	150～185	
	MPX300		1.8～1.9	0.6～0.7	150～185	
	AP301BE		1.9～2.0	0.4～0.5	150～185	
聚醚酰亚胺 (美通用公司)	VILEM1000	PEI	1.27	0.5～0.7	50～120	330～430
	VILEM2100		1.34	0.4	50～120	330～430
	VILEM2200		1.42	0.2～0.3	50～120	330～430
	VILEM2300		1.51	0.2	50～120	330～430
聚苯酯(EKO-NLO)(美碳化硅公司)	2000		1.4	0.5	100～160	360～380
	200BL		1.69	0.56	100～160	360～380
聚甲基丙烯酸甲酯(美杜邦公司)	130K	PMMA	1.18	0.2～0.6	室温	160～290
	147K		1.19	0.3～0.7	室温	160～290
聚碳酸酯	美通用公司 191	PC	1.19	0.5～0.7	70～110	240～300
	美通用公司 940		1.21	0.5～0.7	70～110	240～300
	美通用公司 101		1.2	0.5～0.7	70～110	240～300
	日三菱公司 7022R		1.2	0.5～0.7	70～110	240～300
	日三菱公司 7025R		1.2	0.5～0.7	70～110	240～300
	日三菱公司 7025NB		1.24	0.5～0.7	70～110	240～300

续表

塑料名称		缩写代号	密度/ (g/cm³)	收缩率 /%	成型温度/℃	
					模具温度	料筒温度
增强聚碳酸酯	7025G10	FRPC	1.25	0.2	90～100	260～310
	7025G30		1.43	0.2～0.3	90～100	260～310

附录 B

表 B-1　机械制图国家标准与现行国家标准对照表

1985 年起实施的国家标准		现行标准编号	现行标准名称	
分类	标准编号			
基本规定	*GB/T 4457.1—1984	GB/T 14689—2008	技术制图　图纸幅面及格式	
	*GB/T 4457.2—1984	GB/T 14690—1993	技术制图　比例	
	*GB/T 4457.3—1984	GB/T 14691—1993	技术制图　字体	
	*GB/T 4457.4—1984	GB/T 17450—1998	技术制图　图线	
		GB/T 4457.4—2002	机械制图　图样画法　图线	
	*GB/T 4457.5—1984	GB/T 17453—2005	技术制图　图样画法　剖面区域的表示法	
		GB/T 4457.5—1984	机械制图　剖面区域的表示法	
	*GB/T 4458.1—1984	GB/T 17451—1998	技术制图　图样画法　视图	
		GB/T 4458.1—2002	机械制图　图样画法　视图	
		GB/T 17452—1998	技术制图　图样画法　剖视图和断面图	
		GB/T 4458.6—2002	机械制图　图样画法　剖视图和断面图	
		GB/T 16675.1—2012	技术制图　简化表示法　第 1 部分:图样画法	
	—	GB/T 4457.2—2003	技术制图　图样画法　指引线和基准线的基本规定	
	*GB/T 4458.2—1984	GB/T 4458.2—2003	机械制图　装配图中零、部件序号及其编排方法	
	*GB/T 4458.3—1984	GB/T 4458.3—2013	机械制图　轴测图	
	*GB/T 4458.4—1984	GB/T 4458.4—2003	机械制图　尺寸注法	
		GB/T 16675.2—2012	技术制图　简化表示法　第 2 部分:尺寸注法	
	*GB/T 4458.5—1984	GB/T 4458.5—2003	机械制图　尺寸公差与配合注法	
	—	GB/T 15754—1995	技术制图　圆锥的尺寸和公差注法	
	*GB/T 131—1983	GB/T 131—2006	产品几何技术规范(GPS)技术　产品文件中表面结构的表示法	
	*GB/T 4459.1—1984	GB/T 4459.1—1995	机械制图　螺纹及螺纹紧固件表示法	
	*GB/T 4459.2—1984	GB/T 4459.2—2003	机械制图　齿轮表示法	
	*GB/T 4459.3—1984	GB/T 4459.3—2000	机械制图　花键表示法	
	*GB/T 4459.4—1984	GB/T 4459.4—2003	机械制图　弹簧表示法	
	*GB/T 4459.5—1984	GB/T 4459.5—1999	机械制图　中心孔表示法	
	—	GB/T 4459.8—2009	机械制图　动密封圈　第 1 部分:通用简化表示法	
	—	GB/T 4459.7—2017	机械制图　滚动轴承表示法	
	—	GB/T 19096—2003	技术制图　图样画法　未定义形状边的术语和注法	
图形符号	*GB/T 4460—1984	GB/T 4460—2013	机械制图　机构运动简图用图形符号	

表 B-2　技术制图的基本线型（GB/T 17450—1998）

代码 No.	基本线型	名称	代码 No.	基本线型	名称
01	———————	实线	09	— — — — —	长画双短画线
02	- - - - -	虚线	10		画点线
03	— — —	间隔画线	11		双画单点线
04		点画线	12		画双点线
05		双点画线	13	— · — · —	双画双点线
06		三点画线	14		画三点线
07	·········	点线	15		双画三点线
08	— — —	长画短画线			

表 B-3 制图的图线型式及应用 （GB/T 4457.4—2002）

序号	代码	线型	一般应用
1	01.1	细实线 0.09mm	1. 过渡线
			2. 尺寸线
			3. 尺寸界线
			4. 指引线和基准线
			5. 剖面线
			6. 重合断面的轮廓线
			7. 短中心线
			8. 螺纹牙底线
			9. 尺寸线的起止线
			10. 表示平面的对角线
			11. 零件成形前的弯折线
			12. 范围线及分界线
			13. 重复要素表示线,例如齿轮的齿根线
			14. 锥形结构的基面位置线
			15. 叠片结构位置线,例如变压器叠钢片
			16. 辅助线
			17. 不连续同一表面连线
			18. 成规律分布的相同要素连线
			19. 网格线
2		波浪线	20. 断裂处边界线;视图与剖视图的分界线 0.09mm
3		双折线	21. 断裂处边界线;视图与剖视图的分界线
4	01.2	粗实线	1. 可见轮廓线 0.30～0.35mm
			2. 相贯线
			3. 螺纹牙顶线
			4. 螺纹长度终止线
			5. 齿顶圆(线)
			6. 表格图、流程图中的主要表示线
			7. 模样分型线
			8. 剖切符号用线
5	02.1	细虚线	不可见轮廓线 0.13mm
6	02.2	粗虚线	允许表面处理的表示线
7	04.1	细点画线	1. 轴线 0.09mm
			2. 对称中心线
			3. 分度圆(线)
			4. 孔系分布的中心线
			5. 剖切线
8	04.2	粗点画线	限定范围表线
9	05.1	细双点画线	1. 相邻辅助零件的轮廓线
			2. 可动零件的极限位置的轮廓线
			3. 成形前轮廓线
			4. 剖切面前的结构轮廓线
			5. 轨迹线
			6. 毛坯图中制成品的轮廓线
			7. 特写区域线
			8. 工艺用结构的轮廓线
			9. 中断线

注：1. GB/T 4457.4—2002 的表 1 中列出了 52 种应用场合，本表选编了其中的 46 种，其余 6 种因不常用而未编入。

2. 代码中的前两位表示基本线型，最后一位表示线宽种类，其中 "1" 表示 "细"，"2" 表 "粗"。

3. 第 2、第 3 种线型，即波浪线和双折线，在同一张图样中一般采用一种。

表 B-4　标准公差数值（GB/T 1800.1—2020）

公称尺寸/mm		标准公差等级																	
大于	至	IT1	IT2	IT3	IT4	IT5	IT6	IT7	IT8	IT9	IT10	IT11	IT12	IT13	IT14	IT15	IT16	IT17	IT18
		μm											mm						
—	3	0.8	1.2	2	3	4	6	10	14	25	40	60	0.1	0.14	0.25	0.4	0.6	1	1.4
3	6	1	1.5	2.5	4	5	8	12	18	30	48	75	0.12	0.18	0.3	0.48	0.75	1.2	1.8
6	10	1	1.5	2.5	4	6	9	15	22	36	58	90	0.15	0.22	0.36	0.58	0.9	1.5	2.2
10	18	1.2	2	3	5	8	11	18	27	43	70	110	0.18	0.27	0.43	0.7	1.1	1.8	2.7
18	30	1.5	2.5	4	6	9	13	21	33	52	84	130	0.21	0.33	0.52	0.84	1.3	2.1	3.3
30	50	1.5	2.5	4	7	11	16	25	39	62	100	160	0.25	0.39	0.62	1	1.6	2.5	3.9
50	80	2	3	5	8	13	19	30	46	74	120	190	0.3	0.46	0.74	1.2	1.9	3	4.6
80	120	2.5	4	6	10	15	22	35	54	87	140	220	0.35	0.54	0.87	1.4	2.2	3.5	5.4
120	180	3.5	5	8	12	18	25	40	63	100	160	250	0.4	0.63	1	1.6	2.5	4	6.3
180	250	4.5	7	10	14	20	29	46	72	115	185	290	0.46	0.72	1.15	1.85	2.9	4.6	7.2
250	315	6	8	12	16	23	32	52	81	130	210	320	0.52	0.81	1.3	2.1	3.2	5.2	8.1
315	400	7	9	13	18	25	36	57	89	140	230	360	0.57	0.89	1.4	2.3	3.6	5.7	8.9
400	500	8	10	15	20	27	40	63	97	155	250	400	0.63	0.97	1.55	2.5	4	6.3	9.7
500	630	9	11	16	22	32	44	70	110	175	280	440	0.7	1.1	1.75	2.8	4.4	7	11
630	800	10	13	18	25	36	50	80	125	200	320	500	0.8	1.25	2	3.2	5	8	12.5
800	1000	11	15	21	28	40	56	90	140	230	360	560	0.9	1.4	2.3	3.6	5.6	9	14
1000	1250	13	18	24	33	47	66	105	165	260	420	660	1.05	1.65	2.6	4.2	6.6	10.5	16.5
1250	1600	15	21	29	39	55	78	125	195	310	500	780	1.25	1.95	3.1	5	7.8	12.5	19.5
1600	2000	18	25	35	46	65	92	150	230	370	600	920	1.5	2.3	3.7	6	9.2	15	23
2000	2500	22	30	41	55	78	110	175	280	440	700	1100	1.75	2.8	4.4	7	11	17.5	28
2500	3150	26	36	50	68	96	135	210	330	540	860	1350	2.1	3.3	5.4	8.6	13.5	21	33

注：1. 基本尺寸大于 500mm 的 IT1～IT5 的标准公差数值为试行的。

2. 基本尺寸小于或等于 1mm 时，无 IT14～IT18。

附录 C

表 C-1　表面光洁度与表面粗糙度 R_a、R_z 数值换算对照　　　　单位：μm

表面光洁度		▽1	▽2	▽3	▽4	▽5	▽6	▽7
表面粗糙度	R_a	50	25	12.5	6.3	3.2	1.60	0.80
	R_z	200	100	50	25	12.5	6.3	6.3
表面光洁度		▽8	▽9	▽10	▽11	▽12	▽13	▽14
表面粗糙度	R_a	0.40	0.20	0.100	0.050	0.025	0.012	—
	R_z	3.2	1.60	0.80	0.40	0.20	0.100	0.050

表 C-2　表面粗糙度值与公差等级、基本尺寸的对应关系

公差等级 IT	基本尺寸/mm	R_a/μm	R_z/μm	公差等级 IT	基本尺寸/mm	R_a/μm	R_z/μm
2	≤10	0.025～0.040	0.16～0.20	6	≤10	0.20～0.32	1.0～1.6
	>10～50	0.050～0.080	0.25～0.40		>10～80	0.40～0.63	2.0～3.2
	>50～180	0.10～0.16	0.50～0.80		>80～250	0.80～1.25	4.0～6.3
	>180～500	0.20～0.32	1.0～1.6		>250～500	1.6～2.5	8.0～10
3	≤18	0.050～0.080	0.25～0.40	7	≤6	0.40～0.63	2.0～3.2
	>18～50	0.10～0.16	0.50～0.80		>6～50	0.80～1.25	4.0～6.3
	>50～250	0.20～0.32	1.0～1.6		>50～500	1.6～2.5	8.0～10
	>250～500	0.40～0.63	2.0～3.2	8	≤6	0.40～0.63	2.0～3.2
4	≤6	0.050～0.080	0.25～0.40		>6～120	0.80～1.25	4.0～6.3
	>6～50	0.10～0.16	0.50～0.80		>120～500	1.6～2.5	8.0～10
	>50～250	0.20～0.32	1.0～1.6	9	≤10	0.80～1.25	4.0～6.3
	>250～500	0.40～0.63	2.0～3.2		>10～120	1.6～2.5	8.0～10
5	≤6	0.10～0.16	0.50～0.80		>120～500	3.2～5.0	12.5～20
	>6～50	0.20～0.32	1.0～1.6	10	≤10	1.6～2.5	8.0～10
	>50～250	0.40～0.63	2.0～3.2		>10～120	3.2～5.0	12.5～20
	>250～500	0.80～1.25	4.0～6.3		>120～500	6.3～10	25～40

表 C-3　表面粗糙度、表面形状特征、加工方法及应用举例

表面粗糙度 $R_a/\mu m$	表面形状特征	加工方法	应用举例
50	明显可见刀痕	粗车、镗、钻、刨	粗制后所得到的粗加工面为表面粗糙度最低的加工面,一般很少采用
25	微见刀痕	粗车、刨、立铣、平铣、钻	粗加工表面比较精确的一级,应用范围很广,一般凡非结合的加工面均用此级粗糙度。如轴端面、倒角、钻孔、齿轮及带轮的侧面、键槽非工作表面、垫圈的接触面、轴承的支承面等
12.5	可见加工痕迹	车、镗、刨、钻、平铣、立铣、粗铰、磨、铣齿	半精加工表面。不重要零件的非配合表面,如支柱、轴、支架、外壳、衬套、盖等的端面;紧固件的自由表面,如螺栓、螺钉、双头螺栓和螺母的表面。不要求定心及配合特性的表面,如用钻头钻的螺栓孔、螺钉孔及铆钉孔等;表面固定支承表面,如与螺栓头及铆钉头相接触的表面,如带轮、联轴器、凸轮、偏心轮的侧面、平键及键槽的上下面、斜键侧面等
6.3	微见加工痕迹	车、镗、刨、铣、刮1～2点/cm²、拉、磨、锉、滚压、铣齿	半精加工表面。和其他零件连接而不是配合表面,如外壳、座加盖、凸耳、端面、扳手及手轮的外圆。要求有定心及配合特性的固定支承表面,如定心的轴肩、键和键槽的工作表面。不重要的紧固螺纹的表面、非传动的梯形螺纹、锯齿形螺纹表面、轴与毡圈摩擦面、燕尾槽的表面、注塑模的模板侧面
3.2	看不见的加工痕迹	车、镗、刨、铣、铰、拉、磨、滚压、刮1～2点/cm²、铣齿	接近于精加工,要求有定心(不精确的定心)及配合特性的固定支承表面,如衬套、轴承和定位销的压入孔。不要求定心及配合特性的活动支承面,如活动关节、花键结合、8级齿轮齿面、传动螺纹工作表面、低速(30～60r/min)的轴颈($d<$50mm)、楔形键及槽上下面、轴承盖凸肩表面(对中心用)端盖内侧面,注塑模的模板外侧面、倒角、非配合面
1.6	可辨加工痕迹的方向	车、镗、拉、磨、立铣、铰、刮3～10点/cm²、磨、滚压	要求保证定心及配合特性的表面,如锥形销和圆柱销的表面、普通与6级精度的球轴承的配合面、安装滚动轴承的孔、滚动轴承的轴颈。中速(60～120r/min)转动的轴颈,静连接IT7精度公差等级的孔,动连接IT9精度公差等级的孔,不要求保证定心及配合特性的活动支承面,如高精度的活动球状接头表面、支承垫圈、套齿叉形件、磨削的齿轮、注塑模零件的配合面、动模芯表面
0.8	微辨加工痕迹的方向	铰、磨、刮3～10点/cm²、镗、拉、滚压	要求能长期保持所规定的配合特性的IT7的轴和孔的配合表面。高速(120r/min及以上)工作下的轴颈及衬套的工作面。间隙配合中IT7精度公差等级的孔,7级精度大小齿轮工作面,蜗轮齿面(7～8级精度),滚动轴承轴颈。要求保证定心及配合特性的表面,如滑动轴承轴瓦的工作表面。不要求保证定心及结合特性的活动支承面,如导杆、推杆表面工作时受反复应力的重要零件,在不破坏配合特性下工作,要保证其耐久性和疲劳强度所要求的表面,如受力螺栓的圆柱表面,曲轴和凸轮轴的工作表面,注塑模的模板平面、分型面、零件的配合面
0.4	不可辨加工痕迹的方向	布轮磨、磨、研磨、超级加工	工作时承受反复应力的重要零件表面,保证零件的疲劳强度、防腐性和耐久性。工作时不破坏配合特性的表面,如轴颈表面、活塞和柱塞表面等;IT5～IT6精度公差等级配合的表面,3、4、5级精度齿轮的工作表面,4级精度滚动轴承配合的轴颈,注塑模定模型腔表面
0.2	暗光泽面	超级加工	工作时承受较大反复应力的重要零件表面,保证零件的疲劳强度、防腐性及在活动接头工作中的耐久性的一些表面。如活塞销的表面、液压传动用的孔的表面、注塑模定模型腔表面
0.1	亮光泽面	超级加工	精密仪器及附件的摩擦面,量具工作面,块规、高精度测量仪工作面,光学测量仪中的金属镜面 透明塑件的注塑模动型芯、定模型腔表面
0.05	镜状光泽面		
0.025	雾状镜面		
0.012	镜面		

表 C-4　表面粗糙度应用实例

表面粗糙度 R_a /μm	相当表面光洁度	表面形状特征		应 用 举 例
>40~80	▽1	粗糙的	明显可见刀痕	粗糙度最高的加工面,一般很少采用
>20~40	▽2		可见刀痕	
>10~20	▽3		微见刀痕	粗加工表面比较精确的一级,应用范围较广,如轴端面、倒角、穿螺钉孔和铆钉孔的表面、垫圈的接触面等
>5~10	▽4	半光	可见加工痕迹	半精加工,支架、箱体、离合器、带轮侧面、凸轮侧面等非接触的自由表面,与螺栓头和铆钉头相接触的表面,所有轴和孔的退刀槽,一般遮板的结合面等
>2.5~5	▽5		微见加工痕迹	半精加工,箱体、支架、盖简、套简等和其他零件连接而没有配合要求的表面,需要发蓝处理的表面,需要滚花处理的预先加工面,主轴非接触的全部外表面等
>1.25~2.5	▽6	光	看不清加工痕迹	基面及表面质量要求较高的表面,中型机床工作台面(普通精度),组合机床主轴箱和盖面的结合面,中等尺寸平带轮和V带轮的工作表面,衬套、滑动轴承的压入孔、低速转动的轴颈
>0.63~1.25	▽7		可辨加工痕迹的方向	中型机床(普通精度)滑动导轨面,导轨压板,圆柱销和圆锥销的表面,一般精度的刻度盘,需镀铬抛光的外表面,中速转动的轴颈,定位销压入孔等
>0.32~0.63	▽8		微辨加工痕迹的方向	中型机床(提高精度)滑动导轨面,滑动轴承轴瓦的工作表面,夹具定位元件和钻套的主要表面,曲轴和凸轮轴的工作轴颈,分度盘表面,高速工作下的轴颈及衬套的工作面等
>0.16~0.32	▽9		不可辨加工痕迹的方向	精密机床主轴锥孔,顶尖圆锥面,直径小的精密芯轴和转轴的结合面,活塞的销孔,要求气密的表面和支撑面
>0.08~0.16	▽10	最光	暗光泽面	精密机床主轴箱与套筒配合的孔,仪器在使用中要承受摩擦的表面,如导轨、槽面等,液压传动用的孔的表面,阀的工作面,气缸内表面,活塞销的表面等
>0.04~0.08	▽11		亮光泽面	特别精密的滚动轴承套圈滚道、滚珠及滚柱表面,测量仪器中中等精度间隙配合零件的工作表面,工作量规的测量表面等
>0.02~0.04	▽12		镜状光泽面	特别精密的滚动轴承套圈滚道、滚珠及滚柱表面,高压油泵中柱塞和柱塞套的配合表面,保证高度气密的结合表面等
>0.01~0.02	▽13		雾状镜面	仪器的测量表面,测量仪器中高精度间隙配合零件的工作表面,尺寸超过100mm的量块工作表面等
≯0.01	▽14		镜面	量块工作表面,高精度测量仪器的测量面,光学测量仪器中的金属镜面等

表 C-5　表面粗糙度的表面特征、经济加工方法及应用举例

表面特征		R_a 代号			加工制作方法	适用范围
加工面	粗加工面	$\sqrt{R_a\,50}$	$\sqrt{R_a\,25}$	$\sqrt{R_a\,12.5}$	粗车、粗铣	钻孔、倒角、没有要求的自由表面
	半光面	$\sqrt{R_a\,6.3}$	$\sqrt{R_a\,3.2}$	$\sqrt{R_a\,1.6}$	精车、精铣、粗磨	接触表面,不甚精确的配合面
	光面	$\sqrt{R_a\,0.8}$	$\sqrt{R_a\,0.4}$	$\sqrt{R_a\,0.2}$	精磨、高速铣、坐标磨	要求保证定心及配合特性的表面
	最光面	$\sqrt{R_a\,0.1}$	$\sqrt{R_a\,0.5}$	$\sqrt{R_a\,0.025}$	抛光、镜面	整体表面要求高的模具型腔
毛坯面		$\sqrt{}$			锻、轧制等经表面清理	无需进行机加工的表面

附录 D

表 D-1　模具设计公称尺寸优化值

公制模具优化数				英制模具优化数					
A 系列	B 系列	A 系列	B 系列	A 系列	B 系列	公制值	A 系列	B 系列	公制值
1	1		2		1/32	0.79375		9/32	7.14375
	1.2	8	8		3/64	1.190625	5/16	5/16	7.9375
1.5	1.5		9	1/16	1/16	1.5875		11/32	8.73125
	1.8	10	10		5/64	1.984375	3/8	3/8	9.525
2	2		11	3/32	3/32	2.38125		13/32	10.31875
	2.2	12	12		7/64	2.778125		7/16	11.1125
	2.5	15	15	1/8	1/8	3.175		15/32	11.90625
3	3		18		9/64	3.571875	1/2	1/2	12.2
	3.5	20	20	5/32	5/32	3.96875		17/32	1
4	4	25	25		11/64	4.365625		9/16	14.2875
	4.5	30	30	3/16	3/16	4.7625	5/8	5/8	15.875
5	5		32		13/64	5.159375		11/16	17.4625
	5.5	35	35		7/32	5.55625	3/4	3/4	19.05
6	6	40	40		15/64	5.953125		7/8	22.225
				1/4	1/4	6.35	1	1	25.4

注：1. 此两组系列是根据模具设计中最常用的数值并结合机械手册的优先数值而设。

2. 选择参数系列时，应优先选用 A 系列。

3. 超过表中数值时：公制最小以 5mm 递增，英制以 1/4in 递增。

4. 对于模具型腔尺寸，可直接使用计算值（一般要精确到 3 位小数）。

表 D-2　注塑模具常用零件配合极限偏差表

公称尺寸		H6	H7	H8	f6	f7	g6	g7	h6	h7	h8
—	3	+0.006 0	+0.010 0	+0.014 0	−0.006 −0.012	−0.006 −0.016	−0.002 −0.008	−0.002 −0.012	0 −0.006	0 −0.010	0 −0.014
>3	6	+0.008 0	+0.012 0	+0.018 0	−0.010 −0.018	−0.010 −0.022	−0.004 −0.012	−0.004 −0.016	0 −0.008	0 −0.012	0 −0.018
>6	10	+0.009 0	+0.015 0	+0.022 0	−0.013 −0.022	−0.013 −0.028	−0.005 −0.014	−0.005 −0.020	0 −0.009	0 −0.015	0 −0.022
>10	18	+0.011 0	+0.018 0	+0.027 0	−0.016 −0.027	−0.016 −0.034	−0.006 −0.017	−0.006 −0.024	0 −0.011	0 −0.018	0 −0.027
>18	30	+0.013 0	+0.021 0	+0.033 0	−0.020 −0.033	−0.020 −0.041	−0.007 −0.020	−0.007 −0.028	0 −0.013	0 −0.021	0 −0.033
>30	50	+0.016 0	+0.025 0	+0.039 0	−0.025 −0.041	−0.025 −0.050	−0.009 −0.025	−0.009 −0.034	0 −0.016	0 −0.025	0 −0.039
>50	80	+0.019 0	+0.030 0	+0.046 0	−0.030 −0.049	−0.030 −0.060	−0.010 −0.029	−0.010 −0.040	0 −0.019	0 −0.030	0 −0.046
>80	120	+0.022 0	+0.035 0	+0.054 0	−0.036 −0.058	−0.036 −0.071	−0.012 −0.034	−0.012 −0.047	0 −0.022	0 −0.035	0 −0.054
>120	180	+0.025 0	+0.040 0	+0.063 0	−0.043 −0.068	−0.043 −0.083	−0.014 −0.039	−0.014 −0.054	0 −0.025	0 −0.040	0 −0.063
>180	250	+0.029 0	+0.046 0	+0.072 0	−0.050 −0.079	−0.050 −0.096	−0.015 −0.044	−0.015 −0.061	0 −0.029	0 −0.046	0 −0.072
>250	315	+0.032 0	+0.052 0	+0.081 0	−0.056 −0.088	−0.056 −0.108	−0.017 −0.049	−0.017 −0.069	0 −0.032	0 −0.052	0 −0.081
>315	400	+0.036 0	+0.057 0	+0.089 0	−0.062 −0.098	−0.062 −0.119	−0.018 −0.054	−0.018 −0.075	0 −0.036	0 −0.057	0 −0.089
>400	500	+0.040 0	+0.063 0	+0.097 0	−0.068 −0.108	−0.068 −0.131	−0.020 −0.060	−0.020 −0.083	0 −0.040	0 −0.063	0 −0.097

续表

公称尺寸		js6	js7	k6	k7	m6	m7	n6	n7	p6	p7
—	3	±0.003	±0.005	+0.006 / 0	+0.010 / 0	+0.008 / +0.002	+0.012 / +0.002	+0.010 / +0.004	+0.014 / +0.004	+0.012 / +0.006	+0.016 / +0.006
>3	6	±0.004	±0.006	+0.009 / +0.001	+0.013 / +0.001	+0.012 / +0.004	+0.016 / +0.004	+0.016 / +0.008	+0.020 / +0.008	+0.020 / +0.012	+0.024 / +0.012
>6	10	±0.005	±0.007	+0.010 / +0.001	+0.016 / +0.001	+0.015 / +0.006	+0.021 / +0.006	+0.019 / +0.010	+0.025 / +0.010	+0.024 / +0.015	+0.030 / +0.015
>10	18	±0.006	±0.009	+0.012 / +0.001	+0.019 / +0.001	+0.018 / +0.007	+0.025 / +0.007	+0.023 / +0.012	+0.030 / +0.012	+0.029 / +0.018	+0.036 / +0.018
>18	30	±0.007	±0.010	+0.015 / +0.002	+0.023 / +0.002	+0.021 / +0.008	+0.029 / +0.008	+0.028 / +0.015	+0.036 / +0.015	+0.035 / +0.022	+0.043 / +0.022
>30	50	±0.008	±0.012	+0.018 / +0.002	+0.027 / +0.002	+0.025 / +0.009	+0.034 / +0.009	+0.033 / +0.017	+0.042 / +0.017	+0.042 / +0.026	+0.051 / +0.026
>50	80	±0.010	±0.015	+0.021 / +0.002	+0.032 / +0.002	+0.030 / +0.011	+0.041 / +0.011	+0.039 / +0.020	+0.050 / +0.020	+0.051 / +0.032	+0.062 / +0.032
>80	120	±0.011	±0.017	+0.025 / +0.003	+0.038 / +0.003	+0.035 / +0.013	+0.048 / +0.013	+0.045 / +0.023	+0.058 / +0.023	+0.059 / +0.037	+0.072 / +0.037
>120	180	±0.013	±0.020	+0.028 / +0.003	+0.043 / +0.003	+0.040 / +0.015	+0.055 / +0.015	+0.052 / +0.027	+0.067 / +0.027	+0.068 / +0.043	+0.083 / +0.043
>180	250	±0.015	±0.023	+0.033 / +0.004	+0.050 / +0.004	+0.046 / +0.017	+0.063 / +0.017	+0.060 / +0.031	+0.077 / +0.031	+0.079 / +0.050	+0.096 / +0.050
>250	315	±0.016	±0.026	+0.036 / +0.004	+0.056 / +0.004	+0.052 / +0.020	+0.072 / +0.020	+0.066 / +0.034	+0.086 / +0.034	+0.088 / +0.056	+0.108 / +0.056
>315	400	±0.018	±0.028	+0.040 / +0.004	+0.061 / +0.004	+0.057 / +0.021	+0.078 / +0.021	+0.073 / +0.037	+0.094 / +0.037	+0.098 / +0.062	+0.119 / +0.062
>400	500	±0.020	±0.031	+0.045 / +0.005	+0.068 / +0.005	+0.063 / +0.023	+0.086 / +0.023	+0.080 / +0.040	+0.103 / +0.040	+0.108 / +0.068	+0.131 / +0.053

表 D-3 公差等级的应用说明

公差等级	应用条件说明	公差等级	应用条件说明
IT01	用于特别精密的尺寸传递基准	IT7	应用条件与IT6相类似,但它要求的精度可比IT6稍低一点。在一般机械制造中应用相当普遍,相当于旧国标中3级精度轴或2级精度孔的公差
IT0	用于特别精密的尺寸传递基准及宇航中特别重要的极个别精密配合尺寸		
IT1	用于精密的尺寸传递基准、高精密测量工具、特别重要的极个别精密配合尺寸	IT8	用于机械制造中属中等精度;在仪器、仪表及钟表制造中,由于基本尺寸较小,所以属较高精度范畴。在农业机械、纺织机械、印染机械、自行车、缝纫机、医疗器械中应用最广
IT2	用于高精密的测量工具、特别重要的精密配合尺寸		
IT3	用于精密测量工具小尺寸零件的高精度的精密配合及与P4级滚动轴承配合的轴径和外壳孔径	IT9	应用条件与IT8相类似,但要求精度低于IT8时用。比旧国标4级精度公差值要大
IT4	用于精密测量工具、高精度的精密配合和P4级、P5级滚动轴承配合的轴径和外壳孔径	IT10	应用条件与IT9相类似,但要求精度低于IT9时用。相当于旧国标的5级精度公差
IT5	用于机床、发动机和仪表中特别重要的配合。在配合公差要求很小、形状精度要求很高的条件下,这类公差等级能使配合性质比较稳定,相当于旧国标中1级精度轴的公差	IT11	用于配合精度要求较粗糙,装配后可能有较大的间隙。特别适用于要求装配间隙较大,且有显著变动而不会引起危险的场合,相当于旧国标的6级精度公差
IT6	广泛用于机械制造中的重要配合,配合表面有较高均匀性的要求,能保证相当高的配合性质,使用可靠。相当于旧国标中2级精度轴和1级精度孔的公差	IT12	配合精度要求很粗糙,装配后有很大的间隙,适用于基本上没有什么配合要求的场合;要求较高未注公差尺寸的极限偏差;比旧国标的7级精度公差值稍小

公差等级	应用条件说明	公差等级	应用条件说明
IT13	应用条件与 IT12 类似,但比旧国标 7 精度公差稍大	IT16	用于非配合尺寸及不包括在尺寸链中的尺寸。相当于旧国标的 10 级精度公差
IT14	用于非配合尺寸及不包括在尺寸链中的尺寸。相当于旧国标的 8 级精度公差	IT17	用于非配合尺寸及不包括在尺寸链中的尺寸。相当于旧国标的 11 级精度公差
IT15	用于非配合尺寸及不包括在尺寸链中的尺寸。相当于旧国标的 9 级精度公差	IT18	用于非配合尺寸及不包括在尺寸链中的尺寸。相当于旧国标的 12 级精度公差

表 D-4 塑料合金及成型收缩率

序号	材料(收缩率)	序号	材料(收缩率)	序号	材料(收缩率)
1	PP-T20(GMW16528P)	33	PP-T20(1%)	66	PP-TV20&TPE(双色)
2	PP+EPDM	34	PA66-GF30(0.55%)	67	PP+EPDM-TD20(0.7%)
3	PP GF15 MN20	35	PE T20(1.00%)	68	PP/PE-TD20(0.95%)
4	PA6 30GF	36	PP/PE-TD15 TL52388D	69	PP/PE-TD20(1.00%)
5	PC+ABS	37	PP-KF164NS	70	TPO(0.6%)
6	PP(1%)	38	PP(0.7%)	71	PP(0.80%)
7	ABS(0.6%)	39	PP(1.05%)	72	P/E-MD20(1.20%)
8	PC/ABS(0.65%)	40	PP-GF30&TPE	73	PPTD20(1.20%)
9	PP+30GF	41	PP-LGF20 n. VW 44045-PP9 (0.50%)	74	PE NF220(0.72%)
10	TPV	42	PP+EPDM-TD20(1.06%)	75	ASA Luran S778T(0.65%)
11	IN5-TA410(0.9%)	43	PP/PE TD16	76	ABS Magnum 3416SC(0.6%)
12	拜耳 T65	44	PPGF25(0.20%)	77	PP KGF 20/Mucell
13	PC ABS T65XF (0.60%)	45	PP+EPDM-TD10(0.75%)	78	PP-RC-003 (1.3%)
14	PP/PE TD15(1.0%)	46	PP+EPDM-TD30——Hifax TYC 258P(0.70%)	79	PE MD15(1.25%)
15	PP HC(1.5%)	47	PC-ABS -GF20(0.23%)	80	PP+FIBER(1.0%)
16	PP-GF30/TPS(0.40%)	48	IN1-BJ5H(1.6%)	81	Hostacom TRC 352N (0.9%)
17	PC ABS T85XF(0.35%)	49	天然 PP-20(1.2%)	82	GE277AI-9502(0.63%)
18	P/E-MD15	50	ABS-IC2-1(0.5%)	83	PP-EPDM TX20
19	P/E(1.60%)	51	PP-HI T17	84	APL-2012NA PP-T20(1.1%)
20	PP+SEBS(0.7%)	52	PPR(0.95%)	85	apl-1025 PP-T10(1.2%)
21	PP/PE-TD16 C3322T-1 ENS(1.1%)	53	PE EPDM T15(1.05%)	86	ASA(Hifax TYC 258P C12561 Black)X(0.65%)
22	PPB-Reactor(1.5%)	54	PPTD20	87	PP-EPDM TV15 UV(0.85%)
23	PP-AS-003(1.6%)	55	AS2-API-2021NS-Kingfa	88	Inspire TF 1500 ESU(1.2%)
24	ABS Magnum 3616(0.6%)	56	SABIC PPcompound 7705+面料	89	TPE(0.7%)
25	PC/PBT Xenoy CL 100(0.75%)	57	PP EPDM TV 10 UV(0.95%)	90	PP TV 21
26	PP TV20(0.8%~1.4%)	58	PP/PE-TD 20(0.825%)	91	Hostacom TRC 364N C1(1%)
27	PP-BF970AI(1.05%)	59	GMP. PA66.015(0.65%)	92	HPP-IN1(AZ864)
28	PP+EPDM TD 10(0.70%)	60	PA6-GF35(0.6%)	93	BEZ-CAC
29	PP/PE-TD16(C3322t-1E)(1.01%)	61	标准 PC+ABS(0.6%)	94	PC ABS T85XF(0.60%)
30	PA6/66-GF50(0.5%)	62	PP LGF 30(0.45%)		
31	PP GF50 (0.4%)	63	HC-PP		
32	PA/ABS(0.8%)	64	PP-TX20		
		65	ABS(1.25%)		

表 D-5　制品外侧蚀纹深度与脱模斜度对照表

编号	蚀纹深度/in	最小脱模斜度/(°)	编号	蚀纹深度/in	最小脱模斜度/(°)
MT-11000	0.004	1.5	MT-11200	0.003	4.5
MT-11010	0.001	2.5	MT-11205	0.0025	4
MT-11020	0.0015	3	MT-11210	0.0035	5.5
MT-11030	0.002	4	MT-11215	0.0045	6.5
MT-11040	0.003	5	MT-11220	0.005	7.5
MT-11050	0.0045	6.5	MT-11225	0.0045	6.5
MT-11060	0.003	5.5	MT-11230	0.0025	4
MT-11070	0.003	5.5	MT-11235	0.004	6
MT-11080	0.002	4	MT-11240	0.0015	2.5
MT-11090	0.0035	5.5	MT-11245	0.002	3
MT-11100	0.006	9	MT-11250	0.0025	4
MT-11110	0.0025	4.5	MT-11255	0.002	3
MT-11120	0.002	4	MT-11260	0.004	6
MT-11130	0.0025	4.5	MT-11265	0.005	7
MT-11140	0.0025	4.5	MT-11270	0.004	6
MT-11150	0.0275	5	MT-11275	0.0035	5
MT-11160	0.004	6.5	MT-11280	0.0055	8

表 D-6　模具术语对照表

内地	香港、台湾地区	内地	香港、台湾地区
注射机	啤(读 bie)机(港)、机合(台)	电极	铜公
二板模	大水口模	飞边	披锋(flash)
定模	前模(港)、母模(台)	熔接痕	夹水纹(weld line)
定模板	A 板(港)、母模板(台)	注塑模	塑胶模
三板模流道板导柱	水口边(港)、长导柱(台)	三板模	细水口模(简化细水口模)
		动模	后模(港)、公模(台)
凹模	前模镶件 Cavity(港)或母模仁(台)	动模板	B 板(港)、公模板(台)
型芯	镶可(Core)(港)或入子(台)	三板模和二板模动、定模导柱	边钉(港)或导承销(台)
推杆板导套	中托司(EGB)	凸模	后模镶件(Core)(港)或公模仁(台)
直身导套	直司(GB)		
推杆固定板	面针板(或顶针面板)	圆型芯	镶针(港)或型芯(台)
定位圈	定位器(Loc. Ring)	推杆板导柱	中托边(EGP)
定模座板	面板(港)或上固定板(台)	带法兰导套	托司(或杯司)G. B.
分型面	分模面(P. L)	流道推板	水口推板(水口板)
垫块	方铁	支承板	活动靠板
限位钉	垃圾钉(Stp.)	动模座板	底板(港)或下固定板(台)
弹簧	弹弓(Sping)	推板	顶板
复位杆	回(位)针 R. P	浇口套	唧嘴(港)或灌嘴(台)
楔紧块(锁紧块)	铲基	支承柱	撑头(SP.)
侧抽芯	滑块人子(台)	螺栓	螺丝(scrow)
斜滑块	弹块(港)、胶杯(台)	销钉	管钉
推杆	顶针(E. J. PIN)	侧向滑块	行位(slider)
定距分型机构	开闭器,扣基	斜导柱	斜边
限位钉	垃圾钉(STP)	斜推杆	斜顶(港)、斜方(台)
侧浇口	大水口	推管(推管型芯)	司筒(司筒针)
潜伏式浇口	潜水(港)、隧道浇口(台)	加强筋	骨位
冷却水	运水	浇口	入水口(或水口)
排气槽	分模隙	点浇口	细水口
抛光	省模	热喷嘴	热唧嘴

内地	香港、台湾地区	内地	香港、台湾地区
水管接头	水喉	填充不足	啤不满(short shot)
脱模斜度	啤把	收缩凹陷	缩水(sink mark)
蚀纹	咬花	银纹	水花(silver streak)

附录 E

表 E-1　我国与主要工业国家模具钢号的对照表

序号	中国 GB	美国 AISI	苏联 ГОСТ	日本 JIS	德国 DIN	英国 BS	法国 NF
1	T7	W1 和 W2	у7	SK6	C70W2	—	Y3 65
2	T8	W1 和 W2	у8	SK6	C80W2	—	Y2 75
3	T9	W1 和 W2	у9	SK5	C90W2	BW1A	Y2 90
4	T10	W1 和 W2	у10	SK4	C105W2	BW1B	Y2 105
5	T11	W1 和 W2	у11	SK3	C110W2	BW1B	Y2 105
6	T12	W1	у12	SK2	C125W2	BW1C	Y2 120
7	9Mo2V	O2	9Г2Ф	SKT6	9MnV8	B02	90MV8
8	CrWMn	O7	ХВГ	SKS31	105WCr6	—	—
9	MnCrWV	O1	—	SKS3	100MnCrW4	B01	—
10	9SiCr	—	9ХС	—	90CrSi5	C4(ESC)	—
11	Cr2(GCr15)	E52100	Х(ШХ15)	SUJ2	100Cr6	534A99	100C5
12	Cr6WV	A2	Х6ВФ	SKD12	X100CrMnV	BA2	Z100CDV5
13	Cr12	D3	Х12	SKD1	X210Cr12	BD3	Z200C12
14	Cr12MoV	D2	Х12М	SKD11	X165CrMoV12	BD2	Z160CDV12
15	W18Cr4V	T1	Р18	SKH2	S18-0-1	BT1	Z80WCV18-04-01
16	W6Mo5Cr4V2	M2	Р6М5	SKH51	S6-5-2	BM2	Z85WDCV06-05-04-02
17	6W6Mo5Cr4V	H42	—	—	—	—	—
18	9Cr18	440C	95Х18	SUS440C	—	—	Z100CD17
19	9Cr18MoV	440B	—	SUS440B	X90CrMoV18	—	—
20	Cr14Mo	～416	Х14М	—	—	En56AM	FIS
21	Cr14Mo4	—	Х14М4	—	—	—	—
22	1Cr18Ni9Ti	322	12Х18Н10Т	SUS29	X10CrNiTi18.9	321S20	Z10CNT18.11
23	5CrNiMo	6F2	5ХНМ	≈SKT4	55NiCrMoV6	PMLB/1(ESC)	55NCDV7
24	5CrMnMo	6G	5ХГМ	SKT5	≈40CrMnMo7	—	—
25	4Cr5MoVSi	H11	4Х5МФС	SKD6	X38CrMoV51	BH11	Z38CDV8
26	4Cr5MoV1Si	H13	4Х5МФ1С	SKD61	X40CrMoV51	BH13	—
27	4Cr5W2VSi		4Х5В2ФС	SKD62	X37CrMnV51	BH12	Z38CDWV5
28	3Cr2W8V	H21	3Х2В8Ф	SKD5	X30WCrV93	BH21A	Z30WCV9
29	4Cr3Mo3W2V*	H10	—	—	X32CrMoV33	BH10	320CV28
30	4Cr14Ni14W2Mo	EV9(SAE)	4Х14Н14В2М	SUH31	—	En54	Z45CNWSO-14
31	4CrMo*	4140	—	SCM4	42CrMo4	708A42	42CD4
32	40CrNiMo	4340	40ХН2МА	SNCM439	36NiCrMo4	815M40	35NCD6
33	40CrNi2Mo	4340	40ХН2МА	SNCM439	36NiCrMo4	815M40	35NCD6
34	30CrMnSiNi2A	—	30ХГСН2А	—	—	—	—
35	10	1010	10	S10C	C10	040A10	CC10
36	20	1020	20	S20C	C22	040A20	CC20
37	30	1030	30	S30C		060A30	C30
38	35	1035	35	S35C	C35	060A35	CC35
39	45	1045	45	S45C	C45	060A42	CC45
40	55	1055	55	S55C	C55	06057	CC55
41	12CrNi2	3215	12ХН2	SNC415	14NiCr10	—	10NC11
42	12CrNi3	3415(SAE)	12ХН3А	SNC815	14NiCr14	655A12	12NC12

序号	中国 GB	美国 AISI	苏联 ГОСТ	日本 JIS	德国 DIN	英国 BS	法国 NF
43	12Cr2Ni4	E3310	12ХН4А	SNC815	14NiCr18	659A15	12NC15
44	20Cr	5120	20Х	SCr420	20Cr4	527A19	18C3
45	20Cr2Ni4A	3325(SAE)	20Х2Н4А	—	—	659M15	20NC14
46	40Cr	5140	40Х	SCr440	41Cr4	530A40	42C4
47	3Cr2Mo	P20	—	—	—	—	—
48	4Cr3Mo3SiV	H10	—	—	—	—	—
49	4Cr13	—	40Х13	SUS420J2	X40Cr13	En56D	Z40C14
50	1Cr17Ni2	431	14Х17Н2	SUS431	X22CrNi17	431S29	Z15CN16-2
51	65Mn	1566	65Г	—	—	080A67	—
52	50CrVA	6150	50ХФА	SUP10	50CrV4	735A50	5CV4
53	60Si2Mn	9260	60C2	SUP7	60SiMn5	250A58	60S7
54	50CrMn	—	50ХГ	SUP9	55Cr3	—	—
55	60Si2Cr4A	9254	60C2Х4	—	60SiCr7	—	60C7

表 E-2 模具钢材牌号与特性

序号	材料名称	原厂商	出厂硬度	淬火硬度	材质特性	备注
1	2738	布德鲁斯/葛利兹	28～32HRC		更好的淬透性,硬度分布均匀,良好的抛光性、机械加工性、焊接和热传导性,可进行氮化、蚀纹、电镀、表面淬火等表面处理	
2	2738HH	布德鲁斯/葛利兹	33～38HRC		优良的抛光性及光蚀刻花性能	
3	BPM	布德鲁斯	34～38HRC		2738改良版,良好的镜面抛光性和光蚀刻花性能	
4	2738ESR	布德鲁斯	38～42HRC		综合力学性能好,淬透性高,很好的抛光性能和光洁度	
5	SP300	阿赛洛	28～32HRC		材质均匀,避免了硬点的产生,具有更加优良的焊接性能和机械加工性能,具有优良的抛光性和光蚀刻花性能	
6	SP350	阿赛洛	33～38HRC		机械加工性能好,具有坚固性和可焊性,改良了导热性,具有更高的硬度,更好的力学性能和抛光性能,增加模具寿命,降低维护成本	
7	P20	芬可乐	28～34HRC		综合力学性能好,淬透性高,可以使截面尺寸较大的钢材获得均匀的硬度	
8	P20HH	芬可乐	34～38HRC		抛光性能好,粗糙度值低,钢材不容易变形	
9	2343	布德鲁斯	230～250HB	48～52HRC	具有较高的韧性和耐热疲劳性能	
10	2344	布德鲁斯	230～250HB	48～52HRC	具有优良的抗火性、高韧性、高耐磨性以及较高的抗压强度和良好的抗热疲劳强度	
11	2316	布德鲁斯	26～33HRC	48～52HRC	高抗腐蚀、高抛光性能,易于切屑加工	
12	2311	布德鲁斯	28～32HRC		硬度均匀,具有良好的机械加工性能,易抛光,表面氮化处理,适用于厚度在400mm以下模具	
13	2085MOD	布德鲁斯	28～33HRC		高硬度、耐腐蚀模具钢,具有优良的机械加工性能	
14	XPM	葛利兹	38～42HRC		优良的抛光性	
15	XPMESR	葛利兹	38～42HRC		优良的抛光性。模具寿命提高,不易变形	
16	2083ESR	葛利兹	180～210HB	48～52HRC	高耐磨、高镜面抛光,耐腐蚀塑料模具钢	
17	S136	一胜百	180～210HB	48～54HRC	淬火后具有优良的耐磨性、防酸以及抛光性能	

序号	材料名称	原厂商	出厂硬度	淬火硬度	材质特性	备注
18	NIMAX	一胜百	360~400HB 38~42HRC		优良的抛光性及光蚀刻花性能	
19	UNIMAX	一胜百	170~220HB	46~50HRC	优良的淬透性、极佳的抛光性能	
20	NAK80	大同	37~43HRC		优良的抛光性能,出厂已预硬处理	
21	SKD61	大同	220~240HB	52~54HRC	良好的淬透性,热处理变形小、抗高温疲劳,适用于在高温下长期工作并具有良好的切削性能和抛光性能	
22	SKD61ESR	大同	220~240HB	52~54HRC	良好的淬透性,热处理变形小,适用于在高温下长期工作并具有良好的切削性能和抛光性能	
23	PXA30	大同	30~33HRC		优良的抛光性及光蚀刻花性能	
24	1.2510	国产	20~24HRC	55~58HRC	较好的热处理性能	
25	H13	国产	150~220HB	48~52HRC	良好的淬火性能	
26	S45C	国产	170~180HB		力学性能良好、淬火性能差	
27	S50C	国产	170~180HB		力学性能良好、淬火性能差	
28	P20	国产	28~33HRC		具有良好的可切削性及镜面研磨性	
29	718	国产	30~38HRC		具有良好抛光性能、淬透性、电加工性能、皮纹加工性能	
30	Cr12MoV	国产	170~180HB	60~62HRC	良好的淬火性能	
31	国产铍铜	国产	38~42HRC		良好的热传导性能,高硬度	
32	94 锡青铜	国产	(18±5)HRC		较高的力学性能、耐磨性、耐蚀性	
33	紫铜	国产	90~105HB		良好的导电性,用于电极加工	
34	安博科 940	国产	(210±10)HB		铜合金,良好的导电、导热性能	
35	安博科 83	国产	(360±10)HB	38~48HRC	铍铜,具有高导热导电性能,良好的耐磨性和力学性能	
36	安博科 9404	国产	(294±10)HB		铍铜,具有高导热导电性能,良好的耐磨性和力学性能	
37	K220	国产	190~240HB		硬度高,耐磨,强度和韧性好,耐热,耐腐蚀等性能	
38	1.2711	信昌	38~42HRC		高韧性、高抗压强度,抛光性能良好,蚀纹性能好,可进行氮化、电镀以及表面氮化处理	
39	ASGM	安格利斯	29~33HRC		高纯净度,精细化组织结构及均匀的硬度分布,优良的机械加工性能,良好的抛光性能和蚀纹性能	
40	ASHM	安格利斯	38~42HRC		高纯净度,精细化组织结构及均匀的硬度分布,优良的机械加工性能,良好的抛光性能和蚀纹性能	
41	HN-P721VIP	国产	38~42HRC		硬度均匀、抛光性能出色,优异的焊接性能,使模具焊补趋于理想化,材料偏析极少,化学蚀花均匀性极佳	
42	718/718H	恒久成	32~37HRC	38HRC 临界点	材质均匀、洁净度高,具有极佳的抛光性能及光刻花性。还具有较高的淬透性,良好的电加工性能和皮纹加工性能	
43	P20	恒久成	30~35HRC	36HRC 临界点	具有良好的可切削及镜面研磨性能	
44	Porcerax Ⅱ	进口	—	透气钢	用途:网孔排气	
45	2714	上海凌力特钢	36~42HRC		良好的淬透性、良好的韧性、耐热性能良好,适合于表面处理,良好的抛光性能	

序号	材料名称	原厂商	出厂硬度	淬火硬度	材质特性	备注
46	SW718TS	上海凌力特钢	38～42HRC		高淬透性和极佳的硬度均匀性,抛光和蚀纹性能优异,导热性优越,提高注塑生产率,高强韧性,高寿命	
47	2738	上海飒德～飒尔	30～35HRC		更好的淬透性,硬度分布均匀,良好的抛光性、机械加工性、焊接和热传导性;可氮化、蚀纹、电镀、表面淬火等表面处理	
48	2738HH	上海飒德～飒尔	38～42HRC		优良的抛光性及光蚀刻花性能	
49	ASD3/2343	斯堪纳	退火料	—	加工性能好,韧性高	
50	ASD4～2344	斯堪纳	淬火料	48～52HRC	加工性能好,韧性高	

表 E-3　硬度测试对照表

Vickers 维氏 (HV)	Brinell 布氏 (HB)	Rockwell 洛氏 (HRC)	Shore 肖氏 (HS)	Vickers 维氏 (HV)	Brinell 布氏 (HB)	Rockwell 洛氏 (HRC)	Shore 肖氏 (HS)
940		68	97	412	390	42	56
900		67	95	402	381	41	55
865		66	92	392	371	40	54
832		65	91	382	362	39	52
800		64	88	372	353	38	51
772		63	87	363	344	37	50
746		62	85	354	336	36	49
720		61	83	345	327	35	48
679		60	87	336	319	34	47
674		59	80	327	311	33	46
653		58	78	318	301	32	44
633		57	76	310	294	31	43
613		56	75	302	286	30	42
595		55	74	294	279	29	41
577		54	72	286	271	28	41
560		53	71	279	264	27	40
547	514	52	69	272	258	26	38
528	495	51	68	266	253	25	38
513	475	50	67	260	247	24	37
498	464	49	66	254	243	23	36
484	451	48	64	248	237	22	35
471	442	47	63	243	231	21	35
458	432	46	62	238	226	20	34
446	421	45	60	230	219		33

表 E-4　成型零件和浇注系统零件推荐材料和热处理硬度

零件名称	材料	硬度/HRC	零件名称	材料	硬度/HRC
型芯、定模镶块、动模镶块、活动镶块、分流锥、推杆、浇口套	45Cr、40Cr	40～45	型芯、定模镶块、动模镶块、活动镶块、分流锥、推杆、浇口套	3Cr2Mo	预硬态 35～45
	CrWMn、9Mn2V	48～52		4Cr5MoSiVi	45～55
	Cr12、Cr12MoV	52～58		3Cr13	45～55

表 E-5　常用材料及热处理

序号	材料	热处理	应用	备注
1	2344/2343	淬火:48~52HRC	整体式模板,大镶芯	通常开粗后再进行淬火处理
		淬火:45~48HRC	滑块、斜顶及小镶件	
2	NAK80	预硬:37~43HRC	整体式模板,大镶芯,滑块、斜顶及小镶件	常用于抛光性能要求较高的模具
3	2738	预硬:28~32HRC	整体式模板,大镶芯	
4	2738HH	预硬:36~40HRC	滑块、斜顶及小镶件	
5	国产 718	预硬:28~32HRC	整体式模板,大镶芯	应用于滑动件时,通常在精加工后要求做氮化处理
6	国产 P20	预硬:20~32HRC	滑块、斜顶及小镶件	

表 E-6　常用铜材及特殊材料的性能用途

序号	名称	代号	出厂硬度	性能	应用	对应的国外牌号
1	高力黄铜	化学式为 ZCuZn24Al6Fe4Mn3	>200HB	属铝黄铜,可加工性好,精度高,承载能力强,耐磨性能好	导向套、压条、耐磨板等。通常径向嵌入排列有序的圆柱状高分子填充物为摩擦材料(一般为石墨),起到自润滑作用	日本 OILES #300,日本 MISUMI 公司的 MFBZ 和 CBM 导套,日本的 CNC304 和 HBSC4 材料,HASCO 的 86300 合金
2	H62 黄铜	H62	—	有良好的力学性能,热态下塑性好,冷态下塑性也可以,切削性好,易钎焊和焊接,耐蚀,但易产生腐蚀破裂	隔水片,非密封性水堵	
3	紫铜(红铜、纯铜)	T2	≥85.2HV	高纯度,组织细密,含氧量较低,无气孔、砂眼、疏松,导电性能极佳,电蚀出的模具表面精度高。经热处理工艺,电极无方向性,适合精打、细打,具有良好的加工性、延展性、防蚀性及耐候性等	电极,水堵	日本 C1100,德国 Se-Cu,美国 C11000,美国 C101
4	锡青铜	ZQSn5-5-5	590HB	耐磨性和耐蚀性好,易加工,铸造性能和气密性好	压条,耐磨板,拉料杆铜套	
5	铍铜	AMPCOLOY 83	硬度:380HB 热传导率:106	无砂眼、气孔,硬度均衡,组织致密,高强度,良好的导热性能,良好的导电性、耐腐蚀性,卓越的耐磨性,良好的加工性能,高压力条件下的性能稳定,无磁性,极佳的抛光性能,抗黏着性能好	需要快速冷却的镶件	
		AMPCOLOY 940	硬度:210HB 热传导率:208	不含铵,高导铜合金		
		AMPCOLOY 944	硬度:286HB 热传导率:152	不含铵,高导铜合金		

续表

序号	名称	代号	出厂硬度	性能	应用	对应的国外牌号
6	透气钢	PM-35-35	350～400HV ($\approx$36±2HRC)	这种特殊结构钢材,不但拥有透气能力,同时能保持注塑模具所需的高强度、高硬度及抗腐蚀性	作为镶件应用于模具中需要排气的地方	由美国国际模具钢(INTERXATIONAL MOLD STEFI, INC.)提供技术,日本新东(SINTOKOGIO, LTD.)生产
7	合金铝	6061		普通抗腐蚀性能,良好力学性能及阳极反应。细小晶粒使得深度钻孔性能更好,工具耐磨性增强,螺纹滚制更与众不同	检具支架,吹塑模	
		7075		普通抗腐蚀性能,良好力学性能及阳极反应。细小晶粒使得深度钻孔性能更好,工具耐磨性增强,螺纹滚制更与众不同	检具支架,吹塑模	

表 E-7 模具零件材质选用表

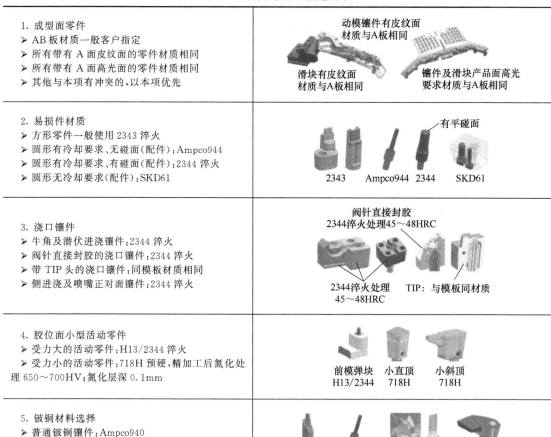

1. 成型面零件 ➤ AB 板材质一般客户指定 ➤ 所有带有 A 面皮纹面的零件材质相同 ➤ 所有带有 A 面高光面的零件材质相同 ➤ 其他与本项有冲突的,以本项优先	动模镶件有皮纹面材质与A板相同 滑块有皮纹面材质与A板相同 镶件及滑块产品面高光要求材质与A板相同
2. 易损件材质 ➤ 方形零件一般使用 2343 淬火 ➤ 圆形有冷却要求、无碰面(配件):Ampco944 ➤ 圆形有冷却要求、有碰面(配件):2344 淬火 ➤ 圆形无冷却要求(配件):SKD61	有平碰面 2343 Ampco944 2344 SKD61
3. 浇口镶件 ➤ 牛角及潜伏进浇镶件:2344 淬火 ➤ 阀针直接封胶的浇口镶件:2344 淬火 ➤ 带 TIP 头的浇口镶件:同模板材质相同 ➤ 侧浇及喷嘴正对面镶件:2344 淬火	阀针直接封胶 2344淬火处理45～48HRC 2344淬火处理 45～48HRC TIP:与模板同材质
4. 胶位面小型活动零件 ➤ 受力大的活动零件:H13/2344 淬火 ➤ 受力小的活动零件:718H 预硬,精加工后氮化处理 650～700HV;氮化层深 0.1mm	前模弹块 H13/2344 小直顶 718H 小斜顶 718H
5. 铍铜材料选择 ➤ 普通铍铜镶件:Ampco940 ➤ 需要中等强度铍铜镶件:Ampco944 ➤ 存在插碰、平碰面或薄钢的铍铜镶件:Ampco83	Ampco940 Ampco944 Ampco83 封顶:Ampco83

6. 防磁化材料选择 ➤ 铍铜材质(优先选用):普通国产铍铜 ➤ 不锈钢材质:304 不锈钢	优先选用铍铜材质, 其次选用304不锈钢
7. 非胶位面的滑动零件 ➤ 平面摩擦,受力较小的滑动零件:预硬钢/高力黄铜 ➤ 平面摩擦,受力较大的滑动零件:淬火料/预硬钢 ➤ 插碰摩擦,受力较小的滑动零件:预硬钢/淬火料 ➤ 插碰摩擦,受力较大的滑动零件:淬火料/淬火料	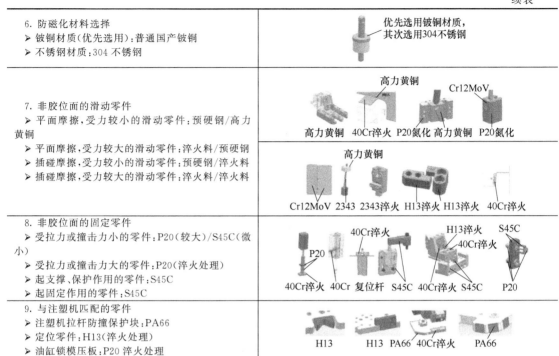
8. 非胶位面的固定零件 ➤ 受拉力或撞击力小的零件:P20(较大)/S45C(微小) ➤ 受拉力或撞击力大的零件:P20(淬火处理) ➤ 起支撑、保护作用的零件:S45C ➤ 起固定作用的零件:S45C	
9. 与注塑机匹配的零件 ➤ 注塑机拉杆防撞保护块:PA66 ➤ 定位零件:H13(淬火处理) ➤ 油缸锁模压板:P20 淬火处理	

附录 F

表 F-1 滑块机构零件的常用材料选用

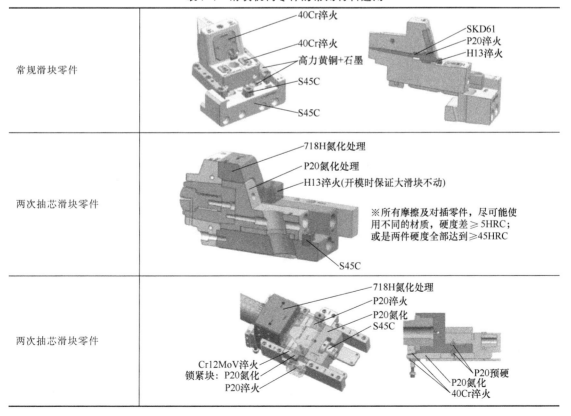

常规滑块零件	
两次抽芯滑块零件	
两次抽芯滑块零件	

续表

圆弧抽芯及异形斜导柱	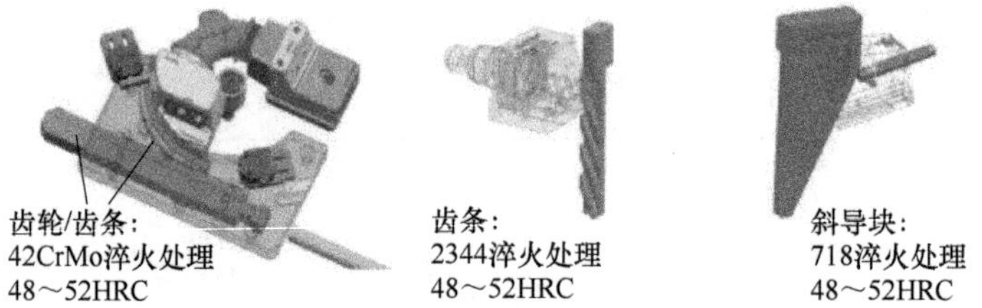齿轮/齿条: 42CrMo淬火处理 48～52HRC 齿条: 2344淬火处理 48～52HRC 斜导块: 718淬火处理 48～52HRC
其他零件	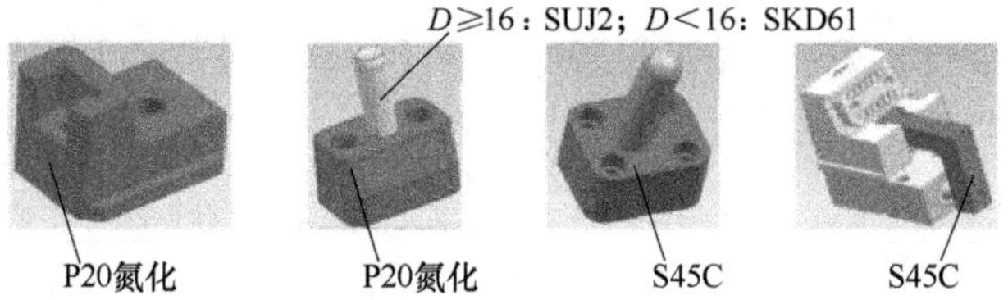D≥16：SUJ2；D<16：SKD61 P20氮化 P20氮化 S45C S45C
斜顶相关材质选择(案例说明)	
普通圆杆斜顶	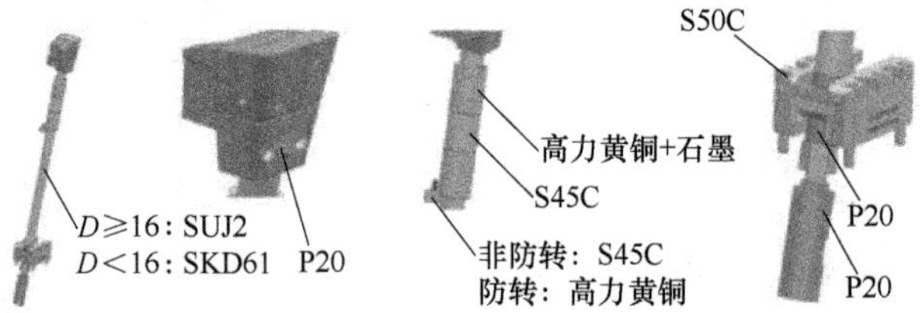S50C 高力黄铜+石墨 S45C P20 D≥16：SUJ2 D<16：SKD61 P20 非防转：S45C 防转：高力黄铜 P20
普通整体式斜顶	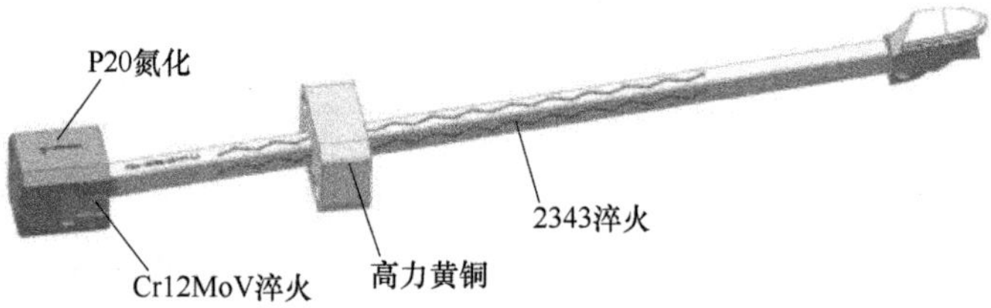P20氮化 2343淬火 Cr12MoV淬火 高力黄铜
双导杆斜顶 1	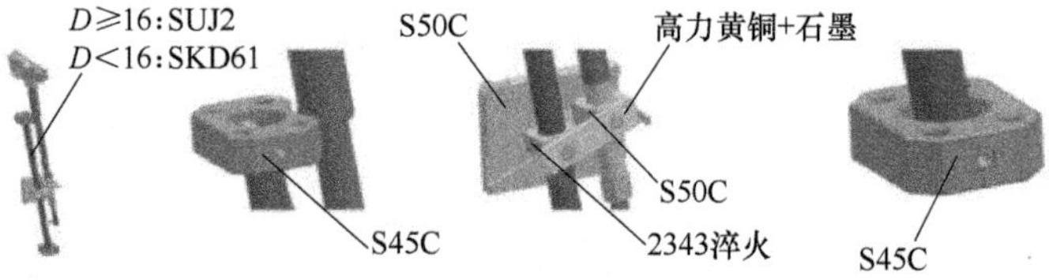D≥16:SUJ2 D<16:SKD61 S50C 高力黄铜+石墨 S50C S45C 2343淬火 S45C
双导杆斜顶 2	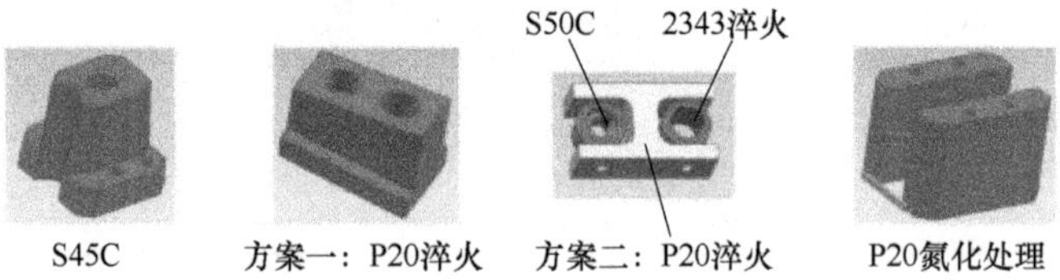S50C 2343淬火 S45C 方案一：P20淬火 方案二：P20淬火 P20氮化处理
交叉杆斜顶	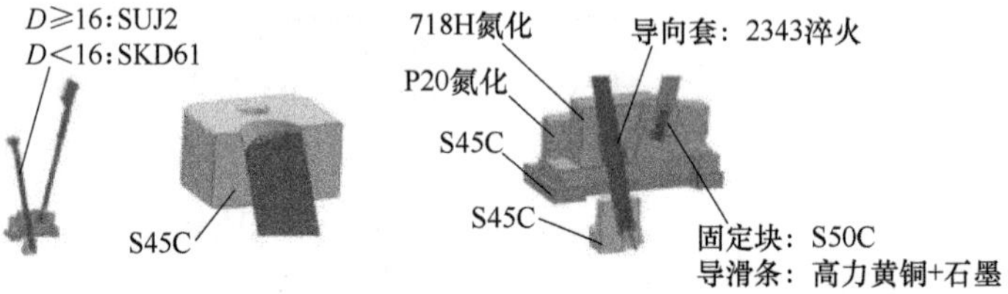D≥16:SUJ2 D<16:SKD61 718H氮化 导向套：2343淬火 P20氮化 S45C S45C S45C 固定块：S50C 导滑条：高力黄铜+石墨

斜顶相关材质选择（案例说明）				
大角度斜顶				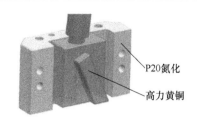P20氮化 高力黄铜

其他常用零件				
零件名称	常用材料	下料热处理	后续热处理	图示
先复位拉块	S45C	—	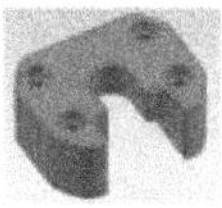	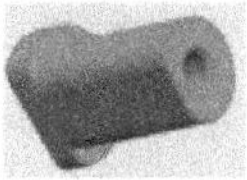
复位杆耐磨块	40Cr	—	粗加工后淬火 48～52HRC	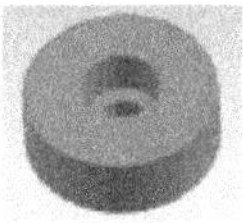
绝缘板	聚氨酯（品牌：DO Precision，型号：AN）	—	—	
顶板耐磨块	高力黄铜＋石墨	—	—	
模脚侧面耐磨块	P20 淬火	—	粗加工后淬火 48～52HRC	
方导柱	40Cr	调质 28～32HRC	精加工后氮化 650HV	
方导套	高力黄铜＋石墨	—	—	
防尘板	透明 PVC	—	—	略
电线盖板	聚氨酯（品牌：DO Precision，型号：AN）	—	—	
1°精定位	Cr12MoV	—	粗加工后淬火 58～62HRC	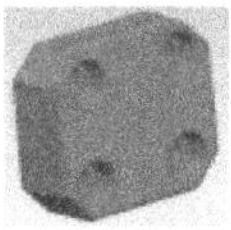
楔紧块	P20H	预硬 28～32HRC	无	

其他常用零件				
零件名称	常用材料	下料热处理	后续热处理	图示
耐磨块	一般客户:P20 淬火	—	粗加工后淬火 48～52HRC	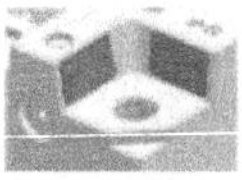
	曼胡,德克斯尔, SMP,马勒使用: Cr12MoV	—	粗加工后淬火 58～62HRC	
模柱/顶出限位柱	S45C	—	—	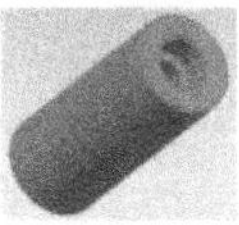
防撞块	PA66	—	—	
装模垫块	H13	—	粗加工后淬火 48～52HRC	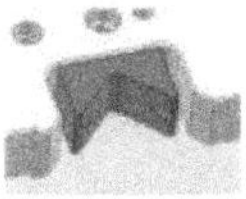
快速装模固定块	H13	淬火 48～52HRC	无	
保护块	S45C	无	无	
支撑柱	S45C (SMP 客户:P20)	无	无	略
热流道保护柱	SUJ2	无	高频淬火 58～62HRC	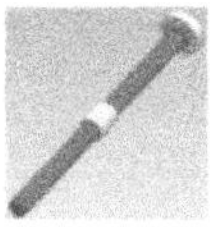
热流道保护柱导套	SUJ2	无	高频淬火 58～62HRC	
隔水片	H62 黄铜	无	表面镀锌	
锁模块/吊环块/压板/滑块限位块/水路集成块/定位圈/压线板/水路连接块	材质:S45C			

附录 2
初、中、高级模具设计师考核问答题

A. 职高、中专学生，初级模具设计师

1. 什么叫注塑模具？模具怎样分类？

2. 模具在国民经济上有什么重要作用？注塑模具产品与模具企业有什么特点？

3. 现代模具是怎样设计和制造的？知道模具设计和制造的全过程吗？

4. 熟悉机械制图的线型及应用吗？

5. 机械制图的投影原理有哪三性？说出各种视图的名称及怎样配置？

6. 零件外形图样画法有哪四种视图？

7. 零件内形图样，用哪三种画法表示？怎样表示？

8. 用 AutoCAD 软件画模具零件图能达标吗？

9. 会应用 UG 软件进行简单零件的造型与建模吗？

10. 能正确解释机械零件的公差配合的术语和定义吗？

11. 什么叫模具的脱模斜度？什么叫模具的成型收缩率？

12. 注塑模具结构有哪八大系统？请描述各系统的名称、基本结构、要求和作用。

13. 什么叫二板模？什么叫三板模？

14. 标准模架有什么要求？怎样选用标准模架？

15. 注塑模具有哪些标准件？

16. 注塑模具设计内容与步骤是怎样的？

17. 能否用 UG 设计日常生活用品的简单模具？

18. 是否知道模具钢材性能和热处理的"四把火"、调质、氮化的名词解释？

19. 塑料有哪些特性同模具有关？

20. 模具为什么要试模？描述试模过程。

B. 大专学生、中级模具设计师

1. 塑件的形状、结构设计有哪些要求？

2. 注塑模具各大系统的设计有哪些设计原则？需要注意哪些问题？

3. 注塑模具设计要关注哪三大关键问题？

4. 注塑模具的设计流程是怎样的？

5. 注塑模具的设计需要哪些相关数据？

6. 公差配合类别分几类？在模具结构设计中怎样选用？尺寸应怎样标注？

7. 零件的表面粗糙度在图样中怎样标注？

8. 模具零件的形位公差在图样中怎样标注？

9. 模具的零件图和装配图有哪些内容和要求？

10. 能非常熟练地应用 AutoCAD 画模具的 2D 零件工程图和装配图，图样能达到设计要求吗？

11. 能非常熟练地应用 3D 画图软件设计家用电器制品的模具吗？

12. 怎样确定模具的设计基准？

13. 怎样才能合理设计斜导柱抽芯机构的模具？

14. 斜顶块的设计有哪些要求？

15. 影响制品成型收缩率的因素有哪些？怎样控制成型制品尺寸？

16. 熟悉模具制造过程，能编制模具零件的制造工艺吗？

17. 注塑成型工艺同哪些参数有关？怎样根据塑料特性编制成型工艺？

18. 注塑模具应怎样试模？

19. 注塑制品会产生哪些成型缺陷？原因是什么？怎样验收成型制品？

20. 什么叫模具结构设计出错？模具结构设计出错有哪些现象？怎样避免？

C. 本科学生、高级模具设计师

1. 设计师应具备的设计理念、宗旨、目标是什么？

2. 注塑模具设计师需要具备哪些相关知识和能力？

3. 怎样考虑模具的成本问题和质量？

4. 浇注系统设计需要考虑哪些问题？能应用 CAE 模流分析技术吗？

5. 能否设计热流道的各种类型喷嘴的模具？设计热流道模具要注意哪些关键问题？

6. 能否用 3D 画图软件设计汽车零件制品的模具？能画该模具的零件图和装配图吗？

7. 能否设计汽车仪表板和保险杠模具？

8. 精密模具设计有什么要求？怎样使用精密模具？

9. 能否设计专用模具（气辅、叠层、双色或多色模具、薄壁件等模具)？

10. 模具结构设计的基本原则是什么？

11. 能否编制复杂成型零件的加工工艺？

12. 模具设计要注意哪些细节？所设计的模具不通过评审就会达标吗？

13. 怎样对模具结构的设计进行评审？

14. 3D 造型结构设计一般会存在哪些问题？

15. 钢材的选用应注意哪些问题？

16. 模具有哪些失效形式及其原因是什么？

17. 能否正确分析注塑制品产生成型缺陷的原因？特别是制品的应变形式与熔接痕。

18. 根据模具试模后的情况及制品的质量，分析原因；正确决定模具修整方案。

19. 优秀模具的评定条件是什么？怎样才能使模具结构设计优化？

20. 怎样编写模具的"使用说明书"？

D. 高级技师、技术总监

1. 能否正确判断是否存在模具结构设计的原理性错误？

2. 能否对模具的结构设计出错的现象有预见性，并事前采取有效措施减少出错？

3. 能否正确确定复杂模具结构的设计方案？

4. 能否对企业的模具成本和制品质量做到有效控制，减少试模次数？

5. 能否对模具企业存在的问题提出正确的整改意见？

6. 能否领导企业的技术标准和技术管理体系的建立？

7. 能否妥善处理模具项目中碰到的技术问题？能对该模具项目进行正确分析、报告吗？

8. 能否负责企业的技术标准化工作？

9. 怎样评定优秀模具？优秀模具需要具备哪些条件？

10. 能否承担模具企业的技术人才的培养、技术培训工作？

参 考 文 献

［1］ 简明工具钳工手册编写组编. 简明工具钳工手册. 北京：机械工业出版社，1992.

［2］ 唐志玉，徐佩弦主编. 塑料制品设计指南. 北京：国防工业出版社，1993.

［3］ 内蒙古机械工艺管理协会编. 实用机械技术问答. 呼和浩特：内蒙古人民出版社，1993.

［4］ 国家标准化管理委员会编. 企业标准体系实施指南. 北京：中国标准出版社，2003.

［5］ 王槐德主编. 机械制图新旧标准代换教程. 北京：中国标准出版社，2004.

［6］ 石世铫编著. 注射模具设计与制造 300 问. 北京：机械工业出版社，2011.

［7］ 杨永顺主编. 塑料成型工艺与模具设计. 北京：机械工业出版社，2013.

［8］ 石世铫编著. 注塑模具图样画法及正误对比图例. 北京：机械工业出版社，2015.

［9］ 石世铫编著. 注塑模具设计与制造禁忌. 北京：化学工业出版社，2016.

［10］ 张维合编著. 注塑模具设计实用教程. 北京：化学工业出版社，2016.

［11］ 石世铫编著. 注塑模具设计与制造教程. 北京：化学工业出版社，2017.

［12］ 刘斌，柳亚强，吴国荣编著. 广东模具产业技术路线图. 广州：华南理工大学出版社，2019.

［13］ 石世铫编著. 注塑模具项目与质量管理及验收. 北京：化学工业出版社，2020.

后　记

改革开放以来，我国的模具工业在我国产品制造业巨大市场拉动和各级政府的大力支持下得到快速发展，不但基本满足了我国制造业发展对模具的需求，而且具备了全系列模具批量出口的能力。"十一五"末（2010年）我国模具制造能力和模具出口额，双双进入世界大国行列，"十三五"以来连续多年保持着世界第一大模具消费国、模具制造国和模具出口国地位。但在模具生产效率和企业效益方面，与先进国家的水平还有相当大的差距，究其原因主要是质量管理制度执行不到位以及项目管理水平较低，加之企业自主创新能力较弱等因素，我国模具产业整体上表现出"大而不强"的特征。

以上内容是中国模具工业协会武兵书会长为《注塑模具项目与质量管理及验收》一书作序中的一段话。

笔者长期在模具企业工作，看到了很多模具企业从家庭作坊逐步发展到今天的状况，由衷地高兴。但是有的模具企业在管理、设计、制造方面，还存在着不尽人意的地方，而且觉得存在的问题不少。有些企业发展到一定规模后，企业就会出现瓶颈现象，严重制约了企业的发展。笔者认为目前模具企业普遍存在着如下问题：

① 企业还没有很好地建立和健全质量体系，企业凝聚力较薄弱、执行力不强、生产效率不高。

② 设计人员基础理论与专业知识不够扎实，模具结构与设计不够优化，还有问题存在。

③ 技术标准没有完整建立，模具质量没有完全得到保障。

④ 钳工和机床加工技能与工艺规程编制不够合理，有的零件加工精度达不到设计要求。

⑤ 模具质量和项目管理人才缺少，优秀模具项目较少。

⑥ 模具的质量、成本没有得到有效控制，客户对模具投诉时有发生。

当前模具行业存在的问题亟待解决。笔者认为模具企业在管理方面的提升空间还很大，模具企业需要克服"大而不强、小而不精"的通病（模具设计和制造成本较高、利润较低、市场竞争力低）。因此，将自己的心得、体会及经验整理成本书，与同仁们分享，供诸位参考。

该书获得了浙江省宁海县科学技术协会资助项目的支持。

石世铫

2023年9月

作 者 简 介

石世铫，1942 年出生，浙江省宁海县人。1962 年起继承祖业，从事机械制造、模具钳工行业。1972 年开始设计画图；1981 年负责设计、制造了"飞跃牌 12D3"电视机的前、后盖注塑模具，以后一直从事注塑模具设计工作。前后担任过技术科长、副厂长、技术部长、技术顾问。

作者身处中国注塑模具之乡——宁波（宁海），历经 60 年的拼搏，在模具的设计、制造及企业管理等方面积累了丰富的实践经验。著有机械工业出版社出版的《注射模具设计与制造 300 问》《注塑模具图样画法正误对比图例》，化学工业出版社出版的《注塑模具设计与制造禁忌》《注塑模具设计制造教程》（2018 年中国石油和化学工业优秀出版物奖·图书奖二等奖），深受读者欢迎。在《中国模具信息》发表技术性文章十余篇，与同事共同申请了关于"注塑模具动定模双向螺旋脱模机构"的发明专利。

作者 2011 年 5 月被宁波方正汽车模具有限公司聘为顾问十年，2016 年 2 月宁海模具协会的技术顾问、2018 年 12 月 28 日聘为浙江省模具协会顾问、2023 年 11 月 23 日聘为浙江省模具工业联合会顾问。